含章
新实用

美食菜谱 / 中医理疗

阅读图文之美 / 优享健康生活

零基础
面包教科书

烘焙大师教你 112 种
不同风味面包一次就成功

黎国雄　主编

江苏凤凰科学技术出版社

前言 Preface

自制面包，营养健康

面包是一种以小麦粉为主要原料，以酵母、鸡蛋、油脂、果仁等为辅料，经过发酵、整形、成型、焙烤、冷却等过程加工而成的焙烤食品。

关于面包有一个有趣的传说。2600 多年前，埃及有一个为主人做饼的奴隶，有一天饼还没有烤好他就睡着了，夜里炉子也熄灭了，他并未察觉，于是生面饼开始发酵，不断膨大。等到第二天早上奴隶醒来时，生面饼已经比昨晚大了一倍。为了掩饰自己的过错，奴隶把面饼塞回炉子里去，他觉得这样就不会有人发现他偷偷睡觉了。令人惊喜的是，饼烤好后又松又软。这应该是因为生面饼里的面粉、水或甜味剂暴露在空气里，空气中的野生酵母菌经过一段时间的发酵后，生长并布满了整个面饼，使面饼膨大。就这样，埃及人不断用酵母菌进行实验，成为世界上第一代职业面包师。

如今面包已经成了人们最喜爱的早餐之一。不管是外出游玩，还是午后小点，都可看到面包的影子。因为面包不但口感好，而且营养丰富，还含有丰富的蛋白质、脂肪、碳水化合物，以及少量维生素及钙、钾、镁、锌等矿物质。面包多变的口味，松软的口感，老少皆宜，易于消化和吸收，食用起来也方便，在日常生活中颇受人们的喜爱。

面包的种类繁多，有丹麦面包、甜面包、乳酪面包、吐司面包、全麦面包等，当然最健康的还是全麦面包。普遍来说，面包都是用白面粉做的，质地相对来说较为柔软细腻，容易消化吸收，而膳食纤维含量极低。但是全麦面包富含纤维素，它可以帮助人体清除肠道垃圾，并且能延缓消化吸收，有利于预防肥胖。但是市面上一般很难买到真正的全麦面包，还有各种添加剂的威胁，让人们始终对自己吃到的食物持怀疑态度。那么不如亲自动手给自己和家人来做面包吧，吃到的不仅是健康，还有心意。

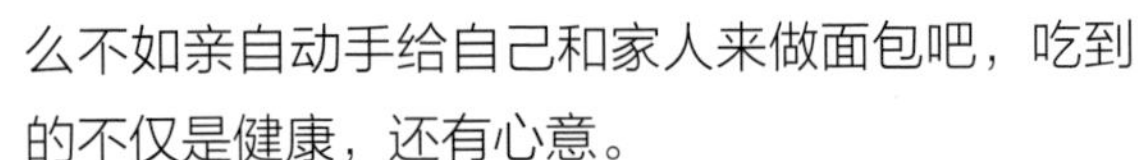

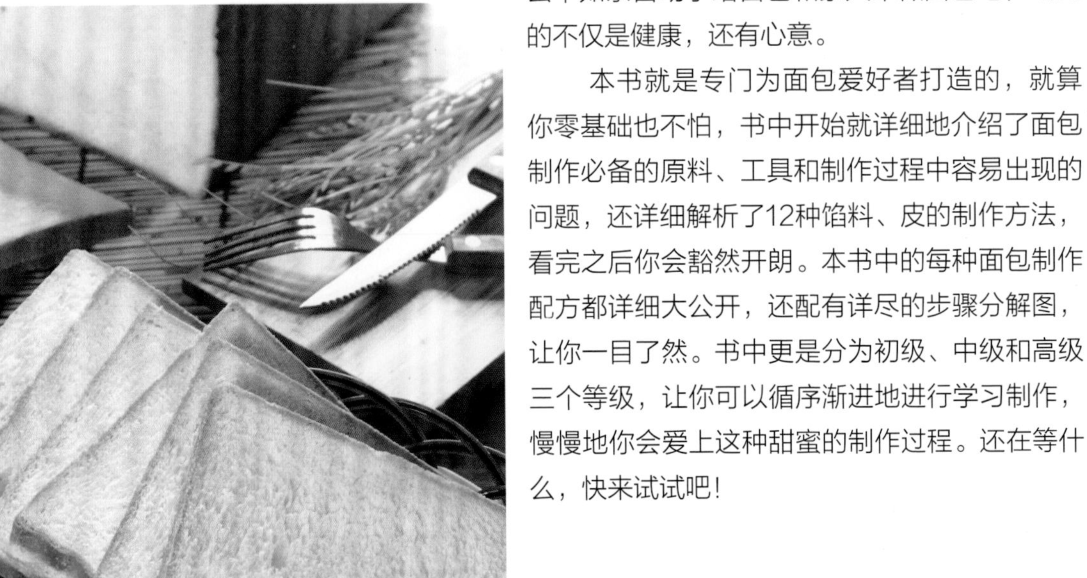

本书就是专门为面包爱好者打造的，就算你零基础也不怕，书中开始就详细地介绍了面包制作必备的原料、工具和制作过程中容易出现的问题，还详细解析了12种馅料、皮的制作方法，看完之后你会豁然开朗。本书中的每种面包制作配方都详细大公开，还配有详尽的步骤分解图，让你一目了然。书中更是分为初级、中级和高级三个等级，让你可以循序渐进地进行学习制作，慢慢地你会爱上这种甜蜜的制作过程。还在等什么，快来试试吧！

目录 CONTENTS

Part 1 面包制作基础知识

Part 2 初级面包制作

Part 3

中级面包制作

Part 4

高级面包制作

PART 1 面包制作基础知识

面包是一种以小麦粉为主要原料，以酵母、鸡蛋、油脂、果仁等为辅料，经过发酵、整形、成型、焙烤、冷却等过程加工而成的焙烤食品。本章主要介绍制作面包的基本材料和工具，以及制作面包过程中的常见问题。只有更好地了解面包，才能制作出高品质的面包。

制作面包的基础原料

看着面包店里新鲜出炉的香喷喷的面包，你是否会蠢蠢欲动，想亲手制作一个呢？其实，这并不是一件很困难的事情，只要掌握好方法和步骤，准备好以下基础原料，那么自己制作面包就不再是幻想了。赶快行动吧！

泡打粉

泡打粉是一种复合疏松剂，又称发泡粉和发酵粉，主要用作面制食品的快速疏松剂。泡打粉在接触水分、酸性及碱性粉末的同时溶于水中而起反应，有一部分会释放出二氧化碳，而且在烘焙加热的过程中，会释放出更多的气体，这些气体会使成品达到膨胀及松软的效果。但是，过量的使用反而会使成品组织粗糙，影响其风味甚至外观。

改良剂

面包改良剂是用于面包制作的一种烘焙原料，可促进面包柔软和增加面包烘烤弹性，并有效延缓面包老化、延长货架期。

盐

在大多数烘焙食品中，盐是一种最重要的调味料，适量的盐可增进原料特有的风味。盐在面团中可以增进面团的韧性和弹性，还可以改良发酵品表皮的颜色，降低面糊的焦化度。

油脂

油和脂的总称。在常温下呈液态的称为油，呈固态或半固态的称为脂。油脂在食品中不仅有调味作用，还能提高食品的营养价值。在面团中添加油脂，能大大提高面团的可塑性，并使成品表面柔软光亮。

面粉

面粉是制作面包最主要的原料，品种繁多，在使用时要根据需要进行选择。面粉的气味和滋味是鉴定其质量的重要感官指标，优质面粉闻起来有新鲜而清淡的香味，嚼起来略具甜味；凡是有酸味、苦味、霉味和腐败臭味的面粉都属变质面粉。

乳品

在面包制作中添加乳品，能大大提高成品的营养价值，改善口感，减少油腻性及增进食欲，还能改善成品的形状、光泽，延长成品的保存期限。

蜂蜜

在面包里加入蜂蜜后，能增加风味，还能改善面包品质。蜂蜜中含有大量的果糖，果糖有吸湿和保持水分的特性，能使面包保持松软、不变干。果糖的这一特性在低温和干燥的环境中显得尤为重要。

玉米淀粉

又称玉蜀黍淀粉，俗名六谷粉，是微呈淡黄色的粉末。玉米淀粉可以降低面粉的筋力，更利于面粉起泡，形成良好的组织结构。

鸡蛋

面包里加入鸡蛋不仅能增加营养，还能增加面包的风味。利用鸡蛋中的水分参与构建面包的组织，可令面包柔软而美味。

吉士粉

是一种混合型的辅助原料，呈淡黄色粉末状，具有浓郁的奶香味和果香味，由疏松剂、稳定剂、食用香精、食用色素、奶粉、淀粉和填充剂组合而成，主要作用是增香、增色、增松脆，并使制品定性，增强黏滑性。

酵母

有新鲜酵母、普通活性干酵母和快发干酵母三种。在烘焙过程中，酵母产生二氧化碳，具有膨大面团的作用。酵母发酵时会产生酒精、酸、酯等物质，形成特殊的香味。

烘焙专用奶粉

烘焙专用奶粉是以天然牛乳蛋白、乳糖、动物油脂为原料，采用先进加工技术制成，含有乳蛋白和乳糖，风味接近奶粉，可全部或部分取代奶粉。与其他原料相比，同样剂量的烘焙专用奶粉具有体积小、重量轻、耐保藏和使用方便等特点，可以使焙烤制品颜色更诱人，香味更浓厚。

制作面包的基本工具及常见问题

制作面包时，除了准备原料外，相应的工具也必不可少。以下为你介绍的都是制作面包的常用工具及面包制作过程中常见问题的解答，希望你能够灵活运用它们，做出美味的面包。

和面机

和面机又称拌粉机，主要用来拌和各种粉料。它主要由电动机、传动装置、面箱搅拌器、控制开关等部件组成，利用机械运动将粉料、水或其他配料制成面坯，常用于大量面坯的调制。和面机的工作效率比手工操作高5～10倍，是面点制作中最常用的工具。

注意事项：

不要放过多的原材料进和面机，以免机器因高负荷运转而损坏。

手动打蛋机

在面包制作过程中，用来搅拌各种液体和糊状原料，可使材料搅拌得更加快速、均匀。

注意事项：

❶ 不可超量搅拌。

❷ 保持器具的清洁。

擀面杖

用于小量的酥类面包和糕点制作的棍子。

注意事项：

❶ 最好选择木制结实、表面光滑的擀面杖。

❷ 尺寸依据平时用量选择。

量杯

杯壁上有标示容量的杯子，可用来量取

材料，如水、油等，通常有不同大小可供选择。

注意事项：

❶ 读数时注意刻度。
❷ 不能作为反应容器。
❸ 量取时选用适合的量程。

滑轮刀

制作丹麦类面包时的方便用具。

注意事项：

注意刀具的清洁，以免生锈。

模具

大小、形状各异，根据需要的形状选取对应的模具。

注意事项：

应选择合适大小的模具，并注意保持模具的清洁。

为什么出炉后的面包体积小？

❶ 酵母量不足、酵母已过期或新鲜酵母未解冻。
❷ 面粉储存太久；或面粉筋度太弱或太强。
❸ 面团含盐量、糖量、油脂或牛奶太多；改良剂太多或太少；使用了软水、硬水、碱性水、硫磺水等。
❹ 面团用量和温度不当；或搅拌速度、发酵时间和温度不正确。
❺ 烤盘涂油太多；温度、烘烤时间配合不当；或蒸汽不足、气压太大等。

面包烘烤后，为什么表面会下塌？

❶ 醒发过度。
❷ 烘烤不足。
❸ 面团在操作时就已经老化。
❹ 操作时没有经过必要的排气。

为什么面包的表皮太厚？

❶ 面粉筋度太强，面团量不足。
❷ 油脂量不当，糖、牛奶用量少，或改良剂太多。
❸ 发酵太久或缺淀粉酵素。
❹ 烘烤时湿度、温度不正确。
❺ 烤盘涂油太多。
❻ 受机械损害。

为什么出炉后的面包表皮有气泡？

❶ 面团太软。
❷ 面团发酵不足。
❸ 面团搅拌过度。
❹ 发酵室湿度太高。

为什么出炉后的面包内部有空洞？

❶ 用的是刚磨出的新粉。
❷ 水质不合标准。
❸ 盐少或油脂硬，改良剂太多，或淀粉酵素添加不当。
❹ 面团搅拌不均匀；搅拌过久或不足；搅拌速度太快。
❺ 面团发酵太久或发酵时靠近热源，温度、湿度不正确。

⑥ 撒粉太多。

⑦ 烤箱温度不高，或烤盘太大。

⑧ 整形机滚轴太热。

为什么面包易发霉?

① 面粉质劣或储放太久。

② 糖、油脂或奶粉用量不足。

③ 面团不软或太硬；搅拌不均匀。

④ 面团发酵湿度不当，或湿度高、时间久，或淀粉酵素太多。

⑤ 撒粉太多。

⑥ 出炉冷却太久，或烤炉温度低、缺蒸汽。

⑦ 包装或运输条件不好。

为什么出炉后的面包头部有顶盖?

① 使用的是刚磨出来的新面粉，或者面筋筋度太低，或者面粉品质不良。

② 面团太硬。

③ 发酵室内湿度太低，或时间不足，或缺乏淀粉酵素。

④ 烤炉蒸汽少，或火力太猛。

为什么出炉后的面包表皮颜色浅?

① 水质硬度太低。

② 面粉储放时间和发酵时间太长，或淀粉酵素不足。

③ 奶粉或糖量不足，或改良剂太多。

④ 撒粉太多。

⑤ 发酵室湿度不高，或烤炉湿度太低、上火不足，或烘烤时间不够。

⑥ 搅拌不足。

为什么出炉后的面包内部有硬质条纹?

① 面粉质量不好或没有筛匀，或面粉与其他材料，如酵母搅拌不匀，或撒粉太多。

② 改良剂或油脂用量不当。

③ 烤盘内涂油太多。

④ 发酵湿度大或发酵效果不好。

为什么出炉后的面包表面有斑点?

① 奶粉没溶解或材料没拌匀，或粘上了糖粒。

② 发酵室内湿度太大。

为什么盐和奶油要在搅拌到最后时才加入?

因为盐、奶油与干性酵母同时加入会直接抑制酵母的生长，而最后加入能缩短搅拌时间，减少能源损耗。

具有氧化成分的添加剂能否和具有乳化成分的添加剂同时使用?

因添加剂是针对面包某一方面特性不足而添加的辅助材料，而氧化剂和乳化剂都是针对不同特性使用的，故不应混合使用。

夏天温度太高，搅拌时能否加入冰粒?

可以，搅拌时应先用慢速搅拌，将原材料搅拌至溶解后，再改用快速搅拌。

面包的保存方法及保质期

面包不宜冷藏，因为冷藏会使面包干硬、粗糙、口感差，即使重新加热后也不可能重新恢复之前的松软。不同的面包，其保质期是不一样的，下面分别说明（注：下面说的保质期若没有明确说明，则是指室温下的保质期）。

调理面包

如肉松火腿面包、热狗面包、汉堡包、玉米火腿沙拉包等，保质期均只有1天。

这类面包的保质期是最短的，使这类面包很快变质的原因并不是淀粉的老化，而是馅料（肉类、蔬菜）易腐败。

热加工的调理面包（即面包里的肉类是和面团一起放进烤箱烤的），即使放进冰箱冷藏，保质期也不会超过1天，而且口感会发生变化，因此这类面包室温保存即可。

冷加工的调理面包（即面包里的肉类是在面包出炉冷却以后再夹进去的，比如三明治面包、一些沙拉面包等）必须放进冰箱冷藏，才能有1天的保质期，放在室温下保质期不超过4个小时。

一般的甜面包、吐司（不含馅）

如奶香吐司、罗松甜面包、花式牛奶面包等，其保质期均只有2～3天。

甜面包的保质期相对较长，在保质期内，面包的口感基本上能保证不发生大的变化，即面包依然会比较松软。

含馅面包、含馅土司

如豆沙卷面包、火腿奶酪土司等，保质期一般为2～3天或1天。

虽然都含馅，但有区分。含耐储存的软质馅料（如豆沙馅、椰蓉馅、莲蓉馅等）的面包，可以储存2～3天。含肉馅（如鸡肉馅）的面包，只能储存1天。

丹麦面包

如牛角面包、丹麦葡萄卷等，其保质期均为3～5天。

丹麦面包的保质期较长，但请注意，如果是带肉馅的丹麦面包（如金枪鱼丹麦面包等），保质期同样只有1天。

硬壳面包

如法棍等，其保质期只有8个小时。

硬壳面包最吸引人的便是它硬质的外壳。但在出炉后，面包内部的水分会不断向外部渗透，最终会导致外壳吸收水分变软。超过8个小时的硬壳面包，外壳会像皮革般令人难以下咽，即使重新烘烤，也很难恢复刚出炉时的口感。

椰蓉馅

所需时间
5分钟左右

材料 Ingredient

砂糖	200克	奶油	225克
全蛋	75克	奶粉	75克
椰蓉	300克	椰香粉	2克

做法 Recipe

1 将砂糖、奶油搅拌均匀。

2 加入全蛋拌匀。

3 加入奶粉、椰蓉、椰香粉，搅拌均匀即可。

鸡尾馅

所需时间
5分钟左右

材料 Ingredient

砂糖	100克	奶油	100克
全蛋	15克	奶粉	30克
低筋面粉	50克	椰蓉	150克

做法 Recipe

1 将砂糖、奶油慢速拌匀。

2 加入全蛋拌匀。

3 加入奶粉、低筋面粉、椰蓉，拌匀即可。

苹果馅

所需时间
8分钟左右

材料 Ingredient

苹果丁	300克	砂糖	35克
奶油	25克	玉米淀粉	20克
清水	45克		

做法 Recipe

1 把苹果丁、砂糖、奶油倒入面盘。

2 再煮开。

3 再加入玉米淀粉和清水，煮至糊状即可。

巧克力馅

所需时间
8分钟左右

材料 Ingredient

砂糖	65克	玉米淀粉	40克
牛奶	250克	奶油	10克
全蛋	30克	白巧克力	150克

做法 Recipe

1 将砂糖、牛奶、全蛋、玉米淀粉拌匀。

2 煮成糊状，加奶油拌匀。

3 最后加入白巧克力，拌匀即成。

椰子馅

所需时间
5 分钟左右

材料 Ingredient

砂糖	250克	奶粉	85克
奶油	250克	低筋面粉	50克
全蛋	85克	椰蓉	400克

做法 Recipe

1 将砂糖、奶油搅拌均匀。

2 加入全蛋充分拌匀。

3 最后加入低筋面粉、奶粉、椰蓉，拌均匀即成。

流沙馅

所需时间
5 分钟左右

材料 Ingredient

熟咸蛋黄	50克	吉士粉	5克
白奶油	15克	奶油	75克
奶粉	35克	即溶吉士粉	25克

做法 Recipe

1 将熟咸蛋黄切碎。

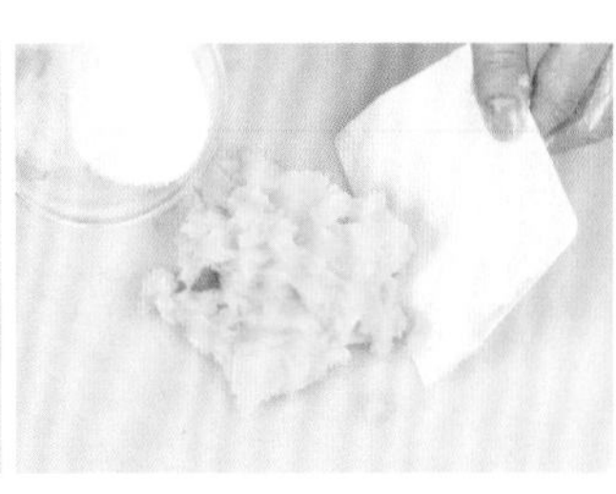

2 加入奶油、白奶油拌均匀。

3 加入吉士粉、奶粉、即溶吉士粉，拌均匀即可。

乳酪馅

所需时间
5 分钟左右

材料 Ingredient

糖粉	75克	奶油	75克
奶油芝士	200克	鲜奶油	50克
玉米淀粉	21克		

做法 Recipe

1 将奶油芝士、奶油搅拌。

2 加入糖粉搅拌均匀。

3 加入鲜奶油搅拌均匀，再加入玉米淀粉拌匀即可。

椰奶提子馅

所需时间
8 分钟左右

材料 Ingredient

奶油	80克	奶粉	15克
砂糖	100克	椰子粉	145克
鲜奶	15克	提子干	55克

做法 Recipe

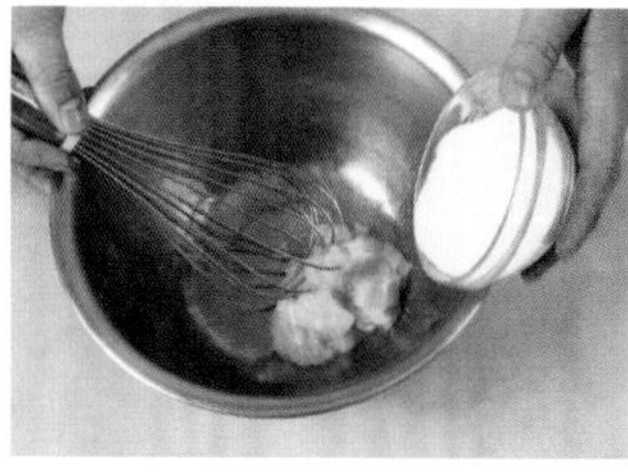

1 将砂糖、奶油充分拌匀。

2 加入鲜奶拌匀。

3 最后加入奶粉、椰子粉、提子干，拌匀即成。

乳酪克林姆馅

所需时间
15 分钟左右

材料 Ingredient

全蛋	25克	奶粉	30克
砂糖	75克	奶油	20克
鲜奶	300克	奶油干酪	100克
玉米淀粉	45克		

做法 Recipe

1 将鲜奶、全蛋、砂糖、玉米淀粉一起搅拌均匀。

2 一边搅一边煮。

3 煮到凝固状态，加入奶油搅拌，关火。

4 待挑起呈软鸡尾状时，加入奶油干酪和奶粉，搅拌均匀即成。

蒜蓉馅

所需时间
5 分钟左右

材料 Ingredient

奶油	150克
大蒜	45克
食盐	1克

做法 Recipe

1 将大蒜去皮，洗净，剁成蓉。

2 将奶油、蒜蓉、食盐拌匀后装入裱花袋，挤出即成蒜蓉馅。

蛋黄酱

所需时间
15 分钟左右

材料 Ingredient

糖粉	50克	蛋黄	45克
食盐	1克	液态酥油	115克
奶油	70克	炼奶	15克

做法 Recipe

1 把糖粉、食盐和奶油打发。

2 分次加入蛋黄，充分拌匀。

3 再慢慢挤入液态酥油，打发。

4 最后加入炼奶，拌匀即可。

黄金酱

所需时间
5 分钟左右

材料 Ingredient

蛋黄	2个	液态酥油	500克
糖粉	60克	淡奶	30克
食盐	3克	炼奶	15克

做法 Recipe

1 将蛋黄、糖粉、食盐拌匀。

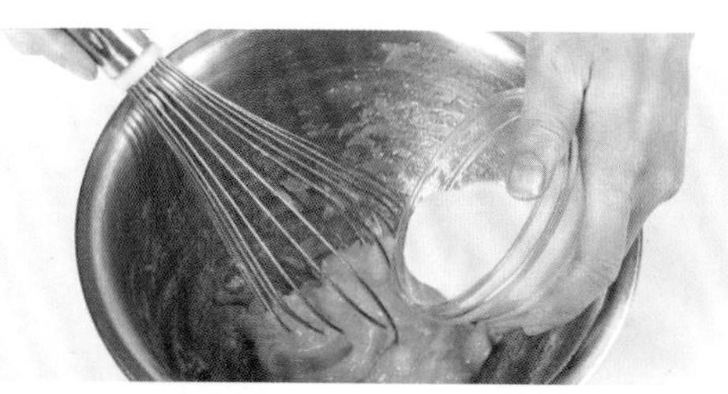

2 再慢慢加入液态酥油打发，最后加入淡奶和炼奶，拌匀即成。

沙拉酱

所需时间
10 分钟左右

材料 Ingredient

砂糖	50克	食盐	2克
味精	1克	全蛋	50克
色拉油	450克	白醋	12克
淡奶	18克		

做法 Recipe

1 把砂糖、食盐、味精、全蛋拌匀。

2 慢慢加入色拉油打发，再加入白醋拌匀。

3 最后加入淡奶，拌匀即可。

紫香面糊

所需时间
8 分钟左右

材料 Ingredient

奶油	85克	全蛋	85克
白奶油	15克	熟黑米	100克
糖粉	100克	低筋面粉	45克

做法 Recipe

1 将奶油、白奶油、糖粉拌匀。

2 分次加入全蛋，拌均匀。

3 加入熟黑米和低筋面粉，搅拌均匀即成。

泡芙糊

所需时间
5 分钟左右

材料 Ingredient

奶油	75克	液态油	65克
清水	125克	高筋面粉	75克
全蛋	100克		

做法 Recipe

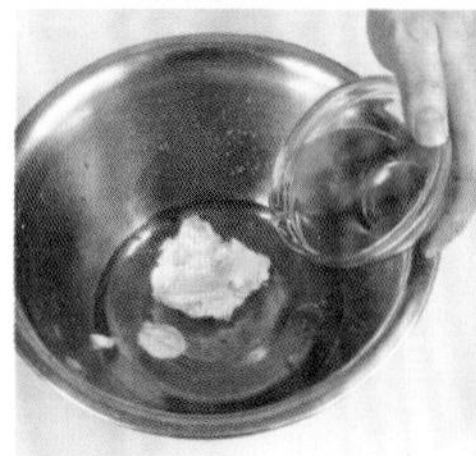

1 将奶油、清水、液态油倒入盆中。

2 放在电磁炉上边搅边煮。

3 煮开后倒入高筋面粉，搅拌均匀，关火。

4 分次倒入全蛋，拌至面糊光滑即成。

酥菠萝

所需时间
8 分钟左右

材料 Ingredient

高筋面粉	50克	白奶油	60克
低筋面粉	40克	泡打粉	1克
砂糖	30克		

做法 Recipe

1 将白奶油和砂糖拌匀。

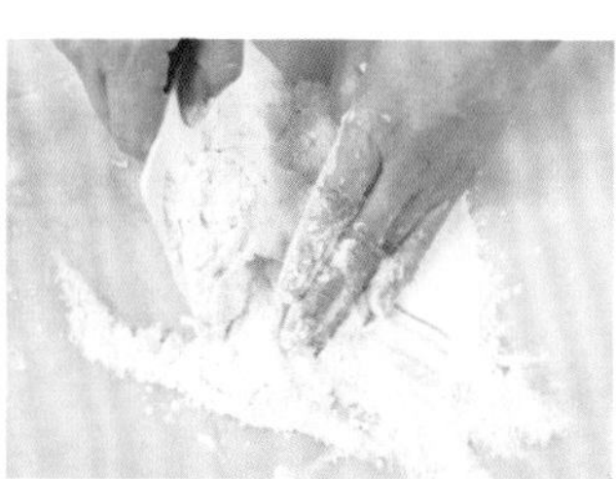

2 加入低筋面粉、泡打粉和高筋面粉，拌均匀。

3 用手搓成粒状即可。

香酥粒

所需时间
8 分钟左右

材料 Ingredient

奶油	95克	砂糖	65克
高筋面粉	50克	低筋面粉	115克

做法 Recipe

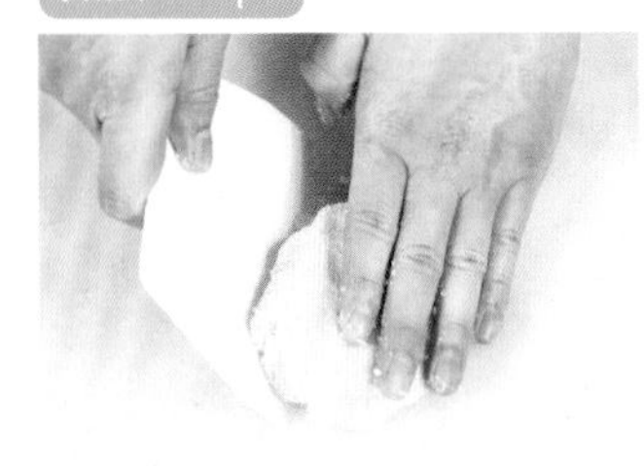

1 将砂糖、奶油倒在案台上，拌均匀。

2 加入高筋面粉、低筋面粉，拌匀。

3 用手搓成颗粒即可。

松酥粒

所需时间
8 分钟左右

材料 Ingredient

黄奶油	65克	砂糖	75克
白奶油	45克	低筋面粉	205克

做法 Recipe

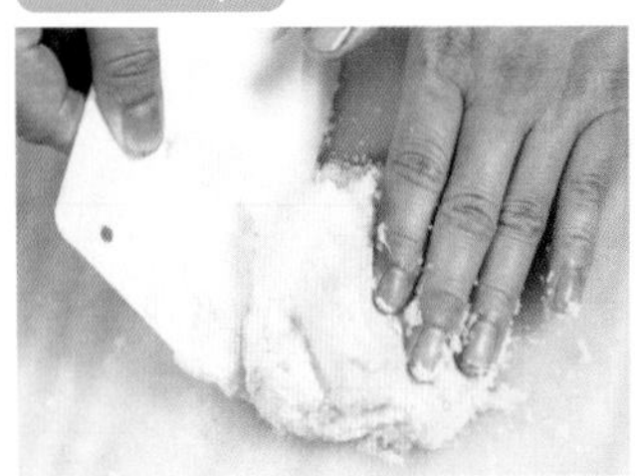

1 将黄奶油、白奶油和砂糖倒在案台上，用手拌匀。

2 加入低筋面粉拌匀。

3 用手搓成颗粒状即可。

菠萝皮

所需时间
10 分钟左右

材料 Ingredient

奶油	120克	奶香粉	2克
糖粉	120克	低筋面粉	适量
全蛋	50克		

做法 Recipe

1 将奶油、糖粉拌均匀。

2 加入全蛋，充分拌匀。

3 加入奶香粉，拌匀。

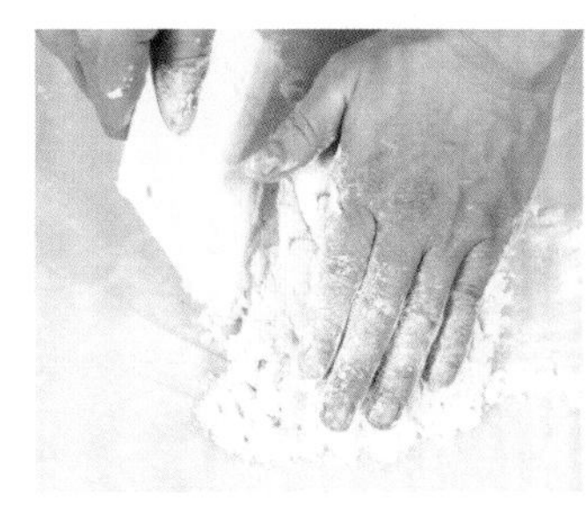

4 加入低筋面粉，用手拌匀。

5 拌好即成菠萝皮。

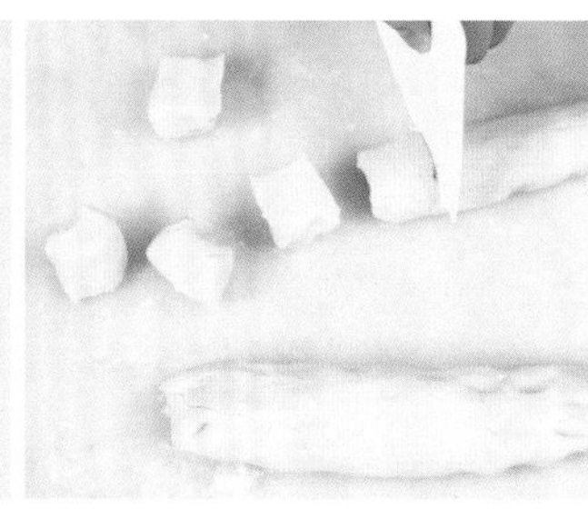

6 分成均匀的小份即可。

广式菠萝皮

所需时间
10 分钟左右

材料 Ingredient

砂糖	105克	麦芽糖	25克
食粉	1.5克	臭粉	2克
全蛋	25克	猪油	40克
色拉油	30克	清水	15克
黄色素	适量	奶粉	5克
泡打粉	1.5克	低筋面粉	150克

做法 Recipe

1 将低筋面粉、泡打粉和奶粉倒在案台上，拌匀。

2 用胶刮板开窝。

3 加入砂糖、麦芽糖、食粉、臭粉和全蛋，用手拌均匀。

4 加入猪油和色拉油，拌匀。

5 加入清水和黄色素，拌匀。

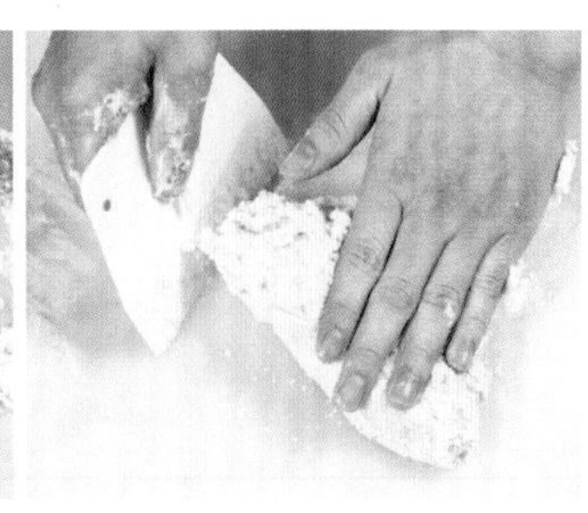

6 将四周的粉拌入，拌均匀即可。

起酥皮

所需时间
75分钟左右

材料 Ingredient

高筋面粉	500克	低筋面粉	500克
食盐	15克	味精	3克
奶油	50克	全蛋	75克
清水	425克	片状酥油	750克

做法 Recipe

1 将高筋面粉、低筋面粉、味精、全蛋、清水慢速拌匀，转快速搅拌2分钟。

2 加入食盐、奶油慢速拌匀，再快速搅拌至面团光滑。

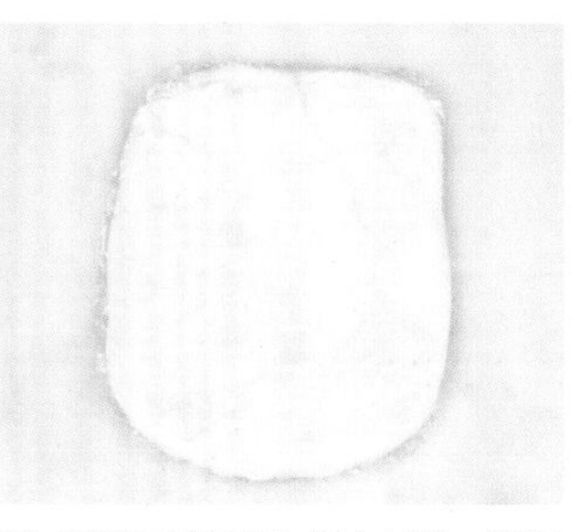

3 用手压扁面团成长方形，用保鲜膜包好，放入冰箱冷冻30分钟以上。

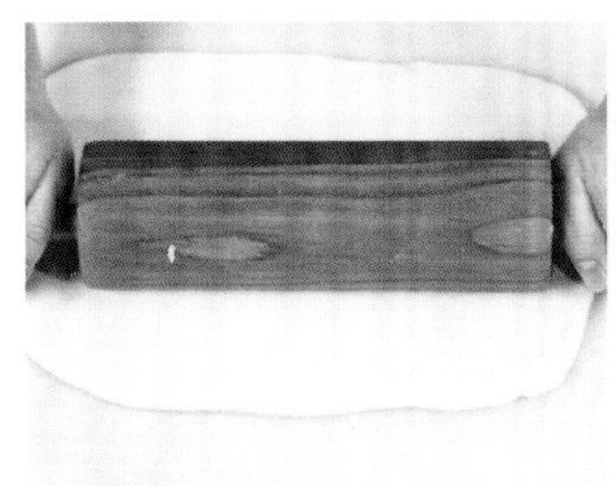

4 将冻好的面团用通槌擀开。

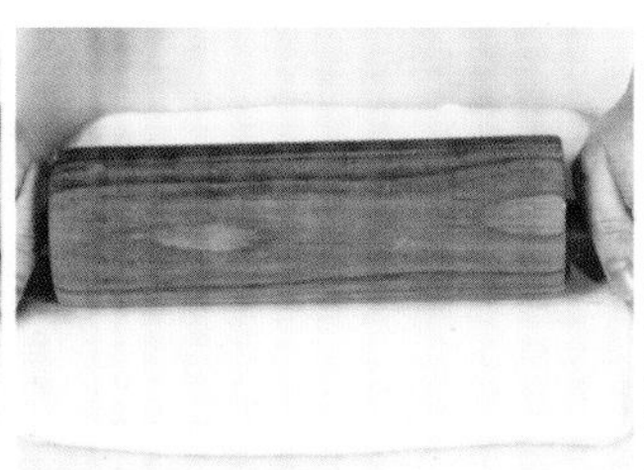

5 包入片状酥油，用通槌擀开成长方形。

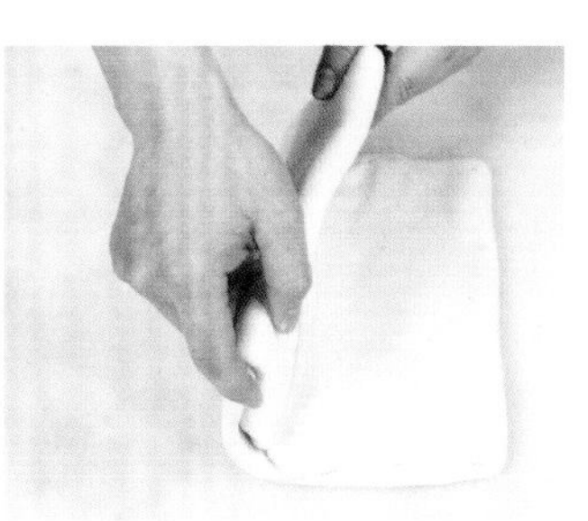

6 折叠成三层，用保鲜膜包好，放入冰箱冷藏30分钟以上，再擀开，折叠，冷藏，如此重复三次即成。

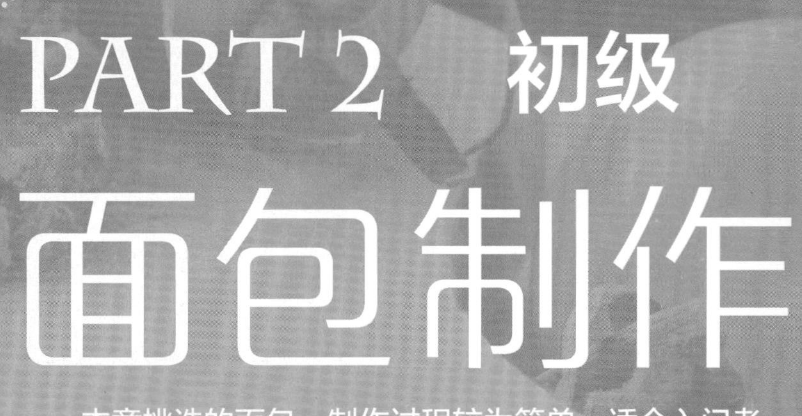

PART 2 初级面包制作

本章挑选的面包，制作过程较为简单，适合入门者。配方中需要用到的原料较少，较容易上手。只要认真实践，就能制作出香喷喷的面包！

风味独特的“辣”面包：

乳酪红椒面包

所需时间
150 分钟左右

材料 Ingredient

高筋面粉	500克	砂糖	35克	红辣椒	125克
酵母	7克	食盐	11克	全蛋液	适量
改良剂	3克	奶油	40克	芝士粉	适量
清水	300克	乳酪粉	45克		

做法 Recipe

1 将高筋面粉、酵母、改良剂、砂糖、乳酪粉、清水慢速拌匀，转快速搅拌2分钟。

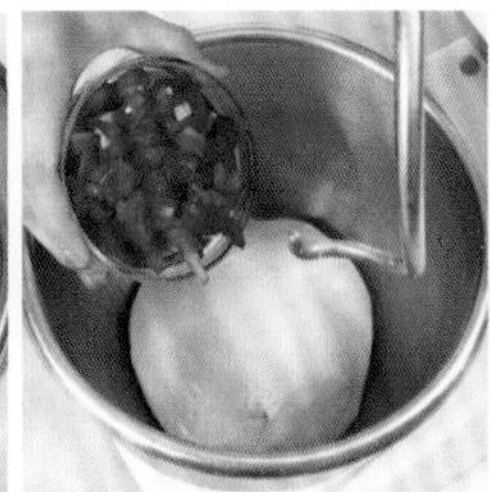

2 加入奶油、食盐慢速拌匀，转快速拌至表面光滑，然后加入红辣椒慢速拌匀。

3 把面团松弛20分钟。

4 将松弛好的面团分割成70克/个的小面团，滚圆，再松弛20分钟。

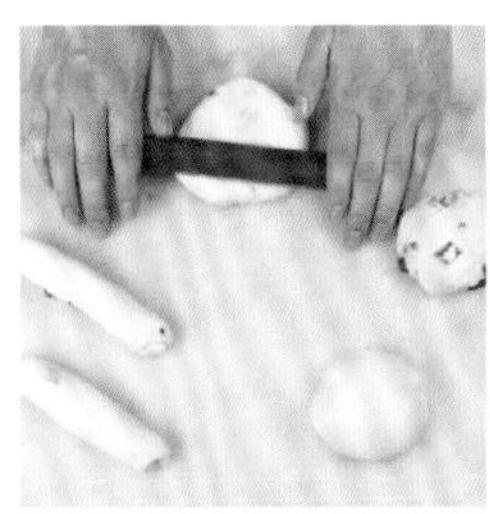

5 将松弛好的小面团用擀面杖压扁排气。

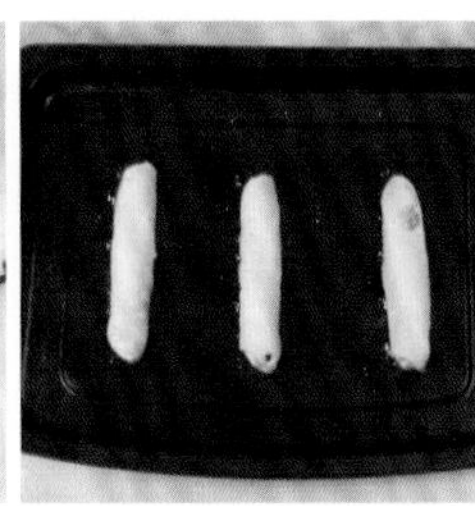

6 卷成形后放入发酵箱，醒发90分钟，温度35℃，湿度75%。

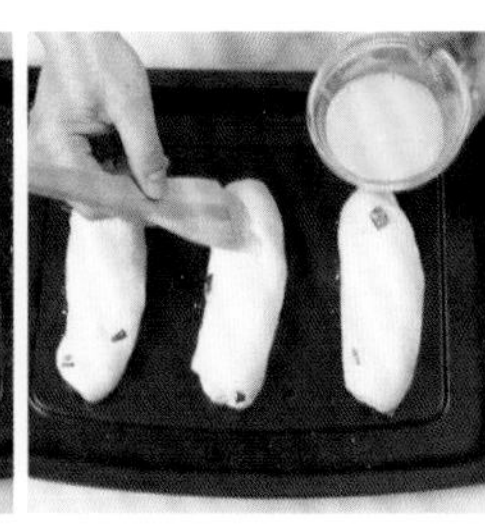

7 把发酵好的面团扫上全蛋液。

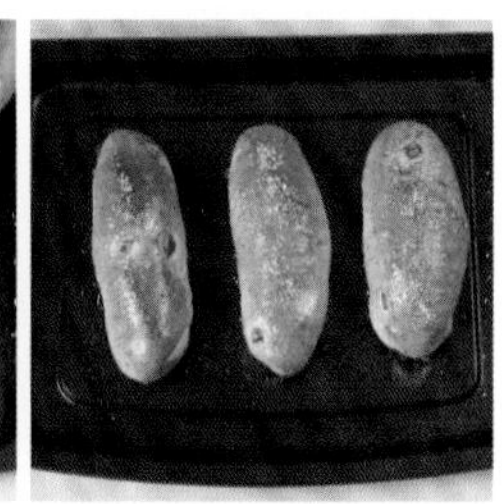

8 撒上芝士粉后放入烤箱烘烤，上火185℃，下火165℃，烤约15分钟，出炉即可。

制作指导

加红辣椒不要拌太久，拌匀即可。

护目防夜盲：

胡萝卜营养面包

所需时间
160 分钟左右

材料 Ingredient

高筋面粉	500克	砂糖	95克	全蛋	50克
改良剂	2克	奶粉	10克	食盐	5克
胡萝卜汁	275克	奶油	55克	全蛋液	适量
胡萝卜丝	3.5克	酵母	6克		

做法 Recipe

1 将高筋面粉、酵母、砂糖、改良剂和奶粉拌匀。

2 再加入全蛋和胡萝卜汁慢速拌匀，转快搅拌2分钟。

3 再加入奶油、食盐慢速拌匀，转快速搅拌至面筋扩展。

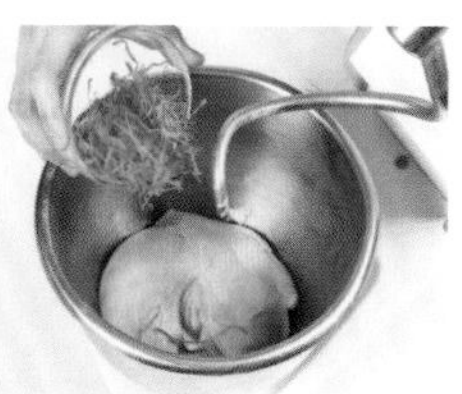

4 最后加入胡萝卜丝慢速拌匀。

5 把面团松弛20分钟，温度30℃，湿度80%。

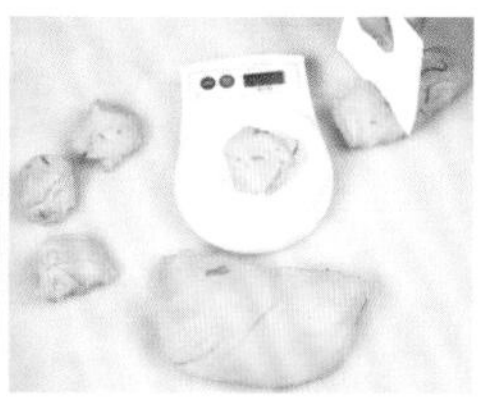

6 把松弛好的面团分成65克/个。

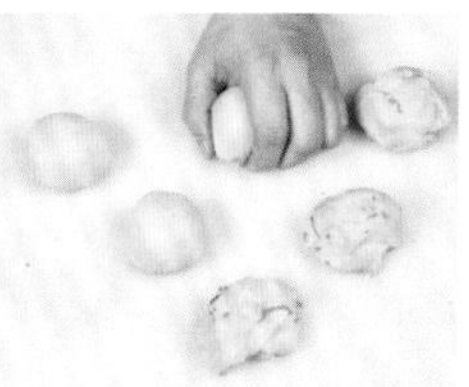

7 把小面团滚圆，再松弛20分钟。

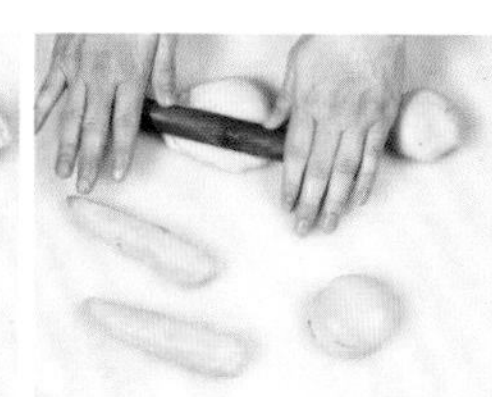

8 将松弛好的小面团用擀面杖擀开排气。

9 卷成形，入烤盘，放进发酵箱醒发70分钟，温度38℃，湿度70%。

10 醒发后扫上全蛋液，再入烤箱，上火185℃，下火160℃，烤约13分钟即可。

制作指导

搅拌好的面团放置时的温度不要太高，27℃左右即可。

降胆固醇、通便：

燕麦面包

所需时间
150 分钟左右

材料 Ingredient

高筋面粉	400克	即溶吉士粉	20克	食盐	12克
全麦粉	100克	砂糖	45克	奶油	40克
酵母	6克	乙基麦芽粉	2克	燕麦片	适量
改良剂	2克	清水	300克		

做法 Recipe

1 将高筋面粉、全麦粉、酵母、改良剂、砂糖、即溶吉士粉、乙基麦芽粉慢速拌匀。

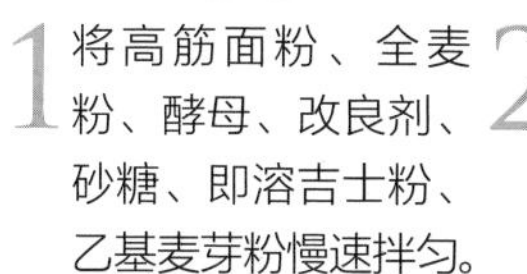

2 加入清水慢速拌匀，转快速拌至七八成筋度。

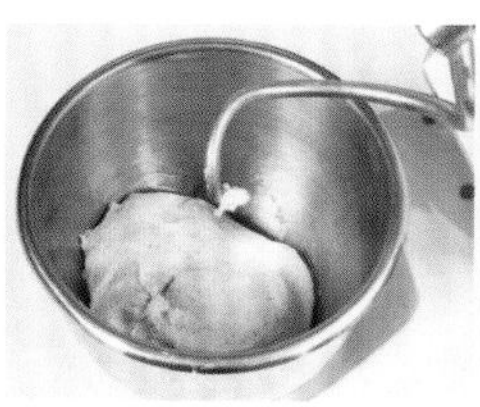

3 加入奶油、食盐慢速拌匀，转快速拌至面筋完全扩展。

4 盖上保鲜膜，松弛20分钟，保持温度30℃，湿度75%。

5 把松弛好的面团分成70克/个。

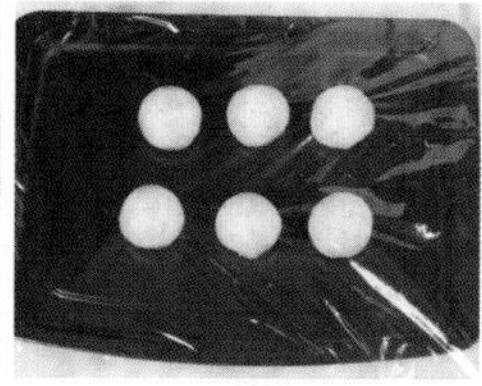

6 滚圆面团至光滑。入烤盘，盖上保鲜膜，松弛20分钟，保持温度30℃，湿度75%。

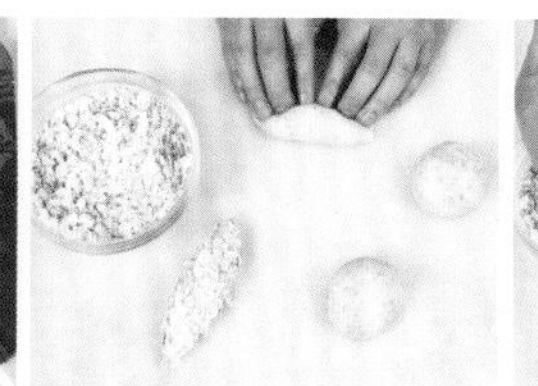

7 把松弛好的面团压扁排气，卷成橄榄形。

8 扫上清水，粘上燕麦片。

9 放在烤盘上，排好放入发酵箱，醒发90分钟，保持温度37℃，湿度75%。

10 醒发喷水，放入烤箱上火200℃，下火170℃，烤约15分钟至金黄色即可。

制作指导

收口要捏紧。

香甜可口：

牛油面包

所需时间
120 分钟左右

材料 Ingredient

高筋面粉	1350克	奶粉	60克	蛋黄	80克
低筋面粉	150克	奶香粉	6.5克	清水	800克
酵母	20克	砂糖	335克	食盐	16克
改良剂	5克	全蛋	125克	牛油	210克

做法 Recipe

1 将高筋面粉、低筋面粉、酵母、改良剂、奶粉、奶香粉倒入拌匀。

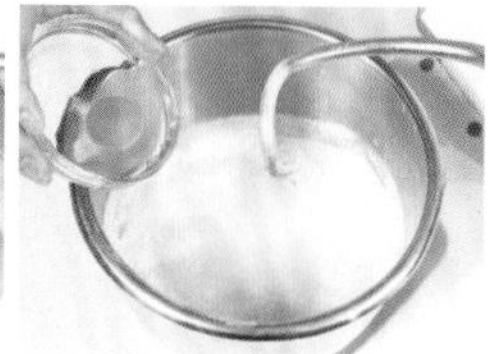

2 加入部分全蛋、砂糖、蛋黄和清水慢速拌匀，转快速搅拌2分钟。

3 最后加入牛油、食盐慢速拌匀，再转快速搅拌至面筋扩展。

4 盖上保鲜膜，松弛20分钟。

5 把松弛好的面团分成40克/个，再把小面团滚圆。

6 盖上保鲜膜，松弛15分钟。

7 将小面团滚圆直至光滑。

8 排入烤盘，放进发酵箱，醒发90分钟，保持温度37℃，湿度80%。

9 醒发至面团的2~3倍，喷水，入炉烘烤约15分钟，上火185℃，下火160℃。

10 将烤好的面包出炉，扫上全蛋液即成。

制作指导

原料搅拌好的温度最好是26℃。

补肾明目：

枸杞养生面包

所需时间 150 分钟左右

材料 Ingredient

高筋面粉	500克	酵母	6克	改良剂	2.5克
砂糖	95克	全蛋	50克	清水	275克
奶油	60克	食盐	5克	枸杞	125克

做法 Recipe

1 将高筋面粉、酵母、改良剂、砂糖拌匀。

2 加入部分全蛋、清水慢速拌匀，再转快速拌1~2分钟。

3 再加入奶油、食盐慢速拌匀，再转快速搅拌至面筋扩展，最后加入枸杞慢速拌匀。

4 基础发酵25分钟，温度31℃，保持湿度75%。

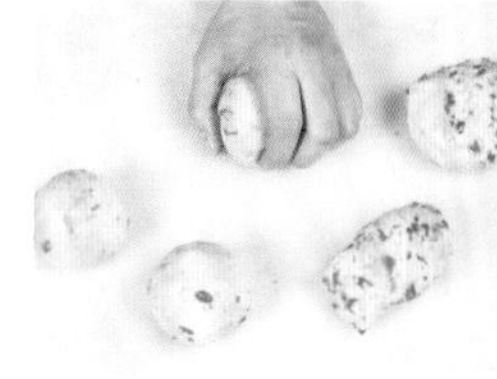

5 把发酵好的面团分成100克/个，再把面团滚圆。

6 让小面团松弛20分钟。

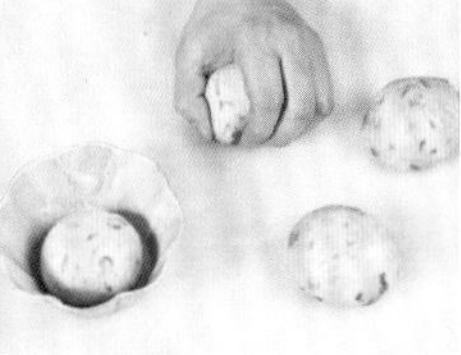

7 把松弛好的小面团滚圆至紧致光滑，放入模具。

8 放入烤盘，进发酵箱醒发75分钟，保持温度37℃，湿度80%。

9 把醒发好的面团扫上全蛋液，用剪刀剪两刀。

10 放入烤炉烘烤15分钟左右，上火185℃，下火195℃，烤好后出炉即可。

制作指导

剪面团时要稍微剪深一点。

好吃又实惠：

花生球

所需时间
150 分钟左右

材料 Ingredient

主面				花生酱馅		其他材料	
高筋面粉	500克	奶香粉	2克	花生仁碎	50克	花生仁碎	50克
奶粉	20克	蜂蜜	10克	花生酱	60克		
全蛋	50克	奶油	55克	花生油	10克		
食盐	5克	改良剂	2.5克	砂糖	20克		
酵母	5克	砂糖	100克				
		清水	255克				

做法 Recipe

1 将高筋面粉、酵母、改良剂、奶粉、奶香粉、砂糖慢速拌匀。

2 加入全蛋、清水、蜂蜜慢速搅拌，转快速打至五六成筋度。

3 加入奶油、食盐慢速拌匀，转快速打至面筋扩展。

4 松弛面团20分钟，保持温度30℃，湿度80%。

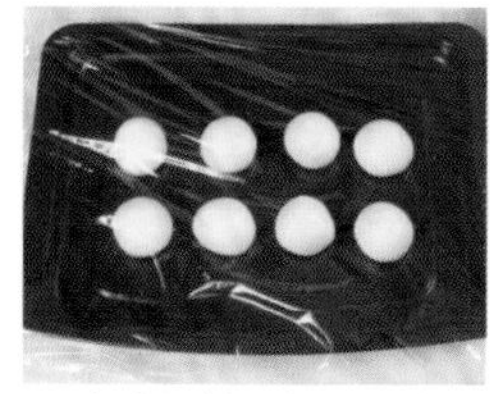

5 把松弛好的面团分成35克/个，滚圆，再松弛20分钟。

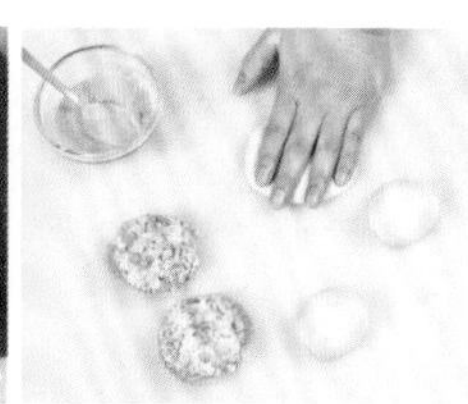

6 把松弛好的小面团滚圆至光滑，再压扁排气。

7 将花生酱、花生油、砂糖拌匀，即成花生酱馅。

8 包入花生酱馅后，捏紧收口。

9 撒上花生仁碎，放烤盘上，最后醒发90分钟，保持温度36℃，湿度72%。

10 然后入炉烘烤13分钟左右，上火185℃，下火165℃，烤好后出炉即可。

制作指导

粘在面团外的花生仁碎不要太大。

补血润肺：

杏仁提子面包

所需时间
110 分钟左右

材料 Ingredient

高筋面粉	1000克	鲜奶	250克	鲜奶油	40克
砂糖	195克	全蛋	100克	提子干	250克
酵母	13克	清水	250克	杏仁碎	适量
改良剂	5克	食盐	10克		
奶粉	20克	奶油	120克		

做法 Recipe

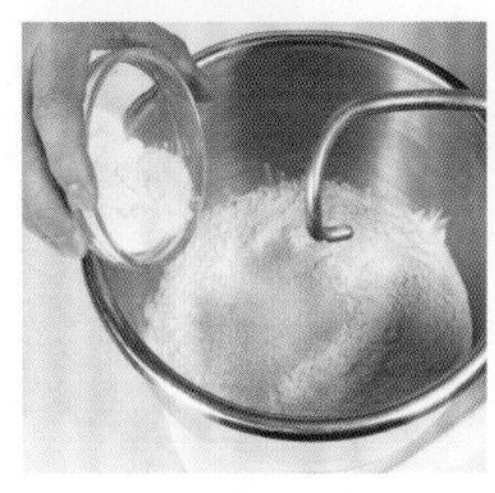

1 将高筋面粉、砂糖、酵母、改良剂、奶粉慢速拌匀。

2 加入鲜奶、全蛋、清水慢速拌匀，转快速拌至七八成筋度。

3 加入鲜奶油、奶油、食盐慢速拌匀，转快速拌至面筋扩展。

4 加入提子干慢速拌匀。

5 盖上保鲜膜，松弛20分钟。

6 把面团分成40克/个。

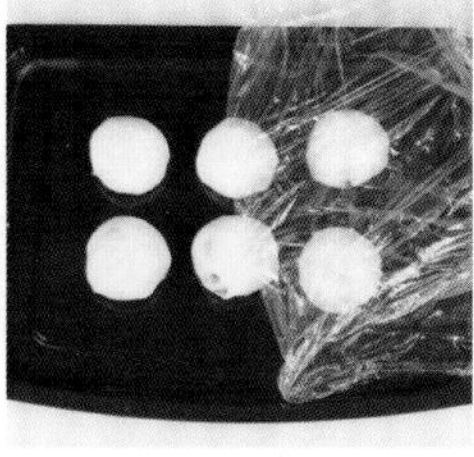

7 面团滚圆后，松弛15分钟，保持温度30℃，湿度保持70%~80%。

8 用擀面杖把面团压扁，排气。

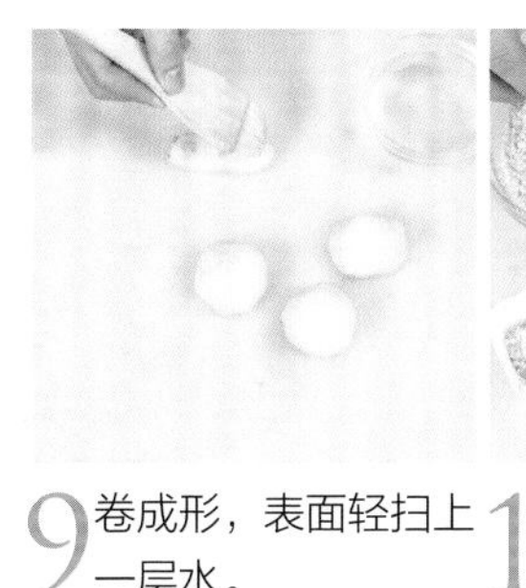

9 卷成形，表面轻扫上一层水。

10 裹上杏仁碎，放入模具内。

11 醒发70分钟，发至模具九分满，保持温度37℃，湿度75%。

12 喷水，入炉烘烤，上火180℃，下火160℃，烤12分钟左右，烤至金黄色出炉即可。

制作指导

面团不要发得太大。

简简单单咖啡香：

咖啡面包

所需时间 160 分钟左右

材料 Ingredient

高筋面粉	750克	酵母	8克	咖啡粉	10克
砂糖	150克	全蛋	50克	食盐	8克
清水	385克	淡奶	35克	鲜奶油	30克
奶油	50克	改良剂	5克		

做法 Recipe

1 将高筋面粉、酵母、改良剂、砂糖和咖啡粉拌匀。

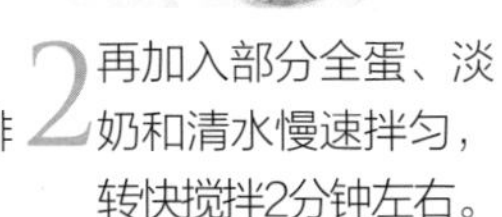

2 再加入部分全蛋、淡奶和清水慢速拌匀，转快搅拌2分钟左右。

3 加入奶油、食盐和鲜奶油慢速拌匀，转快速搅拌至面筋扩展。

4 松弛25分钟，温度31℃，湿度75%。

5 把松弛好的面团分成75克/个。

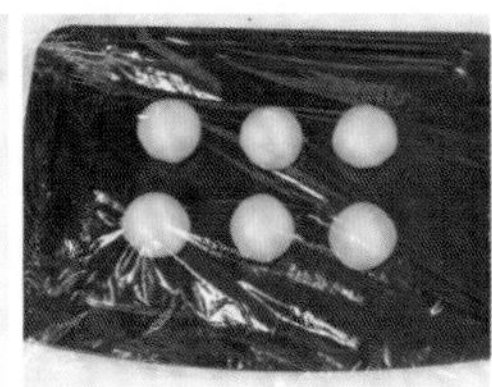

6 将面团滚圆至光滑，再松弛20分钟。

7 将松弛好的面团，用擀面杖擀开，排气。

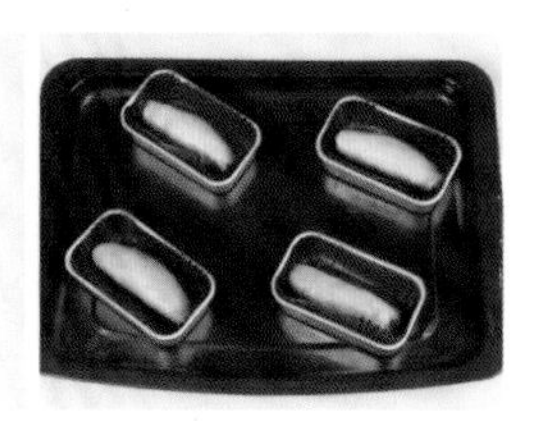

8 卷成形，放入模具，排入烤盘，放入发酵箱醒发85分钟，温度38℃，湿度75%。

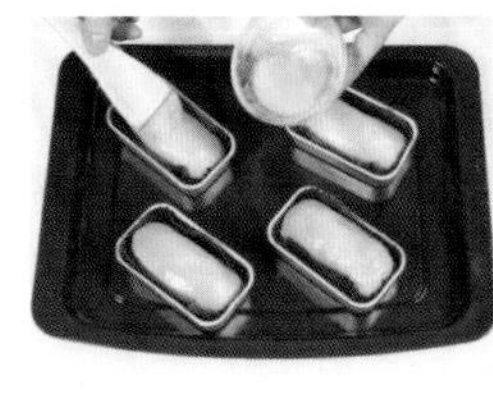

9 醒发至模具九分满即可，将剩余全蛋搅打成蛋液，扫在面团上。

10 放入烤箱烘烤约15分钟，上火185℃，下火190℃，烤好后出炉即可。

制作指导

不要把面团搅拌过度。

美味又营养：

酸奶面包

所需时间
135 分钟左右

材料 Ingredient

高筋面粉	950克	酵母	15克	奶粉	40克
低筋面粉	150克	砂糖	200克	食盐	12克
全蛋	100克	酸奶	600克		
奶油	115克	改良剂	3.5克		

做法 Recipe

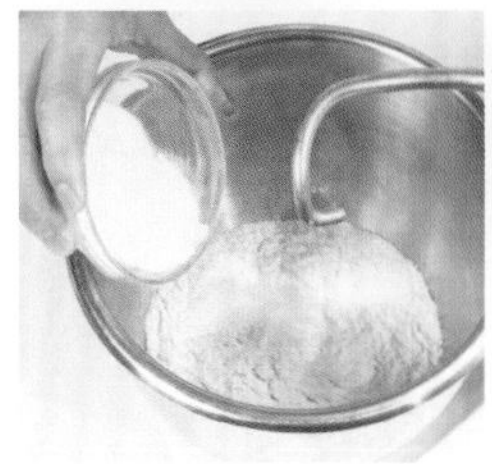

1 将高筋面粉、低筋面粉、酵母、改良剂、砂糖和奶粉拌匀。

2 加入部分全蛋和酸奶慢速拌匀，转快速搅拌2分钟。

3 最后加入奶油、食盐慢速拌匀。

4 快速搅拌至面团拉出均匀薄膜状(温度保持26℃)。

5 盖上保鲜膜，松弛20分钟，温度29℃，湿度80%。

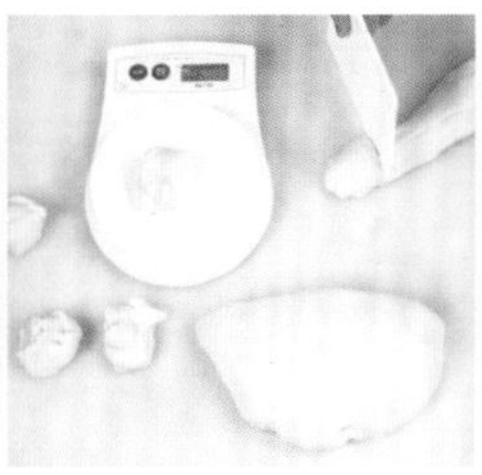

6 把松弛好的面团分成40克/个。

7 把面团滚圆，盖上保鲜膜，松弛20分钟。

8 把松弛好的面团滚圆至光滑。

9 排入烤盘，放入醒发柜醒发80分钟，温度37℃，湿度75%。

10 把醒发好的面团扫上全蛋液。

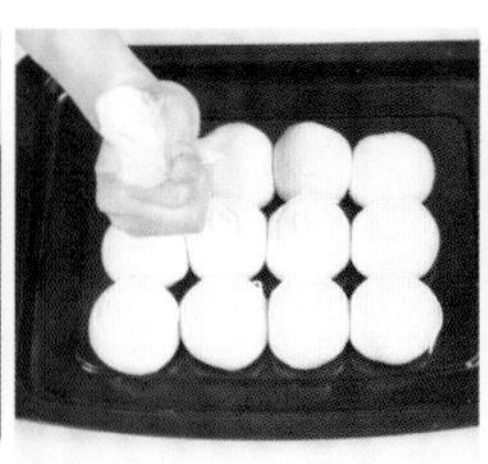

11 再挤上奶油。

12 放入烤箱烘烤约12分钟，上火195℃，下火180℃，烤好后出炉即可。

制作指导

滚圆面团时不要滚太长时间，以免影响面团组织。

女人最爱的美食：

红糖面包

所需时间
150 分钟左右

材料 Ingredient

高筋面粉	500克	红糖	100克	奶油	45克
奶粉	20克	食盐	5克	瓜子仁	适量
清水	265克	改良剂	1.5克		
酵母	6克	全蛋	50克		

做法 Recipe

1 将红糖、部分全蛋和清水拌至糖溶化。

2 加入高筋面粉、酵母、改良剂和奶粉慢速拌匀，转快速搅拌3分钟。

3 最后加入奶油、食盐慢速拌匀。

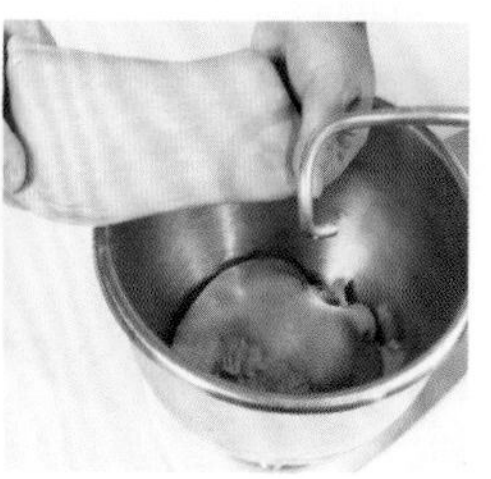

4 快速搅拌至拉出薄膜状即可。

5 将面团松弛20分钟，保持温度31℃，湿度80%。

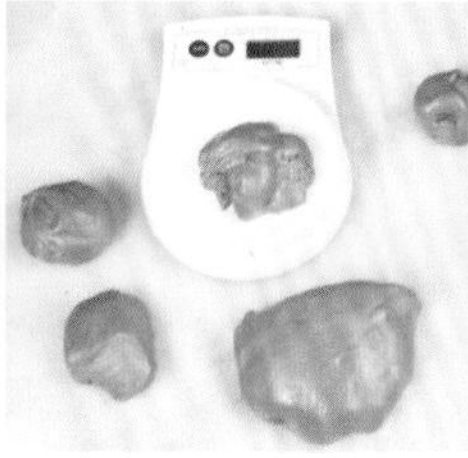

6 把松弛好的面团分切成70克/个。

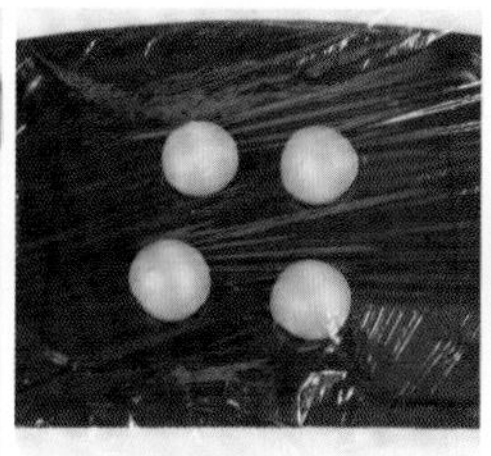

7 将面团滚圆至光滑，再松弛20分钟。

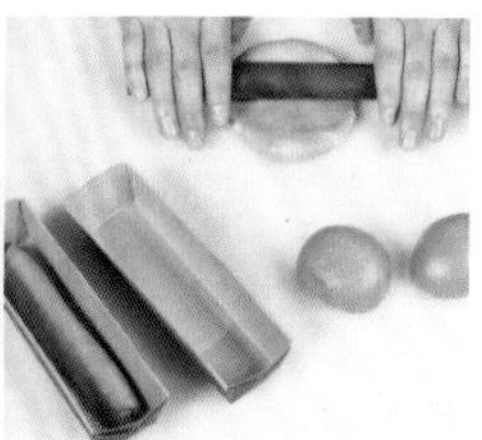

8 把松弛好的面团用擀面杖擀开，排气。

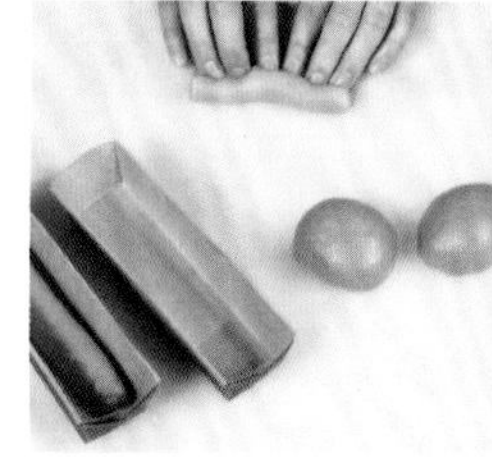

9 卷成长形，放入纸模具。

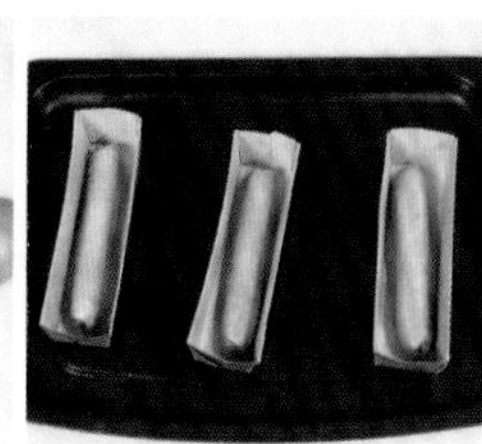

10 排入烤盘，放进发酵箱醒发70分钟，温度37℃，湿度80%。

11 把醒发好的面团扫上全蛋液，再撒上瓜子仁。

12 放入烤箱烘烤15分钟左右，上火190℃，下火165℃，烤好后出炉即可。

制作指导

颜色不要烤得太深。

全家人爱吃的

苹果面包

所需时间
125 分钟左右

材料 Ingredient

高筋面粉	500克	低筋面粉	50克	酵母	7克
改良剂	2克	砂糖	95克	全蛋	50克
蜂蜜	40克	清水	300克	食盐	5克
奶油	55克	苹果丁	250克		

做法 Recipe

1 将高筋面粉、低筋面粉、酵母、改良剂、砂糖拌匀。

2 加入部分全蛋、蜂蜜和清水慢速拌匀，转快搅拌至面团有点光滑。

3 再加入奶油、食盐慢速拌匀，转快速搅拌至面筋扩展。

4 最后加入苹果丁慢速拌匀。

5 松弛20分钟，保持温度30℃，湿度80%。

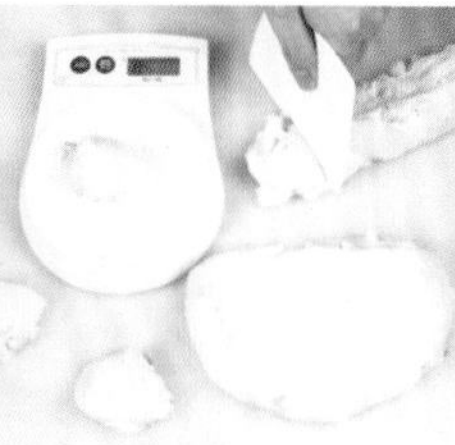

6 把松弛好的面团分成50克/个。

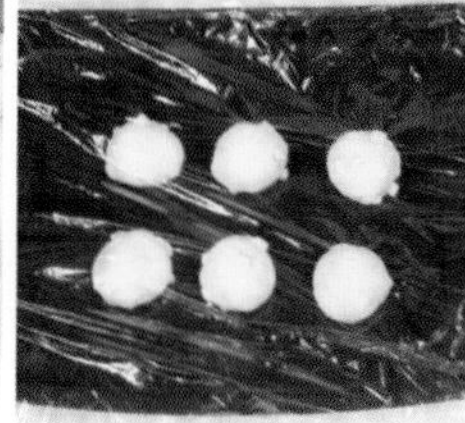

7 滚圆面团，再松弛20分钟。

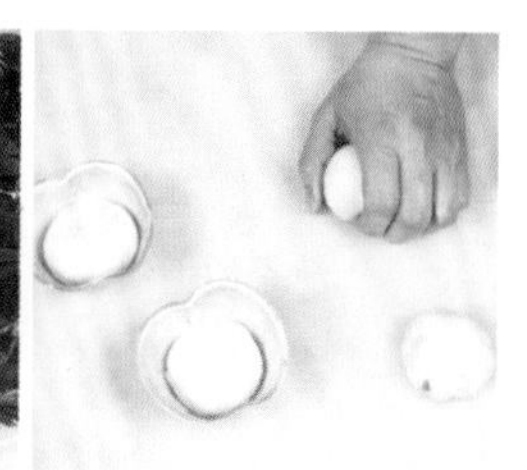

8 把松弛好的面团滚圆至光滑。

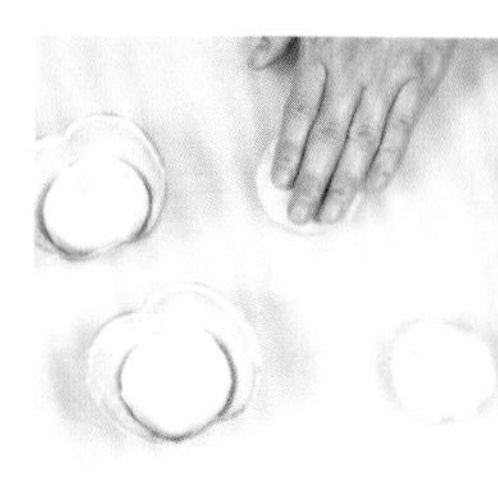

9 稍微压扁，放入模具。

10 排入烤盘，放进发酵箱醒发75分钟，温度38℃，湿度75%。

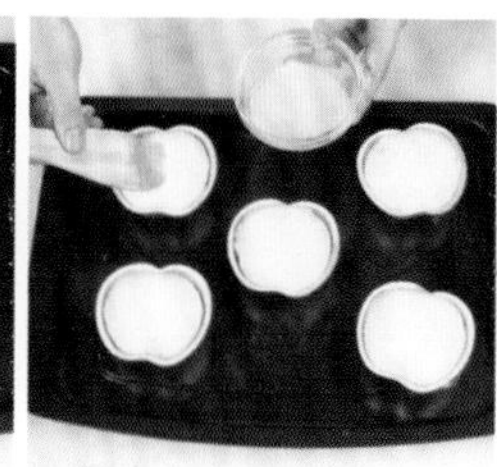

11 把醒好的面团扫上全蛋液。

12 放入烤箱烘烤约13分钟，上火190℃，下火185℃，烤好后出炉即可。

制作指导

切好的苹果丁要先浸泡在淡盐水里。

堪比匹萨：

洋葱芝士面包

所需时间
180 分钟左右

材料 Ingredient

高筋面粉	750克	砂糖	65克	奶油	85克
改良剂	4克	食盐	20克	火腿丝	适量
清水	425克	炸洋葱	25克	芝士丝	适量
干洋葱	85克	酵母	8克	沙拉酱	适量
低筋面粉	100克	全蛋	75克		

做法 Recipe

1 将高筋面粉、低筋面粉、酵母、改良剂、砂糖拌匀。

2 加入部分全蛋和清水慢速拌匀，转快速搅拌约1分钟。

3 再加入奶油、食盐慢速拌匀，快速搅拌至面筋扩展。

4 最后加入干洋葱和炸洋葱慢速拌匀。

5 盖上保鲜膜松弛25分钟。

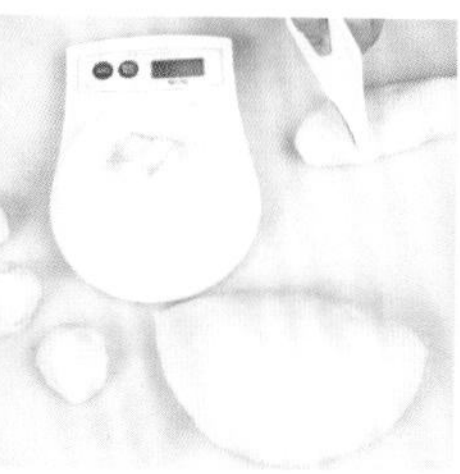

6 把松弛好的面团分成40克/个。

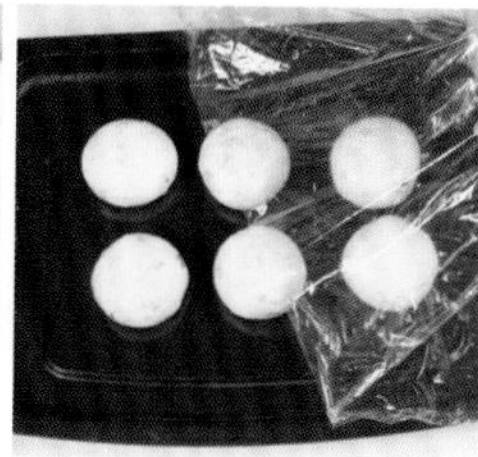

7 将面团滚圆，盖上保鲜膜再松弛20分钟。

8 将松弛好的面团滚圆至光滑，再用刀划十字，放入纸杯。

9 排入烤盘，放进醒发箱醒发70分钟，温度38℃，湿度75%。

10 把醒发好的面团扫上全蛋液。

11 放上火腿丝。

12 放上芝士丝，再挤上沙拉酱，入炉烘烤约15分钟，上火185℃，下火160℃，烤熟即可。

制作指导

加入干洋葱和炸洋葱时不要搅拌过久，以免过度。

酸酸甜甜：

草莓面包

所需时间
125 分钟左右

材料 Ingredient

高筋面粉	750克	砂糖	155克	奶油	70克
奶香粉	3克	食盐	7克	草莓酱	适量
鲜奶	380克	改良剂	3克	鲜草莓	适量
酵母	8克	全蛋	75克		

做法 Recipe

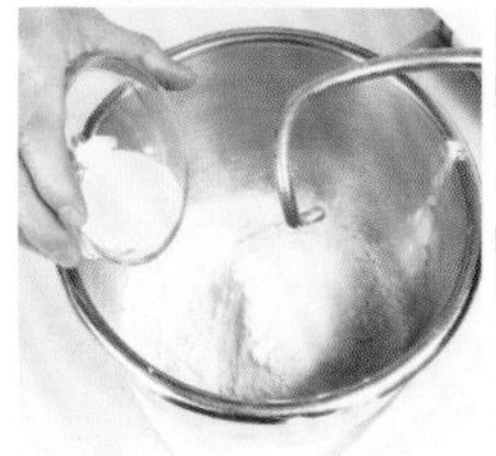

1 将高筋面粉、酵母、改良剂和奶香粉拌匀。

2 再加入砂糖、部分全蛋和鲜奶慢速拌匀，转快速拌匀。

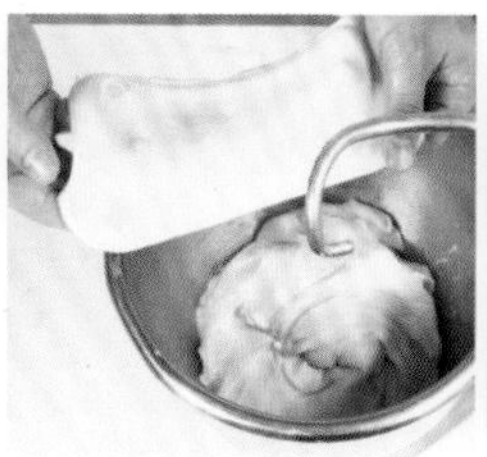

3 最后加入奶油、食盐慢速拌匀后，再快速搅拌至面筋扩展。

4 将面团松弛20分钟，保持温度30℃，湿度80%。

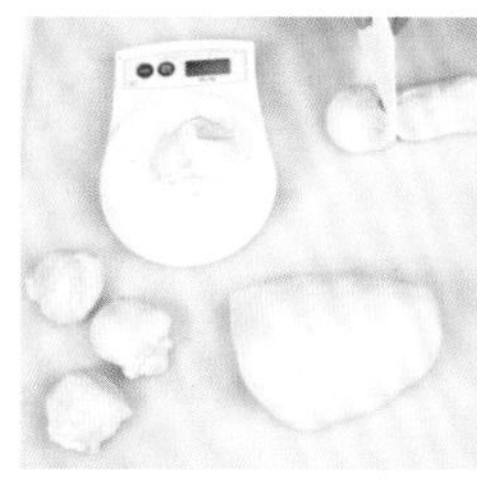

5 把松弛好的面团分切成50克/个，再滚圆。

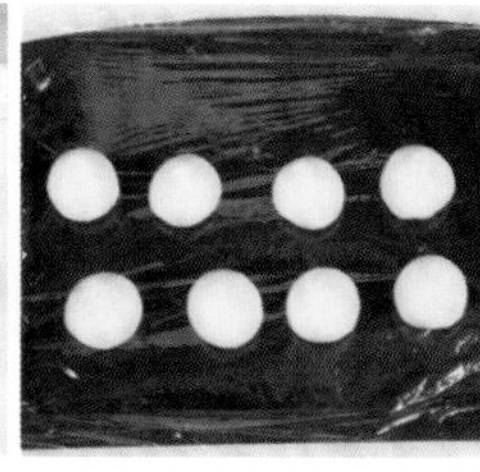

6 再把小面团松弛20分钟。

7 把松弛好的面团压扁排气，包入草莓馅，包圆放入模具。

8 入烤盘，放发酵箱醒发80分钟，保持温度36℃，湿度70%。

9 醒发好后，在上面划两刀。

10 再刷上全蛋液。

11 放入烤箱烘烤约13分钟，上火185℃，下火165℃。

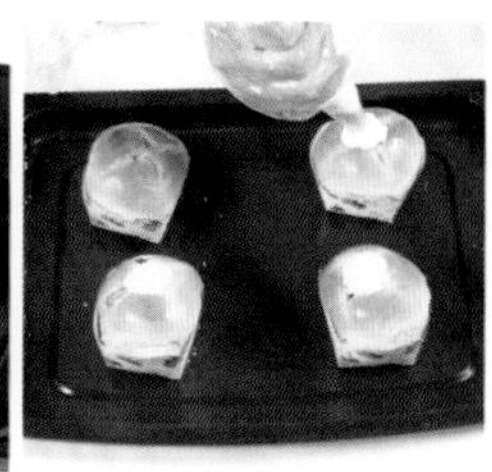

12 烤好后出炉，待面包放凉后挤上奶油，放上半个草莓即可。

制作指导

用刀划面口时，要稍划得深一点。

孩子的最爱：

蜜豆黄金面包

所需时间
180 分钟左右

材料 Ingredient

种面					
高筋面粉	650克	奶粉	40克	杏仁片	适量
全蛋	100克	食盐	10克	其他材料	
酵母	11克	清水	195克	蜜豆	适量
清水	275克	奶香粉	5克	黄金酱	适量
主面		奶油	115克		
砂糖	195克	高筋面粉	350克		
		改良剂	3克		

做法 Recipe

1 将种面部分的高筋面粉、酵母拌匀，加入全蛋、清水慢速拌匀，转快速拌1~2分钟。

2 盖上保鲜膜，松弛2小时，保持温度32℃，湿度70%。

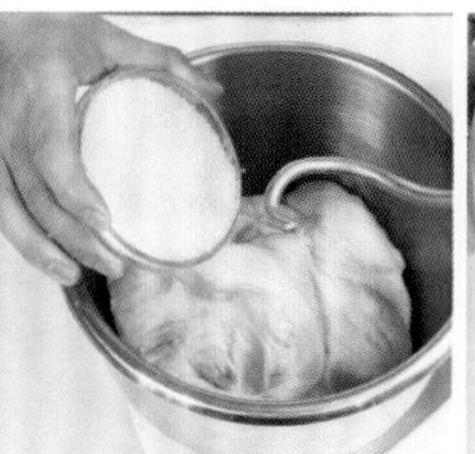

3 把松弛好的种面和砂糖、清水快速拌2分钟。

4 加入高筋面粉、奶香粉、奶粉、改良剂慢速拌均匀，转快速打2~3分钟。

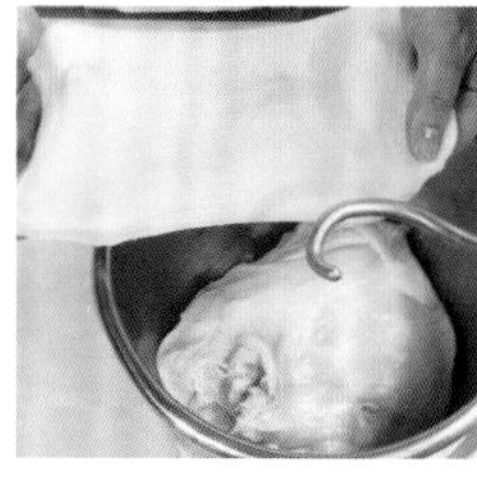

5 加入奶油、食盐慢速拌匀，转快速搅拌至面筋扩展。

6 松弛20分钟，保持温度31℃，湿度80%。

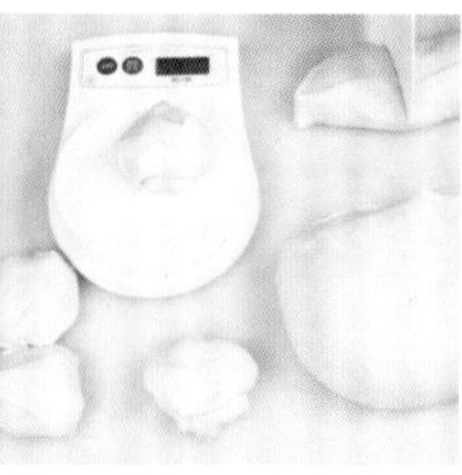

7 把松弛好的面团分成65克/个，滚圆。

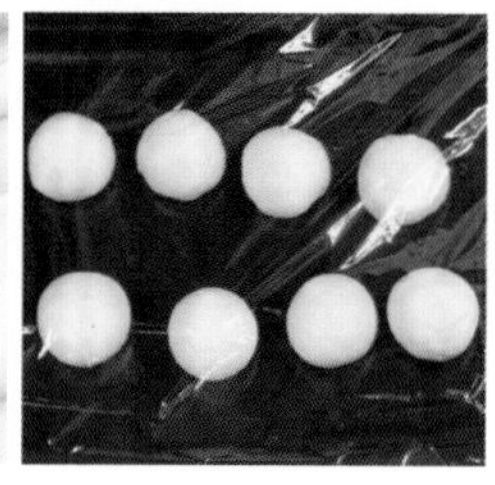

8 再松弛20分钟。

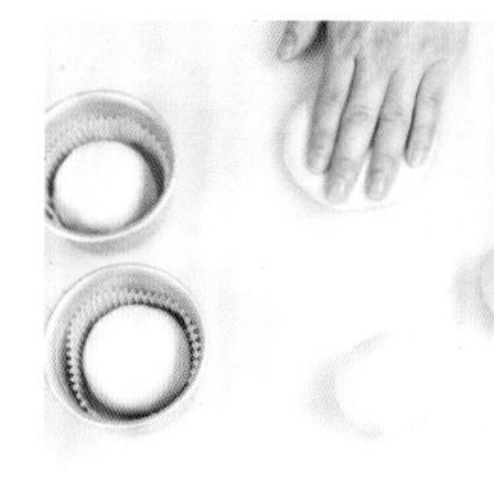

9 把松弛好的小面团压扁，排气。

10 包入蜜豆，放入模具，最后醒发80分钟，温度30℃，湿度72%。

11 发至模具九分满，挤上黄金酱。

12 撒上杏仁片，入炉烘烤15分钟左右，上火170℃，下火220℃，烤好后出炉即可。

制作指导

面包出炉后应立即脱模，不然会收腰。

饭后小甜点:
巧克力球

所需时间
120 分钟左右

材料 Ingredient

高筋面粉	500克	砂糖	100克	奶油	50克
奶香粉	4克	食盐	5克	巧克力豆	适量
鲜奶	280克	改良剂	2克	糖粉	适量
酵母	5克	全蛋	55克		

做法 Recipe

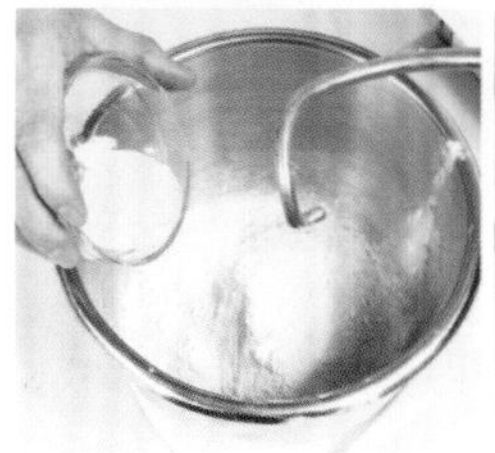

1 将高筋面粉、酵母、改良剂和奶香粉慢速拌匀。

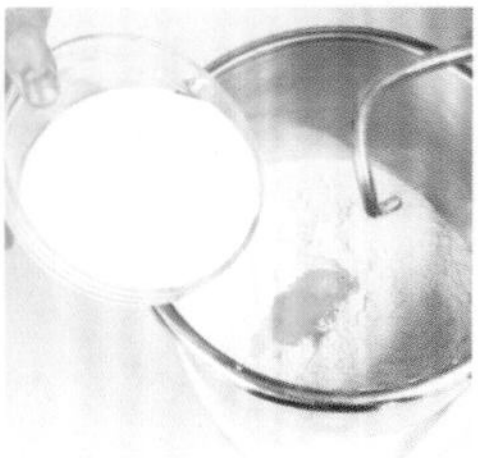

2 加入部分全蛋、砂糖与鲜奶拌匀。

3 快速搅拌2分钟，加入奶油、食盐慢速拌匀。

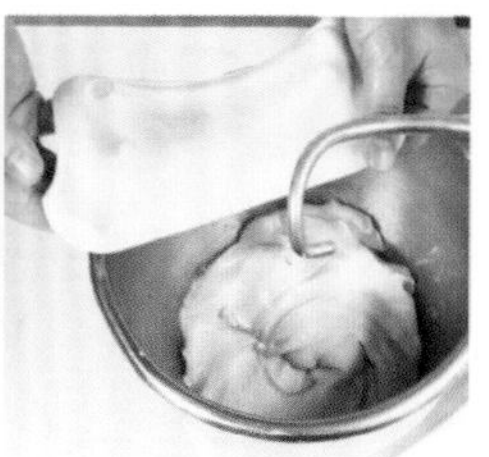

4 快速搅拌至拉出均匀薄膜状。

5 盖上保鲜膜，松弛20分钟，温度32℃，湿度75%。

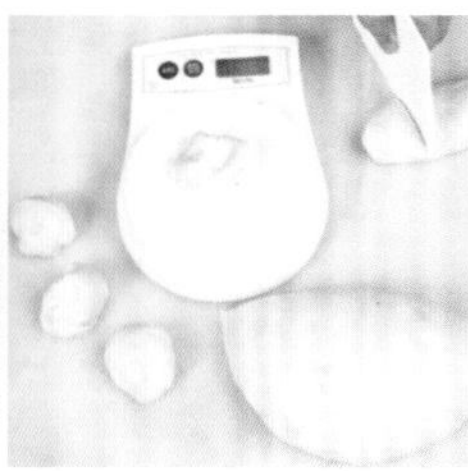

6 把松弛好的面团分割成50克/个。

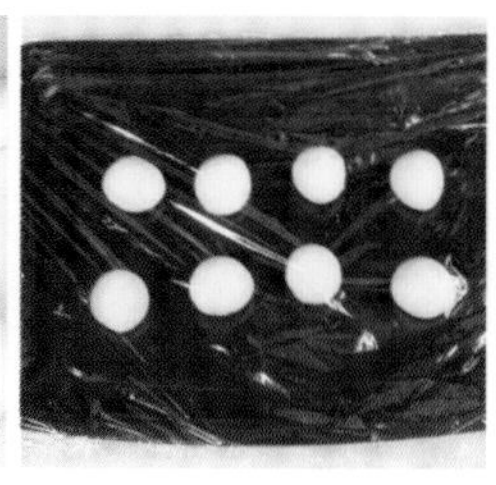

7 滚圆小面团至光滑状，盖上保鲜膜，松弛20分钟。

8 再把松弛好的面团滚圆至光滑。

9 入烤盘，放入发酵箱，醒发约85分钟，温度37℃，湿度80%。

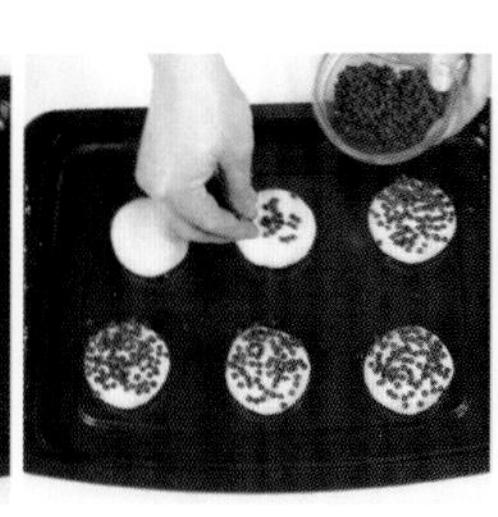

10 醒发面团至2~3倍大，扫上全蛋液再撒上巧克力豆。

11 入炉烘烤10分钟左右，上火185℃，下火160℃。

12 烤好后出炉，筛上糖粉即可。

制作指导

要注意，搅拌好的面团温度为25~28℃。

补血生津：

美式提子面包

所需时间
150 分钟左右

材料 Ingredient

高筋面粉	1000克	清水	250克	食盐	10克
改良剂	3克	奶油	50克	提子干	275克
全蛋	110克	鲜奶油	35克	瓜子仁	适量
砂糖	185克	酵母	12克		
奶粉	30克	鲜奶	250克		

做法 Recipe

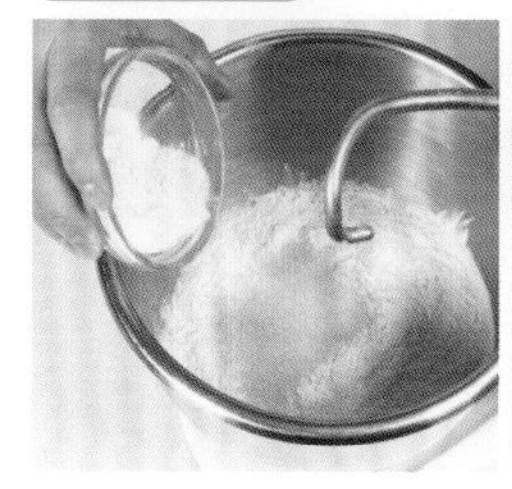

1 将高筋面粉、酵母、改良剂、砂糖和奶粉拌匀。

2 加入全蛋、鲜奶和清水慢速拌匀，转快速拌至七八成筋度。

3 再加入奶油、食盐和鲜奶油慢速拌匀。

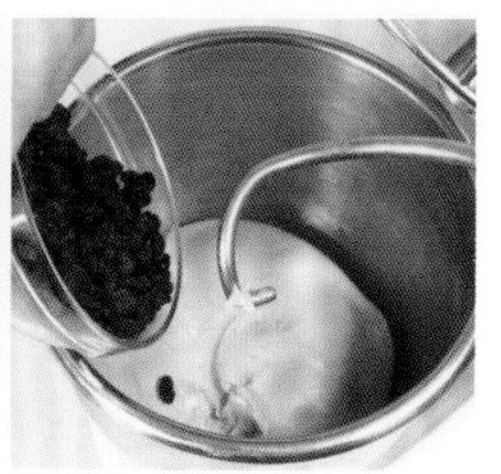

4 快速搅拌至面筋扩展，再加入提子干慢速拌匀。

5 松弛25分钟，温度30℃，湿度75%。

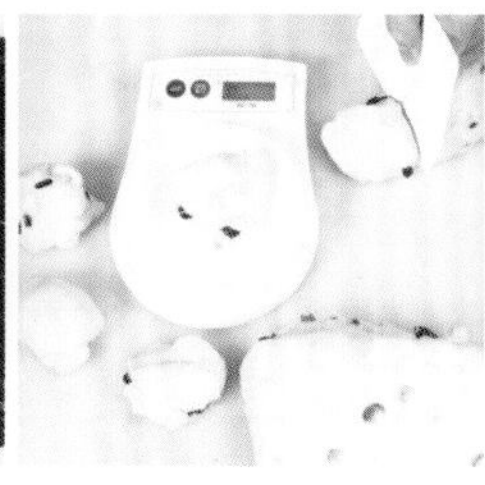

6 把松弛好的面团分成75克/个。

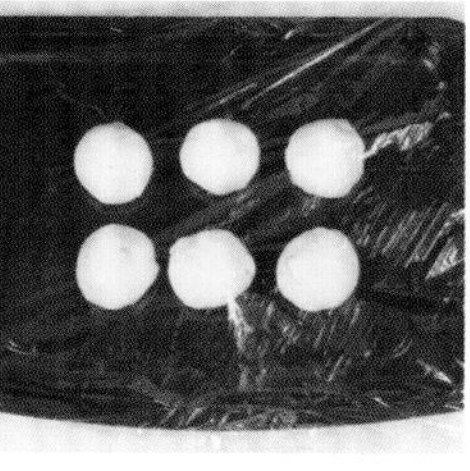

7 把小面团滚圆，再松弛20分钟。

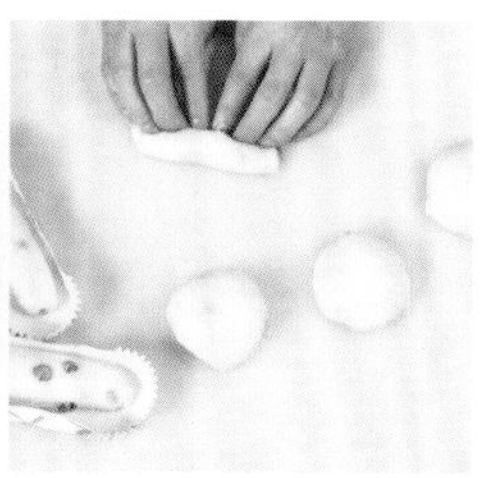

8 把松弛好的小面团擀开，排气，再卷成长条形，放入模具。

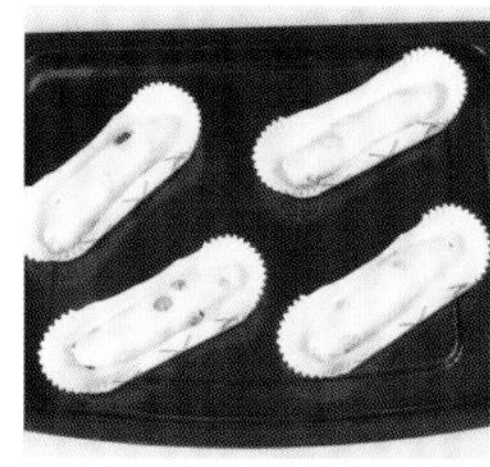

9 放入烤盘排好，再放进发酵箱，醒发约90分钟，温度37℃，湿度80%。

10 将醒发好的面团用刀划三刀。

11 扫上全蛋液，挤上奶油，撒上瓜子仁。

12 放入烤箱烘烤，上火190℃，下火165℃，烤15分钟左右至熟即可。

制作指导

造型时要卷紧面团。

港式面包经典款：

鸡尾面包

所需时间
150 分钟左右

材料 Ingredient

主面	
高筋面粉	1000克
砂糖	185克
清水	525克
食盐	10克
酵母	10克
蜂蜜	50克
奶粉	40克
奶油	110克
改良剂	3克
全蛋	100克
奶香粉	3克

鸡尾馅	
砂糖	100克
全蛋	15克
低筋面粉	50克
奶油	100克
奶粉	30克
椰蓉	150克

吉士馅	
清水	100克
即溶吉士粉	35克

其他材料	
白芝麻	适量
全蛋液	适量

做法 Recipe

1 将主面部分的高筋面粉、酵母、改良剂、砂糖慢速拌匀。

2 再加入全蛋、清水、蜂蜜慢速搅拌，转快速搅拌2分钟。

3 加入奶油、食盐慢速拌匀，转快速打至面筋扩展。

4 松弛20分钟。

5 把松弛好的面团分成60克/个，滚圆。

6 把小面团压扁，排气。

7 将鸡尾馅部分的砂糖、奶油、全蛋拌匀，再加奶粉、低筋面粉、椰蓉拌匀即成鸡尾馅。

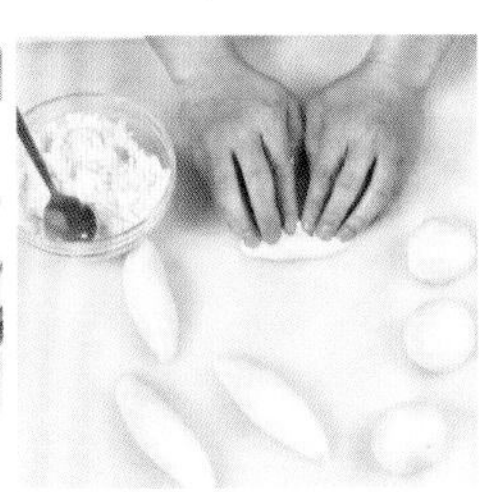

8 将鸡尾馅包入面皮中，卷成橄榄形。

9 入烤盘，进发酵箱，醒发90分钟，温度38℃，湿度75%。

10 发至原体积的3倍大后，扫上全蛋液。

11 将清水、即溶吉士粉拌匀成软鸡尾状，即成吉士馅。

12 挤上吉士馅，撒上白芝麻，入炉烘烤约15分钟，上火185℃，下火160℃，烤熟即可。

制作指导

鸡尾馅不要拌得太发。

外酥里嫩：

芝士可颂面包

所需时间
200 分钟左右

材料 Ingredient

高筋面粉	900克	奶粉	85克	片状酥油	500克
低筋面粉	100克	全蛋	150克	沙拉酱	适量
砂糖	90克	冰水	500克	香酥粒	适量
酵母	10克	食盐	15克	芝士条	适量
改良剂	4克	奶油	85克		

做法 Recipe

1 将高筋面粉、低筋面粉、酵母、砂糖、改良剂和奶粉拌匀。

2 加入部分全蛋和冰水慢速拌匀，再快速搅拌2分钟。

3 最后加入奶油和食盐慢速拌匀，转快速拌至面团光滑。

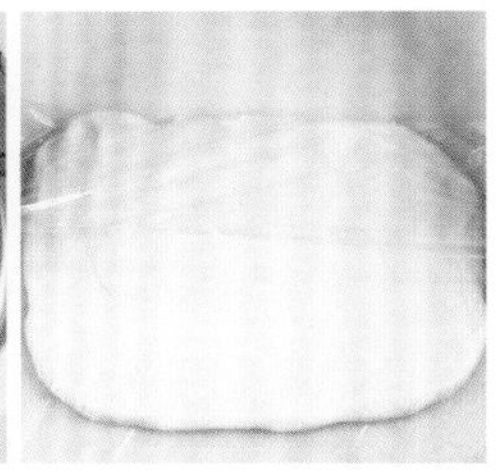

4 把面团压扁成长形，用保鲜膜包好，放入冰箱冷冻30分钟以上。

5 稍微擀开擀长，放上片状酥油。

6 把片状酥油包在里面，捏紧收口，擀开擀长。

7 叠三折，用保鲜膜包好，放入冰箱冷藏30分钟以上。再擀开，折叠，冷藏，如此操作3次即可。

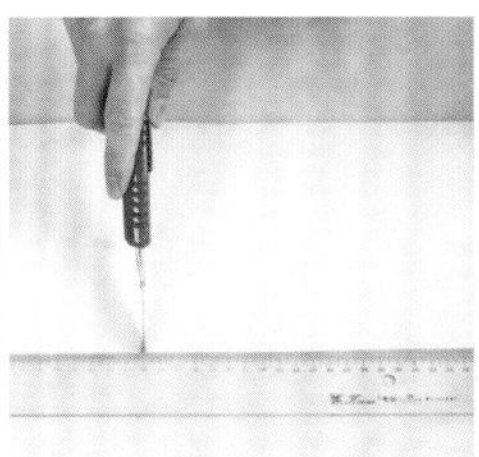

8 擀宽擀长，厚约7厘米，宽0.6厘米。

9 用刀切开，排好进发酵箱醒发60分钟，温度35℃，湿度70%。

10 把醒发好的面团扫上全蛋液。

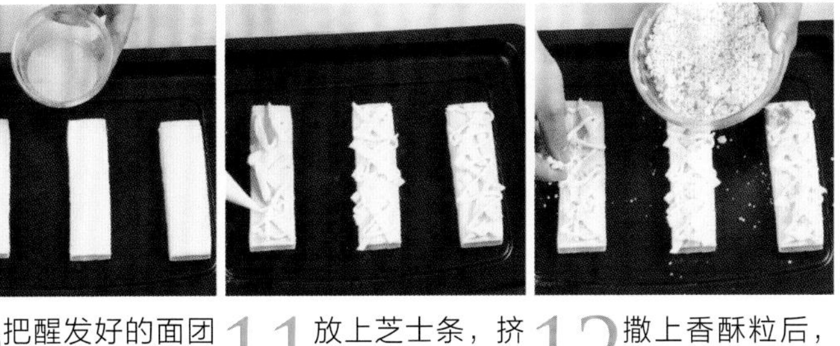

11 放上芝士条，挤上沙拉酱。

12 撒上香酥粒后，放入烤箱烘烤，上火185℃，下火160℃，烤15分钟左右至熟即可。

制作指导

不要放太多芝士条，以免压扁面包。

醇香浓郁：

黄金杏仁面包

所需时间
225 分钟左右

材料 Ingredient

种面		全蛋	85克	糖粉	60克
高筋面粉	500克	奶粉	35克	食盐	3克
酵母	8克	奶油	80克	液态酥油	500克
清水	285克	清水	50克	淡奶	30克
主面		改良剂	3克	炼奶	15克
砂糖	150克	蛋糕油	5克	其他材料	
高筋面粉	250克	黄金酱		杏仁粒	适量
食盐	7.5克	蛋黄	4个		

做法 Recipe

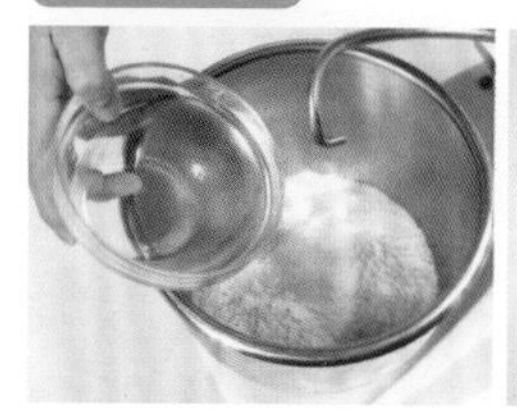

1 先将种面部分的所有材料加入拌匀。

2 快速搅拌1~2分钟。

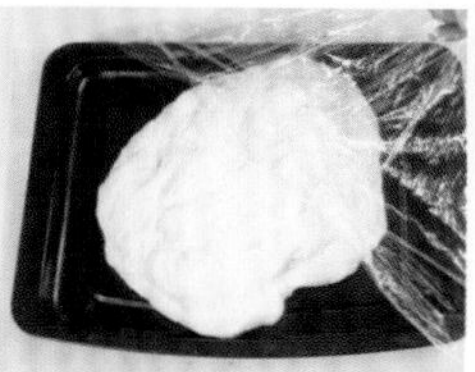

3 发酵10分钟，温度33℃，湿度75%。

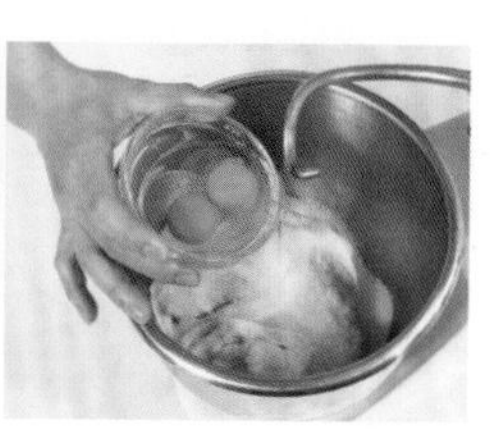

4 将种面、砂糖、全蛋和清水倒入，拌至糖溶化。

5 再加入高筋面粉、奶粉和改良剂慢速拌匀，再转快速搅拌3分钟。

6 加入奶油、食盐和蛋糕油慢速拌匀。

7 快速搅拌至面筋扩展，松弛15分钟，温度32℃，湿度75%。

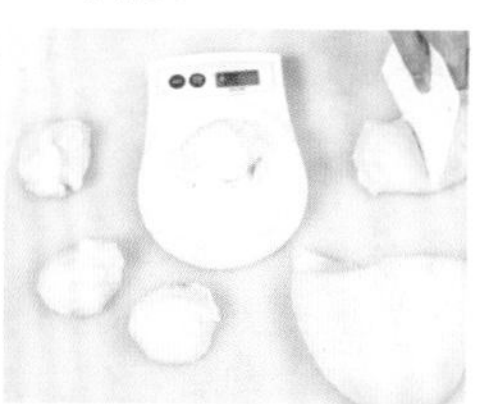

8 把松弛好的面团分割成30克/个。

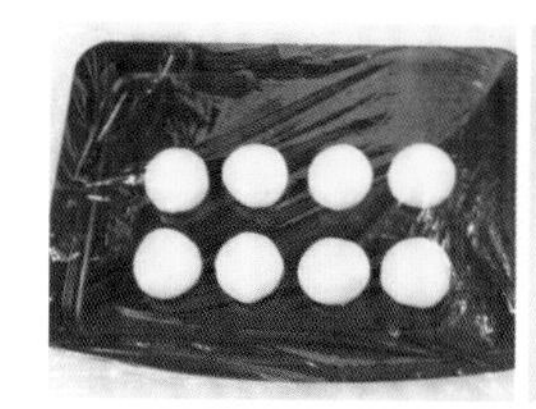

9 把面团滚圆，再松弛15分钟。

10 把松弛好的面团滚圆至光滑至紧，粘上杏仁粒。

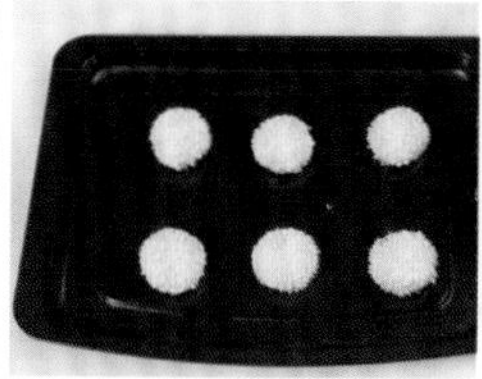

11 排在烤盘上，进醒发箱醒发75分钟，温度37℃，湿度80%。

12 醒发至面团体积的2~3倍。

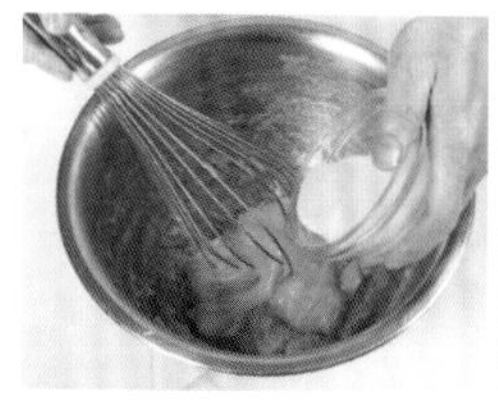

13 将黄金酱部分的蛋黄、糖粉、食盐拌匀，再慢慢加入液态酥油打发，最后加淡奶和炼奶拌匀，即成黄金酱。

14 在面包上挤上黄金酱，入炉烘烤，上火185℃，下火160℃，时间为12分钟左右，烤至金黄色出炉即可。

制作指导

要掌握好烘烤颜色。

好吃又好看：

果盆子面包

所需时间 225 分钟左右

材料 Ingredient

种面

高筋面粉	700克
酵母	适量
全蛋	适量
清水	适量

主面

砂糖	95克
高筋面粉	300克
奶香粉	5克
食盐	10克
清水	125克
奶粉	45克
改良剂	适量
奶油	适量

其他材料

苹果馅	适量
瓜子仁	适量

奶油面糊

鸡蛋、低筋面粉、奶油、糖粉各适量

做法 Recipe

1 先把种面部分的高筋面粉、酵母慢速拌匀。

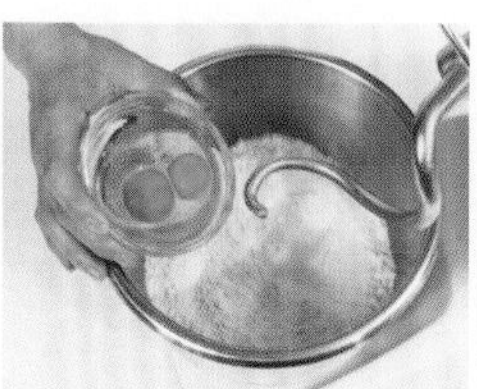

2 加入全蛋、清水慢速搅拌。

3 转快速拌成团，打2分钟。

4 松弛2小时，温度30℃，湿度70%。

5 把松弛好的种面和砂糖、清水慢速拌匀。

6 加入主面部分的高筋面粉、奶粉、改良剂慢速拌均匀，转快速拌2分钟。

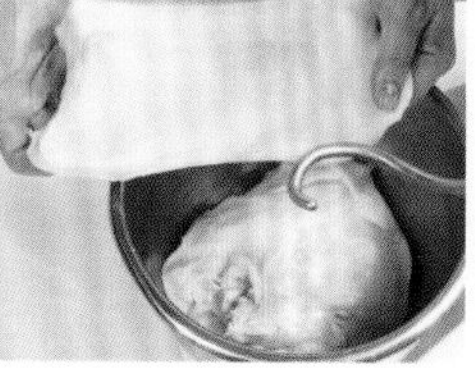

7 加入奶油、食盐慢速拌匀，转快速搅拌至面筋扩展。

8 松弛20分钟，温度32℃，湿度75%。

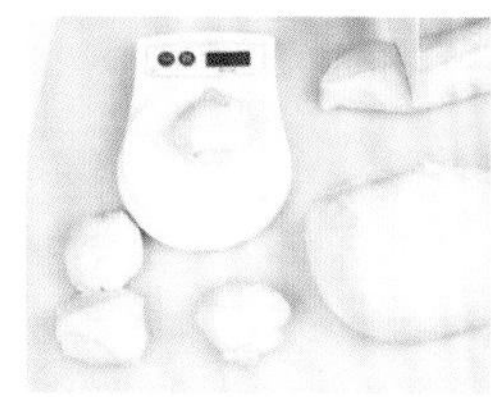

9 把松弛好的面团分成20克/个。

10 把面团滚圆，再松弛20分钟。

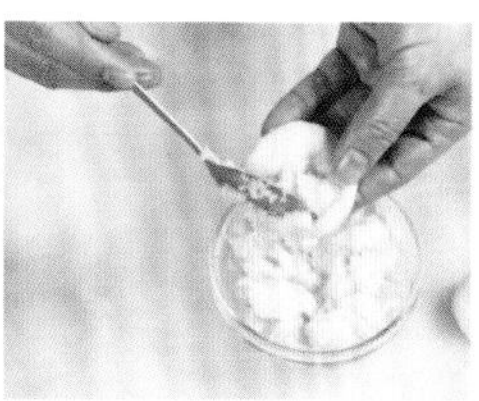

11 把松弛好的面团压扁、排气，包入苹果馅，放进模具。

12 排在烤盘上，进发酵箱醒发65分钟，温度36℃，湿度75%。

13 将奶油面糊拌好，装入裱花袋，挤在醒发好的面团上。

14 撒上瓜子仁，入炉烘烤16分钟左右，上火185℃，下火195℃，烤好出炉即可。

制作指导

不要发得太满，八分满即可。

摆脱单调：

双色和香面包

所需时间
240 分钟左右

材料 Ingredient

种面		蜂蜜	30克	奶粉	75克
高筋面粉	1300克	改良剂	8克	椰香粉	2克
全蛋	200克	奶油	适量	绿茶面糊	
酵母	20克	奶粉	适量	糖粉	40克
清水	适量	椰蓉馅		全蛋	40克
主面		砂糖	200克	绿茶粉	7克
砂糖	200克	全蛋	75克	奶油	50克
高筋面粉	700克	椰蓉	300克	低筋面粉	45克
盐	30克	奶油	225克		

制作指导

表面装饰面糊软硬度要一致。

做法 Recipe

1 将种面部分的高筋面粉、酵母慢速搅拌。

2 加入部分全蛋、清水慢速拌均匀。

3 转快速打至面团五成筋度，即成种面。

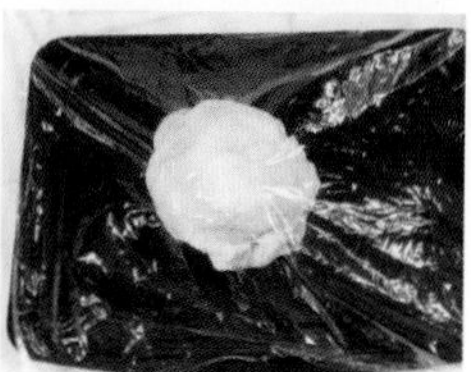

4 盖上保鲜膜，松弛2小时左右，温度31℃，湿度75%。

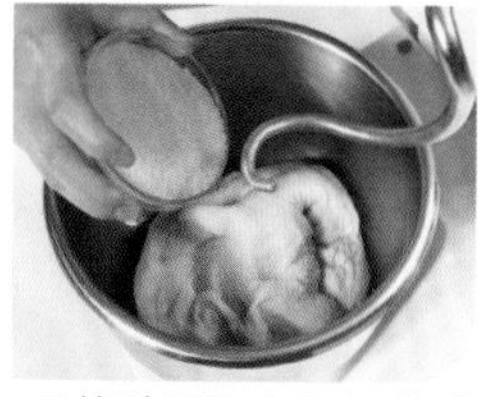

5 将种面和主面部分砂糖、蜂蜜、清水快速打至糖溶化。

6 加入高筋面粉、改良剂、奶粉慢速拌均匀，转快速打2~3分钟。

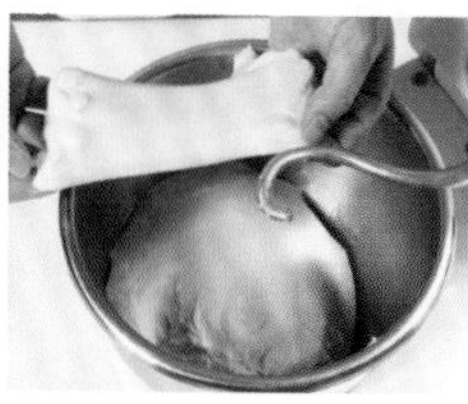

7 加入食盐、奶油慢速拌均匀，转快速搅拌至面筋扩展。

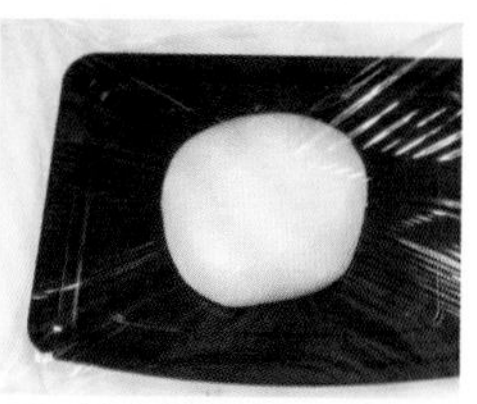

8 盖上保鲜膜，松弛20分钟，温度32℃，湿度70%。

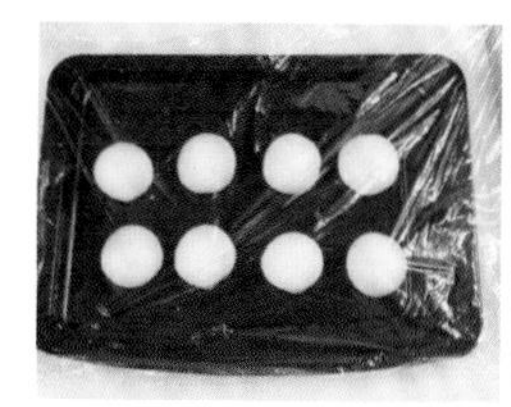

9 把松弛好的面团分成65克/个后滚圆，再松弛20分钟。

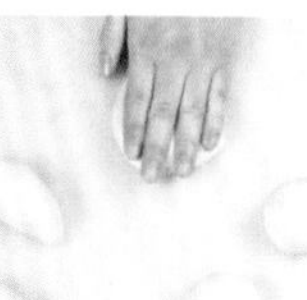

10 把松弛好的面团压扁、排气。

11 把椰蓉馅部分的砂糖、奶油搅拌均匀，加入全蛋拌匀，再加入奶粉、椰蓉、椰香粉搅拌均匀，即成椰蓉馅。

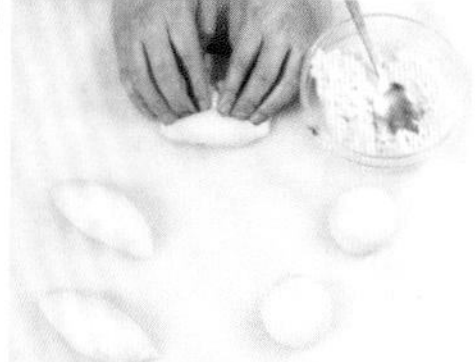

12 将松弛好的面团擀薄，抹上椰蓉馅，包成橄榄形。

13 放入烤盘中，入发酵箱发酵90分钟，温度36℃，湿度70%。

14 把绿茶面糊部分的糖粉、奶油、全蛋、低筋面粉、绿茶粉搅拌均匀，即成绿茶面糊。

15 发至2~2.5倍大。扫上全蛋液，挤上绿茶面糊。

16 挤上奶酪面糊，入炉烘烤，上火190℃，下火165℃，烤13分钟左右出炉即可。

孩子喜爱的甜点：

东叔串

所需时间
250 分钟左右

材料 Ingredient

种面		高筋面粉	375克	其他材料	
高筋面粉	875克	食盐	25克	细砂糖	适量
酵母	12克	清水	155克		
全蛋	150克	奶粉	40克		
清水	435克	奶油	120克		
主面		蜂蜜	25克		
砂糖	95克	改良剂	3克		

做法 Recipe

1 将种面部分的高筋面粉、酵母慢速拌均匀。

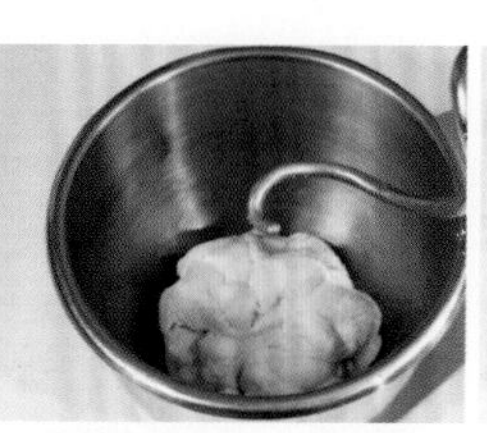

2 加入全蛋、清水慢速拌匀，快速打2~3分钟。

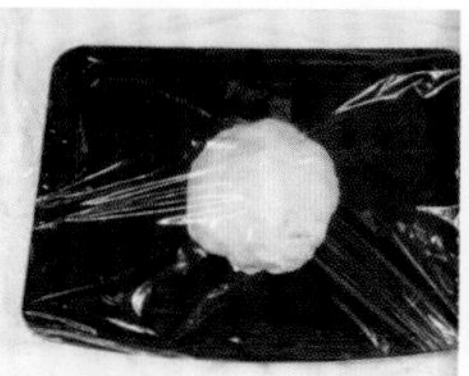

3 盖上保鲜膜松弛2.5小时，温度30℃，湿度70%。

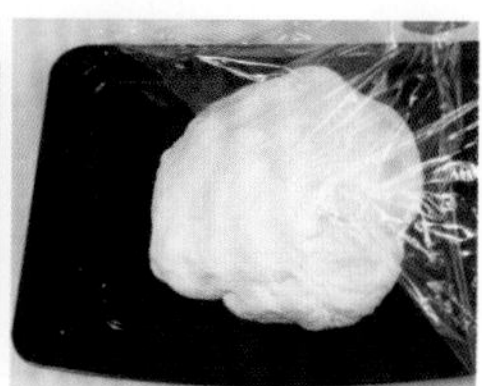

4 等发酵好的面团比原体积大3~3.5倍时，即成种面。

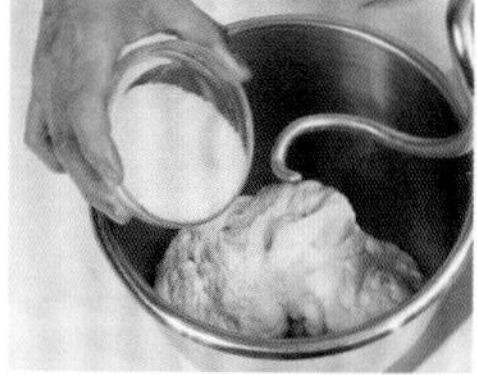

5 将种面团倒入搅拌缸里，加入主面部分的砂糖、蜂蜜、清水，快速打2~3分钟。

6 倒入高筋面粉、改良剂慢速拌均匀，转快速打2~3分钟。

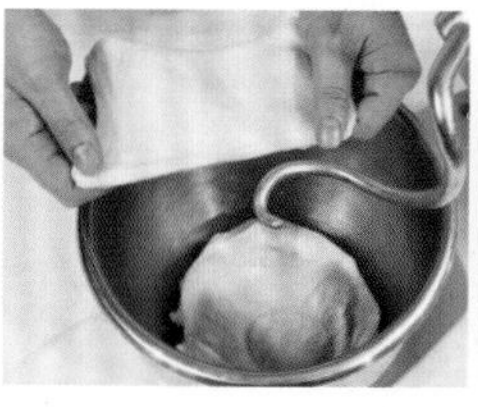

7 加入食盐、奶油慢速拌均匀，转快速打至面团扩展。

8 盖上保鲜膜，松弛25分钟，温度32℃，湿度72%。

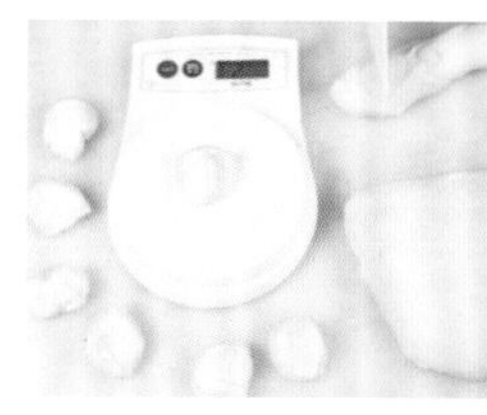

9 把松弛好的面团分割成20克/个。

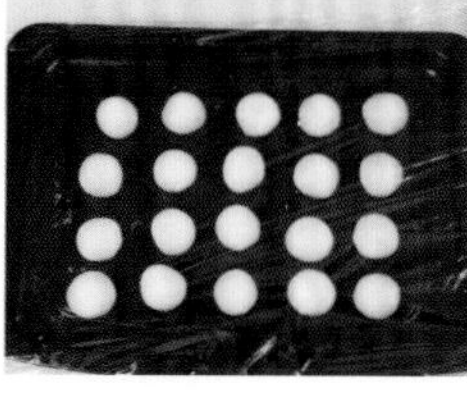

10 把面团滚圆，放上烤盘，盖上保鲜膜，再松弛15分钟。

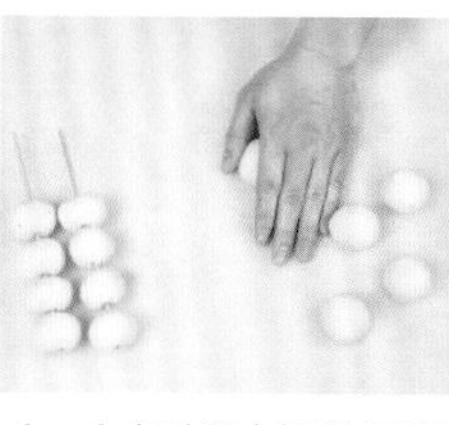

11 把松弛好的面团滚圆搓紧。

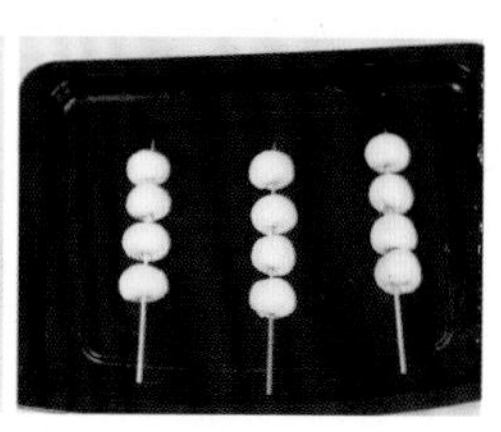

12 用竹签串起来放上烤盘，常温发酵70分钟。

13 将发酵好的面团放入油锅，炸成金黄色。

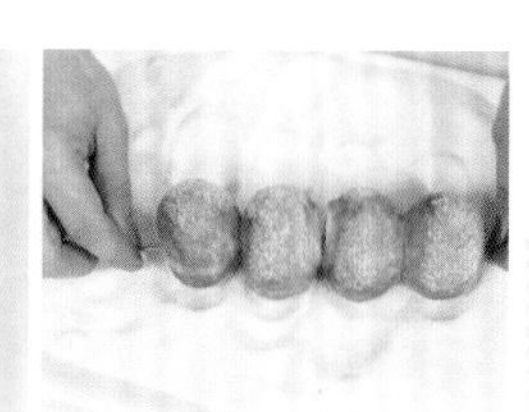

14 粘上细砂糖即可。

制作指导

要趁热粘上细砂糖。

简易面包：

三文治吐司

所需时间
180 分钟左右

材料 Ingredient

高筋面粉	1000克	砂糖	100克	奶粉	25克
低筋面粉	250克	全蛋	100克	食盐	23克
酵母	15克	鲜奶	150克	白奶油	150克
改良剂	3克	清水	400克		

做法 Recipe

1 将高筋面粉、低筋面粉、酵母、改良剂、砂糖慢速拌匀。

2 加入全蛋、鲜奶、清水慢速拌匀，转快速搅拌2分钟。

3 加入白奶油、食盐慢速拌匀，转快速拌至面筋扩展。

4 把面团松弛20分钟，温度32℃，湿度72%。

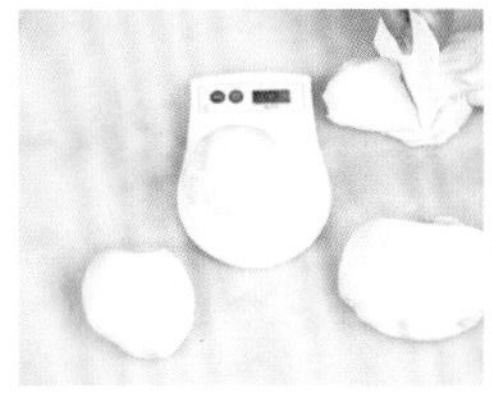

5 把松弛好的面团分割成250克/个。

6 把面团滚圆，再松弛20分钟。

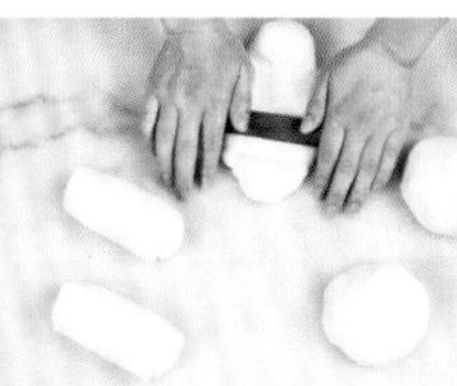

7 把松弛好的面团用擀面杖擀扁、擀长。

8 卷成长形，放入模具。

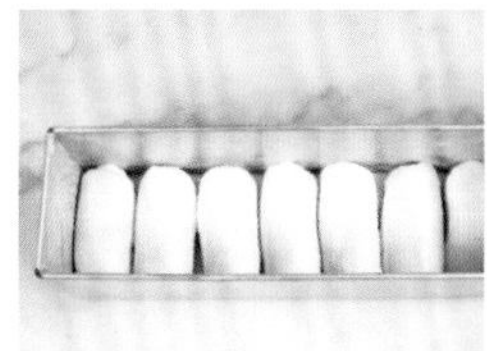

9 放入发酵箱，醒发100分钟，温度35℃，湿度75%。

10 将发酵好的面团盖上铁盖。

11 放入炉烘烤，上火180℃,下火180℃，约烤45分钟。

12 烤好出铁模即可。

制作指导

出炉后，稍微放凉一下再出模。

鲜香浓郁：

香菇芝士吐司

所需时间
180 分钟左右

材料 Ingredient

高筋面粉	650克	低筋面粉	100克	酵母	8克
改良剂	3克	奶粉	20克	砂糖	140克
全蛋	80克	清水	380克	食盐	2.5克
奶油	85克	香菇(炒好)	125克	匹萨丝	适量

做法 Recipe

1 先将高筋面粉、低筋面粉、酵母、改良剂、奶粉和砂糖拌匀。

2 加入部分全蛋和清水慢速拌匀，转快速搅拌。

3 再加入食盐和奶油慢速拌匀。

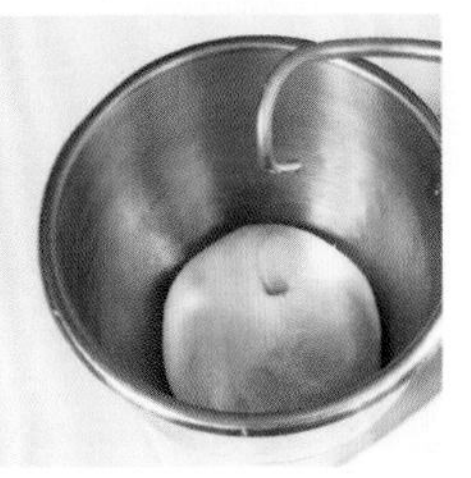

4 快速搅拌至面筋扩展。

5 加入炒过的香菇慢速拌匀。

6 把面团松弛20分钟，温度31℃，湿度75%。

7 把松弛好的面团分割成50克/个。

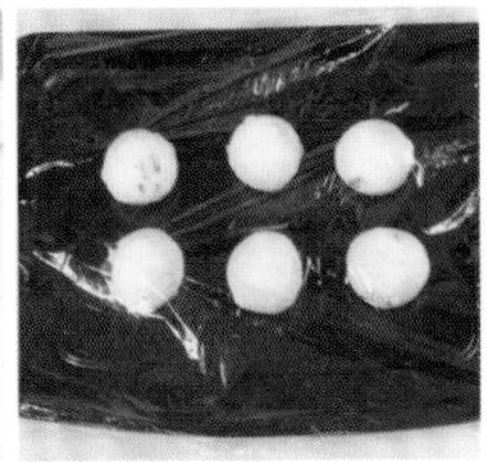

8 将面团滚圆，再松弛20分钟。

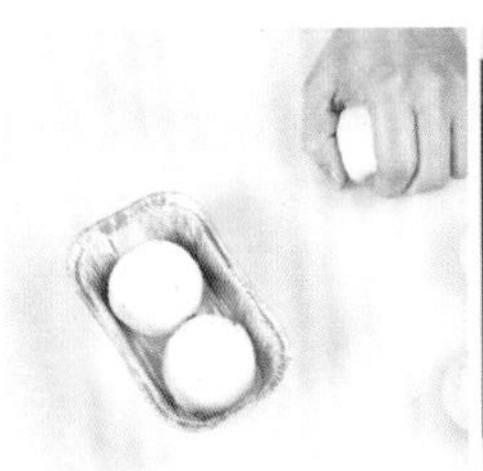

9 把松弛好的小面团滚圆至光滑，放入模具。

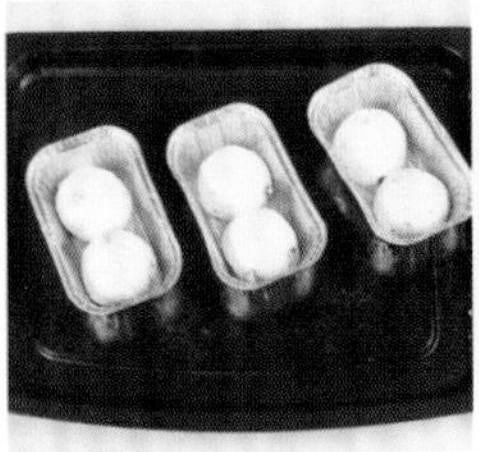

10 盖上铁盖醒发。

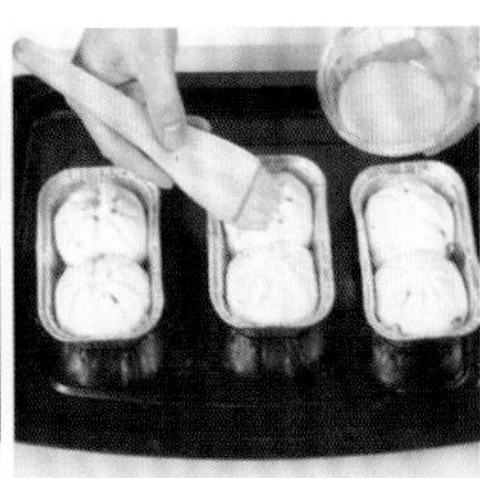

11 将醒发好的面团用刀划几刀，再扫上全蛋液。

12 放上匹萨丝，入炉烘烤，上火180℃，下火190℃，烤16分钟左右，烤好后出炉即可。

制作指导

搅拌好的面团温度为26℃左右。

香浓滋味：

玉米三文治

所需时间
300 分钟左右

材料 Ingredient

高筋面粉	1000克	全蛋	100克	白奶油	150克
低筋面粉	250克	鲜奶	150克	沙拉酱	适量
酵母	15克	清水	400克	火腿	适量
改良剂	5克	奶粉	30克	玉米粒	适量
砂糖	100克	食盐	25克		

做法 Recipe

1 将高筋面粉、低筋面粉、酵母、改良剂、砂糖慢速拌匀。

2 加入部分全蛋、鲜奶慢速拌匀，转快速打至面团七八成筋度。

3 加入白奶油、食盐慢速拌匀，转快速打至面筋扩展。

4 盖上保鲜膜，松弛20分钟，温度30℃，湿度70%。

5 松弛好的面团分割成250克/个。

6 把面团滚圆至光滑，再用擀面杖擀开，排气。

7 卷成形，至光滑状，放入模具。

8 放入发酵箱，醒发2个小时，温度35℃，湿度85%。

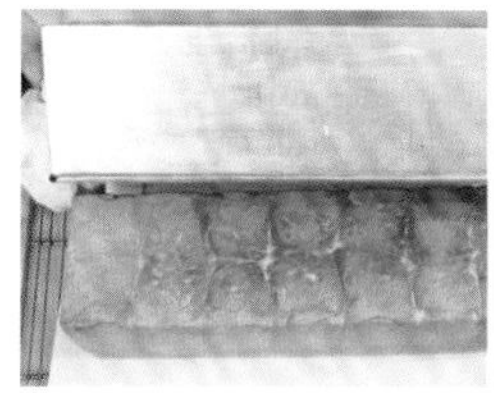

9 发至模具八分满，上火180℃，下火180℃，烤40分钟左右，出炉。

10 将三文治切成片，挤上沙拉酱，放上火腿片，再挤上沙拉酱。

11 放上用玉米粒、火腿粒、沙拉酱拌好的馅，再叠上三文治片。

12 切去边角，对角切开。

13 放上烤盘，扫上两次全蛋液。

14 挤上沙拉酱，入炉烤15分钟，上火185℃，下火100℃，烤好出炉即可。

制作指导

三文治吐司要凉透才可切片。

PART 3 中级

面包制作

相信现在的你已经能够制作出像样的面包了，那就继续接受挑战吧！本章挑选的面包在烘烤程序上较初级复杂了一点，不过只要努力，制作出更美味的面包也不在话下，加油吧！

爱的宣言：

巧克力面包

所需时间 180 分钟左右

材料 Ingredient

巧克力馅		主面			
砂糖	65克	高筋面粉	500克	改良剂	适量
牛奶	250克	全蛋	50克	清水	适量
全蛋	30克	淡奶	30克	奶油	适量
玉米淀粉	40克	酵母	6克	砂糖	适量
奶油	10克	咖啡粉	7克	**其他材料**	
白巧克力	150克	食盐	5克	巧克力豆	适量

做法 Recipe

1 将巧克力馅部分的（白巧克力除外）材料一起拌匀煮成糊状，再加入白巧克力拌匀，做成馅料备用。

2 将高筋面粉、酵母、砂糖、改良剂和咖啡粉慢速拌匀。

3 加入全蛋、清水、淡奶慢速拌匀，转快速搅拌至七八成筋度。

4 加入奶油、食盐慢速拌匀，转快速拌至面筋扩展。

5 盖上保鲜膜松弛20分钟，温度30℃，湿度70%。

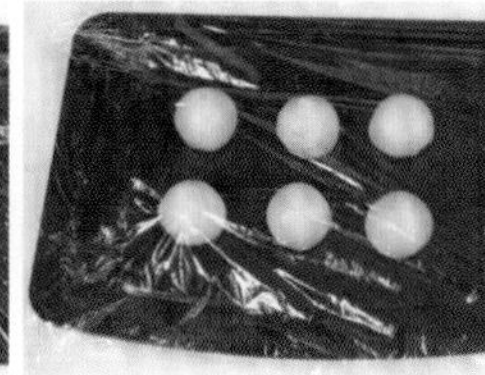

6 把面团分成65克/个，滚圆，盖上保鲜膜，松弛15~20分钟。

7 滚圆，扫上清水，粘上巧克力豆。

8 放在烤盘上，发酵90分钟，温度36℃，湿度75%。

9 将发酵好的面团入炉烘烤约13分钟，上火185℃，下火160℃，烤好出炉。

10 切开一半，挤入巧克力馅即可。

制作指导

做巧克力馅时，最好先将其他材料煮成糊状，再加入奶油和白巧克力。

面包中的“贵族”：

鲍汁叉烧面包

所需时间 180 分钟左右

材料 Ingredient

主面		全蛋	250克	蜂蜜	30克
高筋面粉	2500克	清水	1300克	砂糖	75克
砂糖	450克	奶油	250克	味精	5克
淡奶	135克	叉烧肉		老抽	20克
鲜奶油	65克	五花肉	1000克	芝麻酱	10克
酵母	25克	食盐	8克	白酒	13克
蜂蜜	45克	生抽	25克	其他材料	
奶香粉	12克	花生	15克	起酥皮	适量
食盐	25克	鲍汁	10克	全蛋液	适量
改良剂	10克	蚝油	8克		

做法 Recipe

1 将主面部分的高筋面粉、酵母、改良剂、奶香粉与砂糖拌匀。

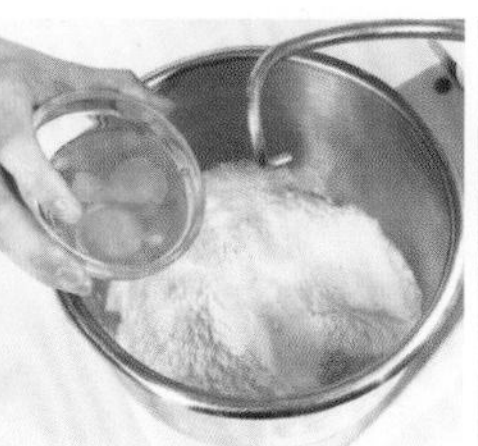

2 再加入蜂蜜、全蛋、淡奶与清水慢速拌匀，快速搅拌至七八成筋度。

3 最后加入鲜奶油、奶油和食盐慢速拌匀，再快速搅拌至可拉出薄膜状。

4 盖上保鲜膜松弛20分钟，温度30℃，湿度75%。

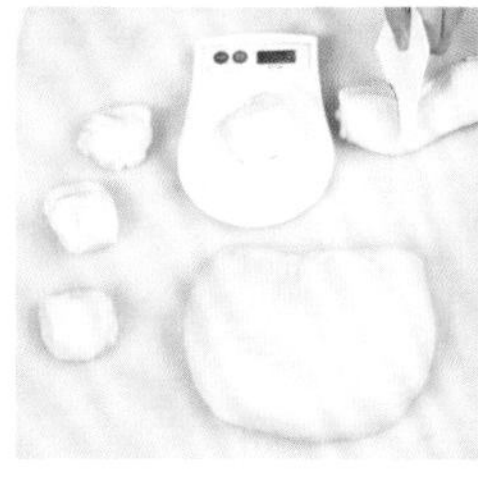

5 将松弛好的面团分割成60克/个。

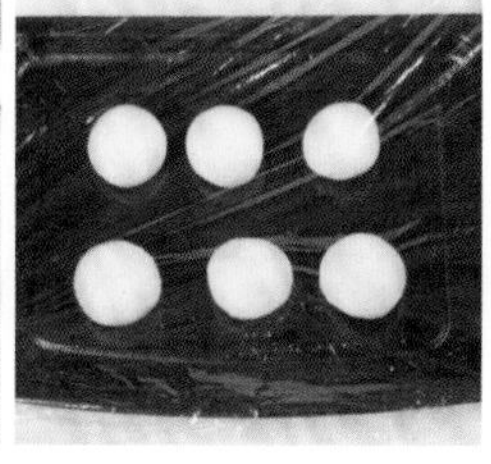

6 滚圆面团，盖上保鲜膜松弛20分钟。

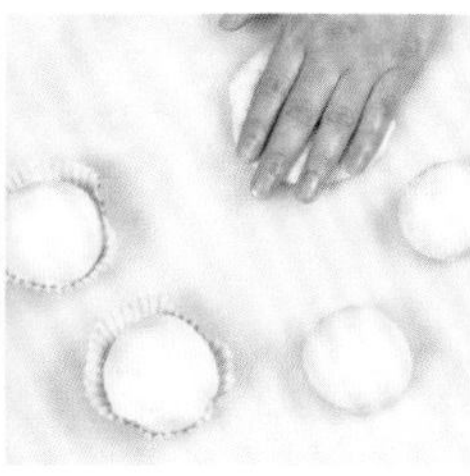

7 将松弛好的面团用手压扁、排气，备用。

8 将叉烧肉部分的所有材料拌匀，腌制2小时，再入炉烘烤五花肉至熟，即成叉烧肉。

9 将步骤7的面团包入叉烧馅，捏紧收口，放入纸杯。

10 排入烤盘，进发酵箱，醒发约80分钟，温度38℃，湿度75%。

11 将醒发好的面团扫上全蛋液。

12 放上两片起酥皮，入炉烘烤约15分钟，上火190℃，下火160℃，烤熟后出炉即可。

制作指导

造型时，中间的白面团要厚一点，这样表面才不容易爆馅。

忘不了的美味：

流沙面包

所需时间
180 分钟左右

材料 Ingredient

主面		全蛋	100克	细砂糖	55克
高筋面粉	1250克	食盐	25克	即溶吉士粉	25克
奶粉	50克	流沙馅		其他材料	
清水	650克	熟咸蛋黄	50克	起酥皮	适量
奶油	130克	白奶油	15克	黄金酱	适量
酵母	15克	奶粉	35克	全蛋液	适量
砂糖	100克	吉士粉	5克		
改良剂	4克	奶油	75克		

做法 Recipe

1 将主面部分的高筋面粉、酵母、改良剂、奶粉、砂糖慢速拌均匀。

2 再把全蛋、清水倒入，慢速拌均匀后，转快速搅打2~3分钟。

3 倒入奶油、食盐慢速拌匀，拌匀后转快速。

4 打至面团扩展，盖上保鲜膜，松弛22分钟，温度30℃，湿度75%。

5 将松弛好的面团分割为65克/个。

6 把面团滚圆，排好放入烤盘，盖上保鲜膜，温度33℃，湿度72%，松弛20分钟。

7 将流沙馅部分的熟咸蛋黄切碎，加奶油、白奶油、吉士粉、奶粉、即溶吉士粉、细砂糖拌匀，即成流沙馅。

8 将松弛好的面团压扁、排气。

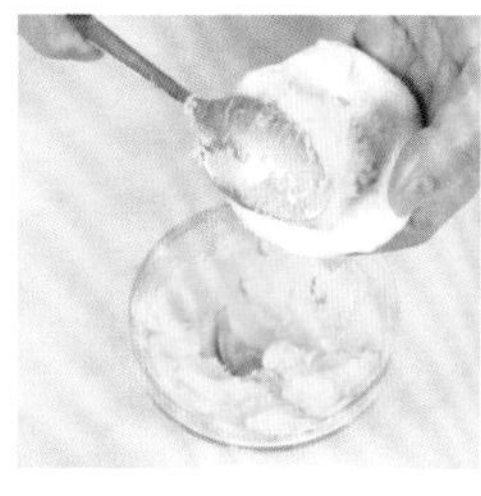

9 在面团中包入流沙馅，放入模具中。

10 放入烤盘，入发酵箱，发酵70分钟，温度34℃，湿度71%。

11 将发酵好的面团扫上全蛋液。

12 挤上黄金酱，入烤箱进行烘烤，上火180℃，下火195℃，大约15分钟，烤好出炉即可。

制作指导

流沙馅不要拌太久，不然会起筋度。

花样面包：

西式香肠面包

所需时间
170 分钟左右

材料 Ingredient

高筋面粉	1750克	砂糖	150克	芝士丝	适量
奶粉	65克	改良剂	7克	沙拉酱	适量
清水	850克	全蛋	150克	蛋黄液	适量
奶油	150克	食盐	36克	香肠	适量
酵母	20克	红椒丝	适量		

做法 Recipe

1 先将高筋面粉、酵母、改良剂、奶粉和砂糖拌匀。

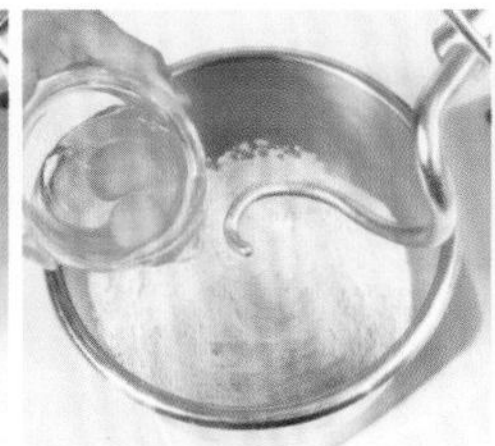

2 加入全蛋和清水慢速拌匀，再快速搅拌2~3分钟。

3 把奶油、食盐慢速拌匀，再转快速拌匀。

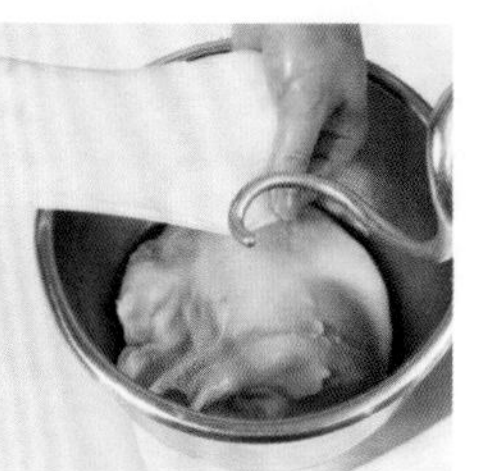

4 拌至面筋可扩展至薄膜状。

5 将面团盖上保鲜膜，松弛25分钟，温度30℃，湿度80%。

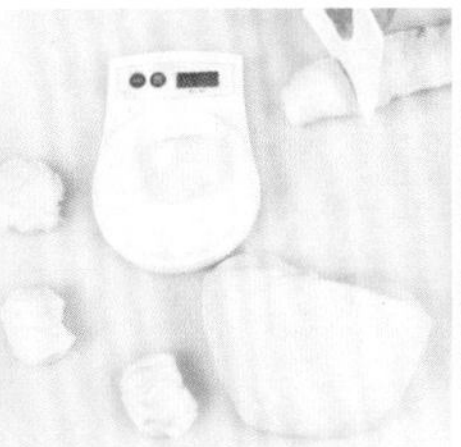

6 将松弛好的面团分割成65克/个。

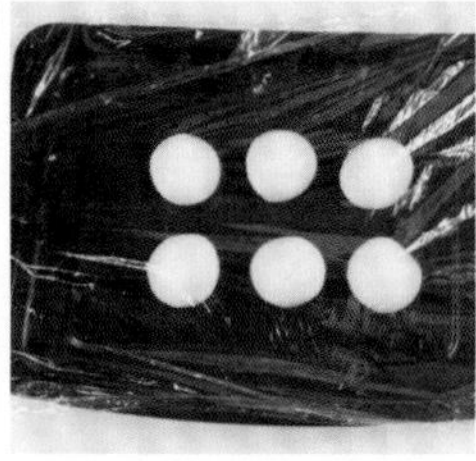

7 把面团滚圆，盖上保鲜膜松弛20分钟。

8 将松弛好的面团用擀面杖擀开、排气。

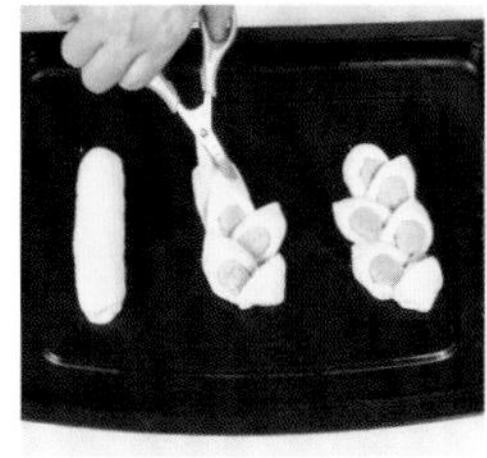

9 包起香肠，卷成形，用剪刀剪5刀。

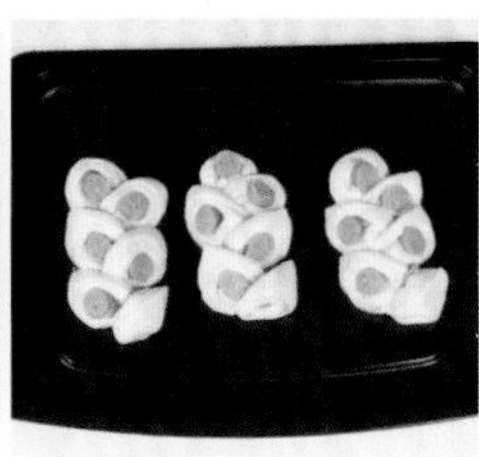

10 入醒发箱，醒发约100分钟，温度38℃，湿度78%。

11 在醒发好的面团上扫上蛋黄液，撒上红椒丝、芝士丝。

12 挤上沙拉酱，入炉烘烤，上火185℃，下火160℃，烤好出炉即可。

制作指导

剪时不要把面团剪断。

老幼皆宜的甜品：

菠萝蜜豆面包

材料 Ingredient

菠萝皮

奶油	120克
糖粉	120克
全蛋	50克
奶香粉	2克
低筋面粉	适量

面团

高筋面粉	1500克
糖粉	300克
全蛋	165克
奶油	150克
酵母	18克
奶粉	65克
清水	800克
改良剂	5克
奶香粉	12克
食盐	15克

其他材料

蜜豆	适量

做法 Recipe

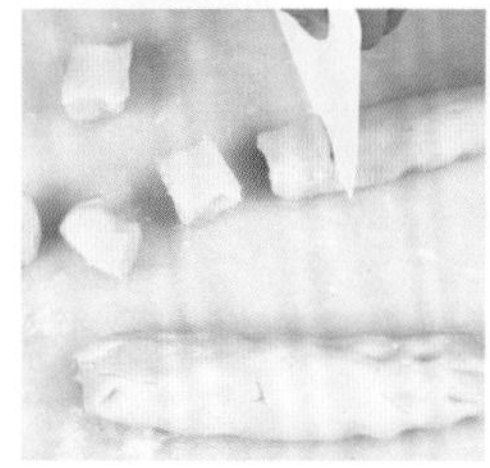

1 将菠萝皮部分的所有材料拌匀即成菠萝皮，切成小份备用（详见本书第23页）。

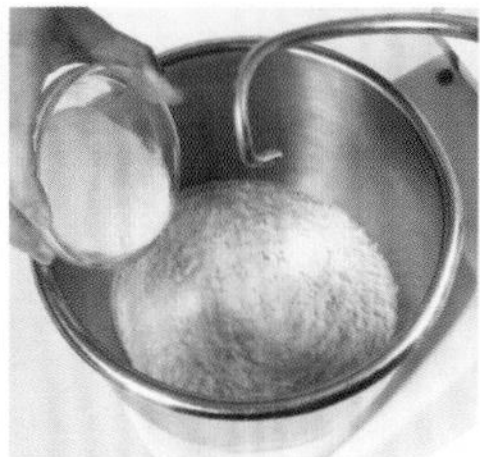

2 将面团部分的高筋面粉、酵母、改良剂、奶粉、奶香粉和糖粉慢速拌匀。

3 将全蛋和清水慢速拌匀，再快速搅拌2~3分钟。

4 拌至面团七八成筋度，加入奶油、食盐，拌至面团筋度扩展。

5 盖上保鲜膜松弛约15分钟，温度30℃，湿度75%。

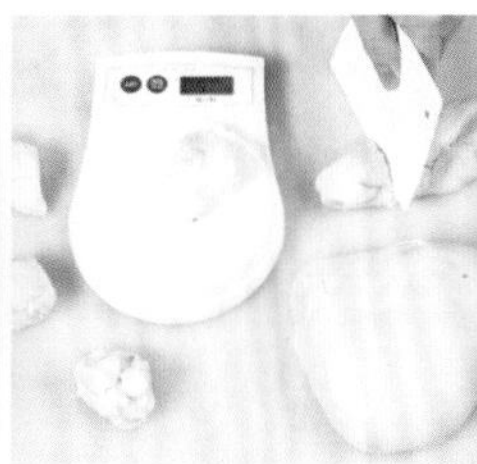

6 将松弛好的面团分割成65克/个。

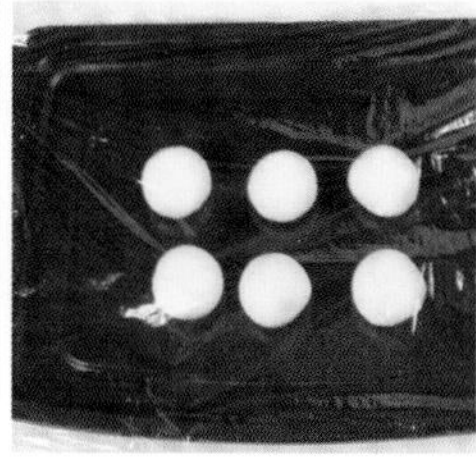

7 滚圆，松弛20分钟。

8 将松弛好的面团用手压扁、排气。

9 包入蜜豆，揉成圆形。

10 将菠萝皮包在面团外面，放入模具。

11 排入烤盘，常温醒发100分钟。

12 发至模具八分满，入炉烘烤。上火180℃，下火190℃，烤约15分钟，出炉即可。

制作指导

加糖粉拌的时候，不要搅拌过度。

润肠保健：

燕麦起酥面包

所需时间
150 分钟左右

材料 Ingredient

面团	
高筋面粉	565克
燕麦粉	185克
酵母	10克
改良剂	3克
即溶吉士粉	30克
乙基麦芽粉	3克
砂糖	60克
清水	400克
食盐	16克
奶油	50克

起酥皮	
高筋面粉	500克
低筋面粉	500克
盐	15克
味精	3克
奶油	50克
全蛋	75克
清水	425克
片状酥油	750克

其他材料	
全蛋液	适量

做法 Recipe

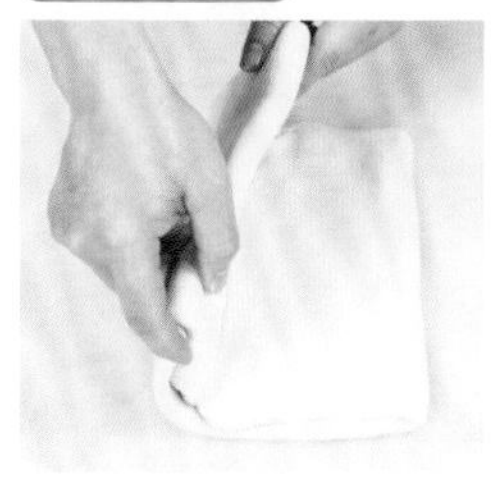

1 将起酥皮部分的所有材料混合拌匀，做成起酥皮备用（详见本书第25页）。

2 将面团部分的高筋面粉、燕麦粉、酵母、改良剂、砂糖、即溶吉士粉、乙基麦芽粉慢速拌匀。

3 加入清水慢速拌匀，转快速拌2~3分钟。

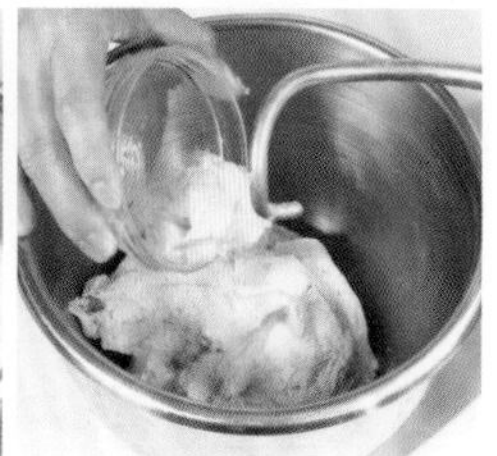

4 加入食盐、奶油慢速拌匀，再转快速搅拌。

5 搅拌至面团筋度扩展。

6 盖上保鲜膜，松弛20分钟，温度32℃，湿度80%。

7 把松弛好的面团分割成65克/个。

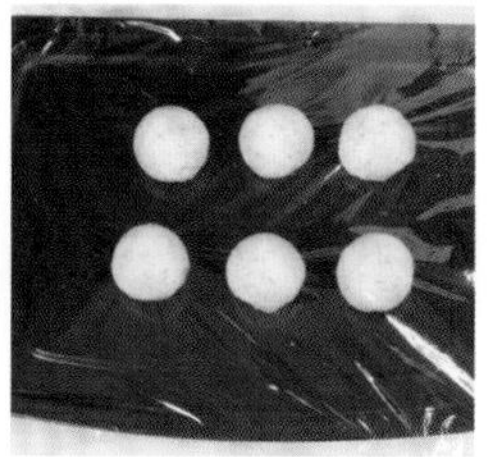

8 滚圆，入烤盘，盖上保鲜膜，松弛20分钟，温度32℃，湿度80%。

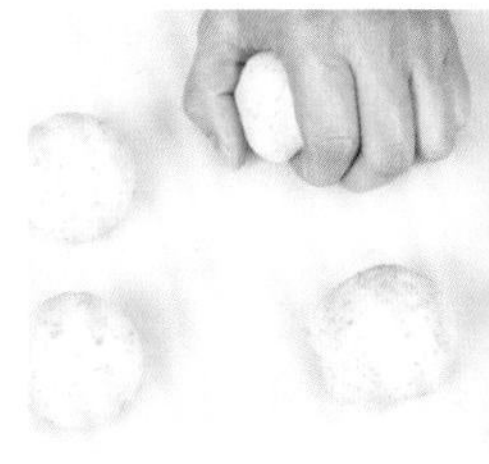

9 滚圆面团。

10 放上烤盘，入醒发箱，醒发90分钟，温度32℃，湿度80%。

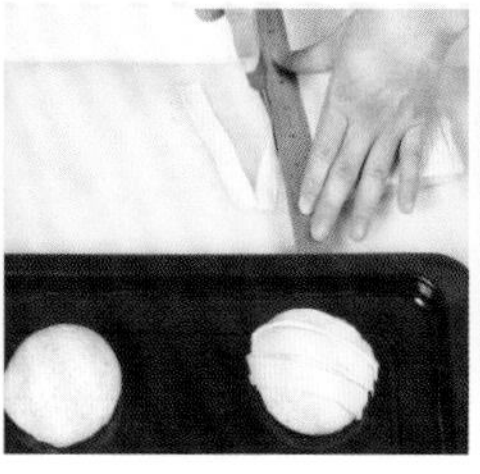

11 发至面团为原来的2~3倍，扫上全蛋液。用刀分切起酥皮，放在面团上。

12 每个面团放3条起酥皮，入炉烘烤15分钟左右，上火200℃，下火170℃，烤好出炉即可。

制作指导

操作起酥皮时，要松弛足够时间。

法式美味：

可颂面包

所需时间
250 分钟左右

材料 Ingredient

高筋面粉	450克	改良剂	2克	食盐	8克
低筋面粉	50克	奶粉	50克	奶油	45克
砂糖	45克	全蛋	75克	片状酥油	适量
酵母	8克	冰水	250克		

做法 Recipe

1 将高筋面粉、砂糖、低筋面粉、酵母，改良剂、奶粉慢速拌匀。

2 加入部分全蛋、冰水慢速搅拌匀，转快速搅拌2分钟。

3 加入奶油、食盐慢速拌匀，转快速拌2~3分钟。

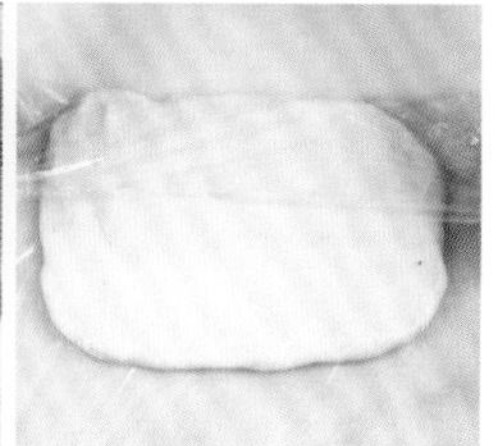

4 用手压扁成长方形，用保鲜膜包好，放入冰箱冷冻30分钟以上。

5 用通槌擀宽、擀长。放上片状酥油。

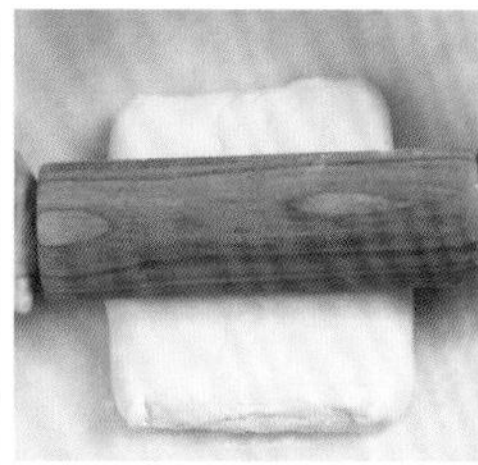

6 包好，并捏紧收口，再用通槌擀宽、擀长。

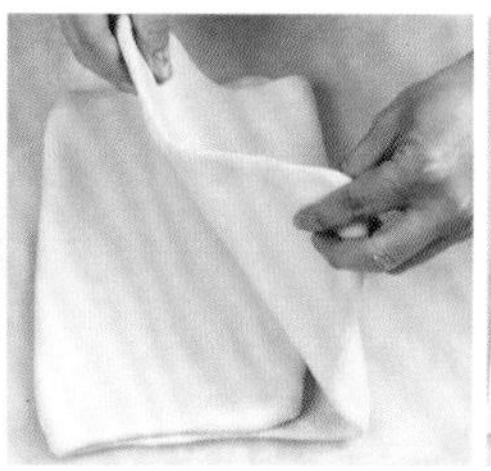

7 叠三折，放入冰箱冰藏30分钟以上。再擀开，折叠，冷藏，如此重复3次即可。

8 切成厚0.5厘米、宽度13厘米的面皮。

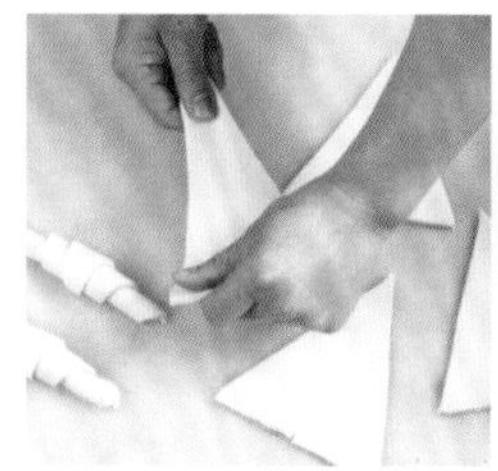

9 用刀裁开，中间划开，稍微拉长，卷成型。

10 入烤盘，再放入发酵箱醒发60分钟，温度35℃，湿度75%。

11 将发酵好的面团扫上全蛋液。

12 入炉烘烤15分钟，上火200℃，下火165℃，烤好后出炉即可。

制作指导

油心和面团的软硬要一致。

挡不住的美味：

田园风光面包

所需时间
180 分钟左右

材料 Ingredient

面团		砂糖	75克	其他材料	
高筋面粉	1000克	食盐	20克	火煺片	适量
奶粉	30克	黄金酱		红椒丝	适量
全蛋	100克	糖粉	60克	芝士丝	适量
奶油	115克	蛋黄	4个	番茄酱	适量
酵母	8克	食盐	3克	蛋黄液	适量
奶香粉	5克	液态酥油	500克		
清水	550克	淡奶	30克		
改良剂	2克	炼奶	15克		

做法 Recipe

1 将黄金酱部分的糖粉、食盐、蛋黄搅均匀，加入液态酥油、淡奶、炼奶搅匀，即成黄金酱。

2 将面团部分的高筋面粉、酵母、改良剂、奶粉、奶香粉和砂糖慢速拌匀。

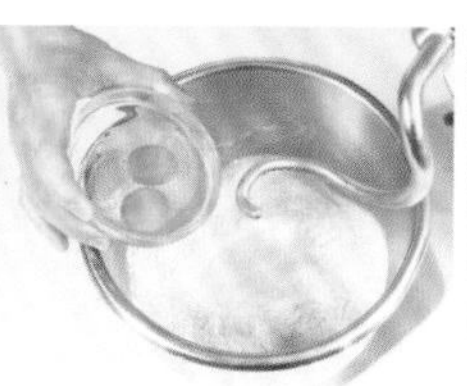

3 加入全蛋和清水慢速拌匀，转快速搅拌至面筋扩展。

4 加入奶油、食盐慢速拌匀，转快速搅拌。

5 拌至面筋表面光滑，可以拉出薄膜状。

6 盖上保鲜膜松弛30分钟，温度30℃，湿度75%。

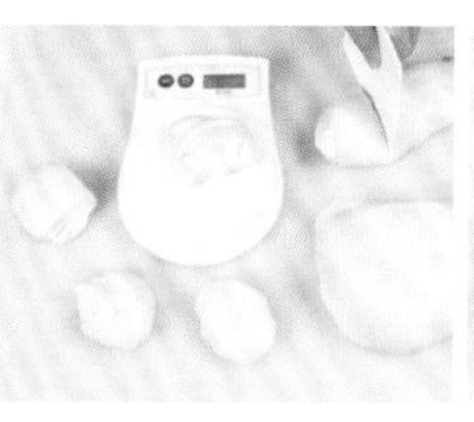

7 将松弛好的面团分割为65克/个。

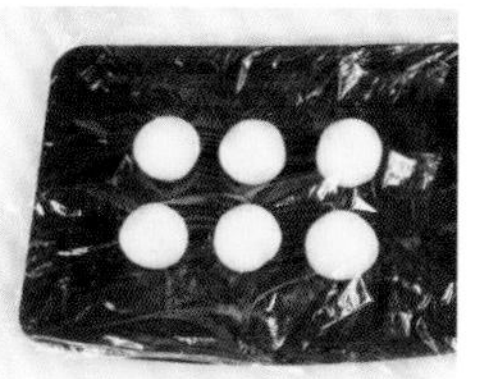

8 把面团滚圆，松弛20分钟。

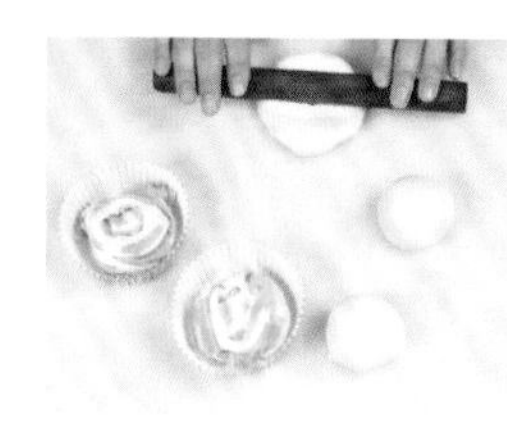

9 将松弛好的面团用擀面杖擀开、排气。

10 放入火腿片，卷起，对折，中间划一刀。

11 放入烤盘，入发酵箱，醒发85分钟，温度38℃，湿度75%。

12 在发酵好的面团上扫上蛋黄液。

13 撒上红椒丝，撒上芝士丝，挤上黄金酱。

14 挤上番茄酱，入炉烘烤，上火185℃，下火165℃，大约15分钟，烤好出炉即可。

制作指导

打黄金酱时，下液态酥油方向要统一。

酸甜可口：

番茄面包

所需时间 155分钟左右

材料 Ingredient

面团	
高筋面粉	1000克
奶粉	20克
番茄汁	550克
酵母	12克
砂糖	180克
食盐	10克
改良剂	5克
全蛋	65克
奶油	110克

蛋黄酱	
糖粉	50克
食盐	1克
奶油	70克
蛋黄	45克
液态酥油	115克
炼奶	15克

其他材料	
番茄丝	适量
全蛋液	适量

做法 Recipe

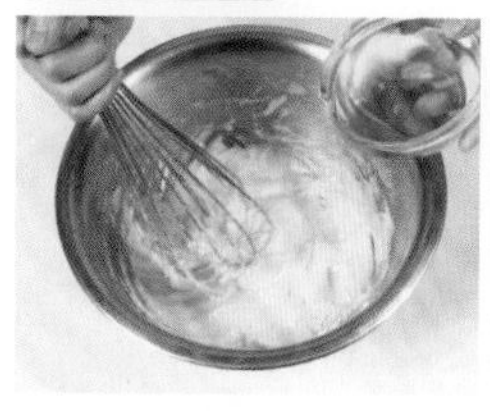

1 把蛋黄酱部分的糖粉、食盐和奶油打发，加入蛋黄、液态酥油、炼奶拌匀，做成蛋黄酱备用。

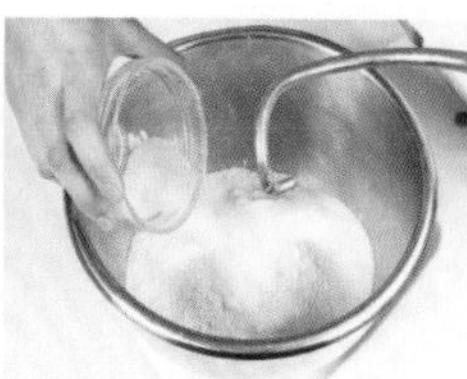

2 将面团部分的高筋面粉、酵母、砂糖、改良剂和奶粉拌匀。

3 再加入全蛋和番茄汁慢速拌匀，转快搅拌至七八成筋度。

4 最后加入奶油、食盐慢速拌匀。

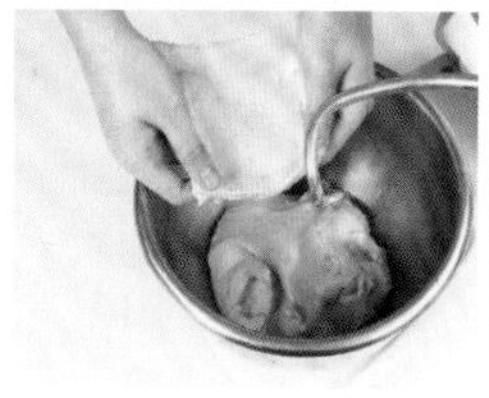

5 快速搅拌至拉出薄膜状。

6 松弛30分钟，温度30℃，湿度75%。

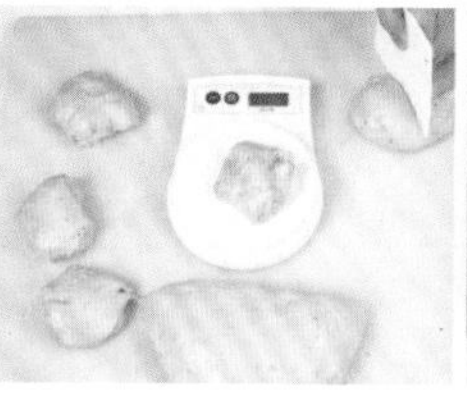

7 把松弛好的面团分割成60克/个。

8 把面团滚圆，再松弛20分钟。

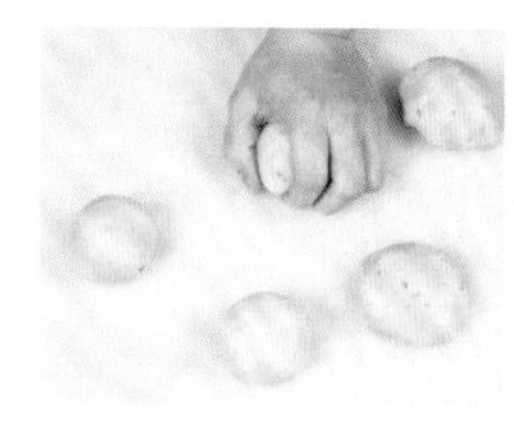

9 滚圆面团至紧实光滑。

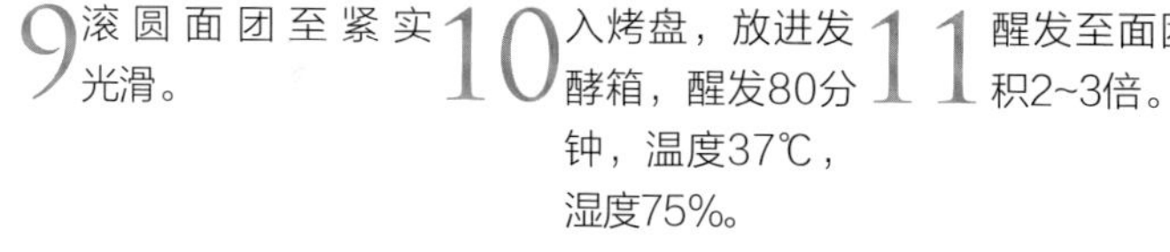

10 入烤盘，放进发酵箱，醒发80分钟，温度37℃，湿度75%。

11 醒发至面团原体积2~3倍。

12 用棍在面团中插一个孔，扫上全蛋液。

13 在孔上放入番茄丝，挤上蛋黄酱。

14 放入烤箱烘烤15分钟，上火185℃，下火160℃，烤好后出炉即可。

制作指导

要掌握好面团的搅拌程度。

此物最相思：

瑞士红豆面包

所需时间 210 分钟左右

材料 Ingredient

种面

高筋面粉	850克
酵母	12克
全蛋	130克
清水	430克

主面

砂糖	215克
高筋面粉	400克
奶香粉	5克
蜂蜜	35克
改良剂	4克
食盐	13克
清水	125克
奶粉	50克
奶油	125克

其他材料

红豆馅	适量
瓜子仁	适量
全蛋液	适量

做法 Recipe

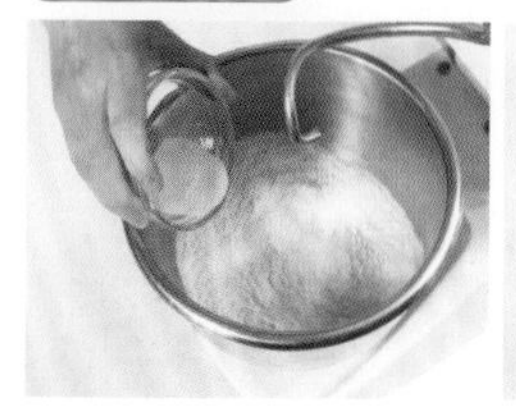

1 先将种面部分的高筋面粉、酵母慢速拌匀。

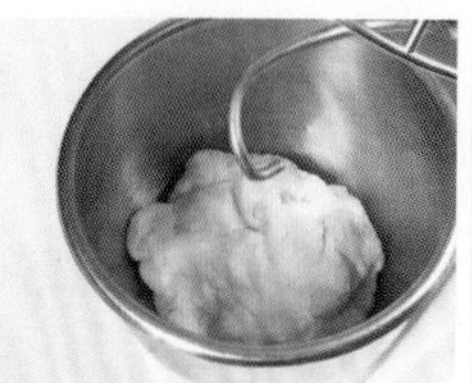

2 加入全蛋、清水拌匀，快速搅拌成团。

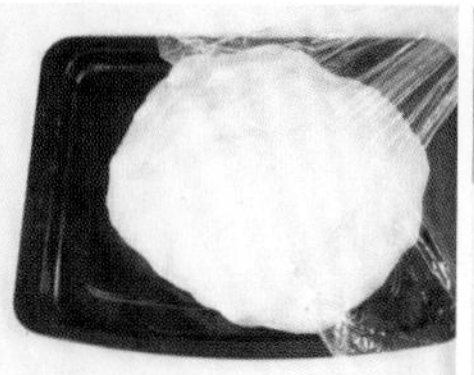

3 发酵130分钟，即成种面。

4 将种面、砂糖、蜂蜜和清水倒入，拌至糖溶化。

5 加入高筋面粉、奶粉、改良剂、奶香粉慢速拌均匀，转快速拌2分钟。

6 加入奶油、食盐慢速拌匀，转快速搅拌至拉出薄膜状。

7 松弛20分钟，温度30℃，湿度80%。

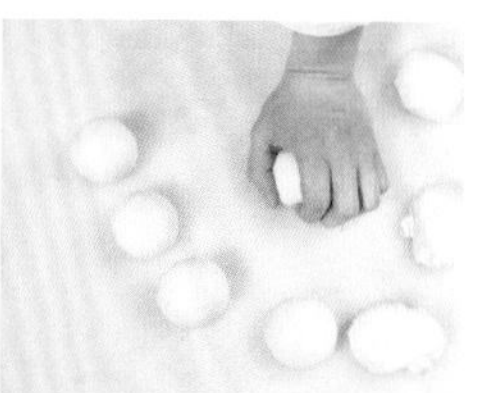

8 把松弛好的面团分成70克/个，滚圆。

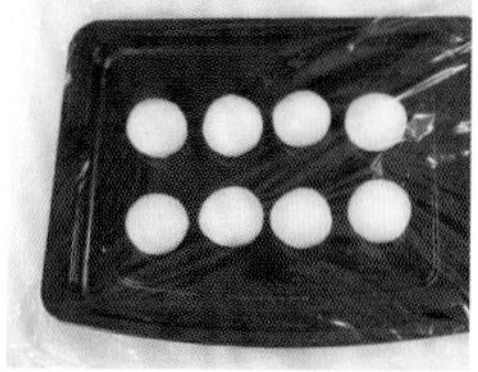

9 再松弛15分钟。

10 将松弛好的面团压扁排气，包入红豆馅。

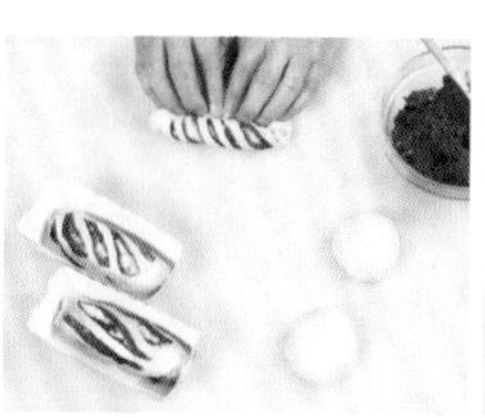

11 用擀面杖擀开，用刀划几刀，卷起成形。

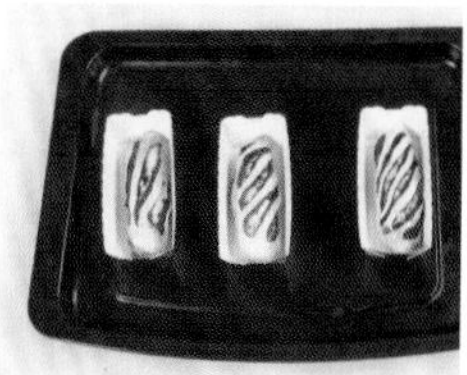

12 放入发酵箱，醒发90分钟，温度35℃，湿度75%。

13 醒发好的面团扫上全蛋液。

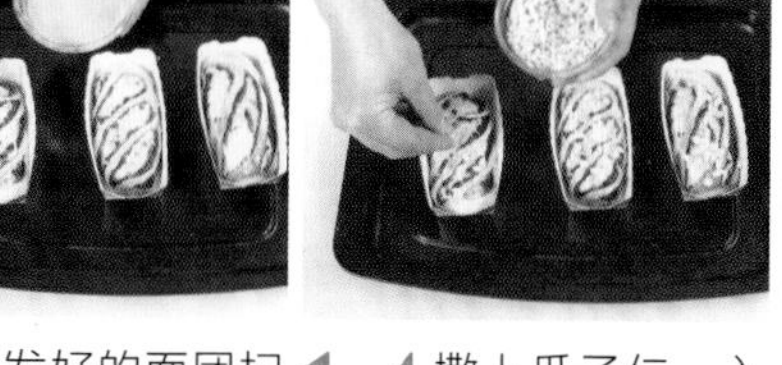

14 撒上瓜子仁，入炉烘烤15分钟，上火190℃，下火170℃，烤好后出炉即可。

制作指导

划纹时不要划得太密。

好吃看得见：

玉米芝士面包

所需时间
210 分钟左右

材料 Ingredient

种面	
高筋面粉	1050克
酵母	18克
蜂蜜	25克
全蛋	150克
清水	550克

主面	
砂糖	290克
清水	185克
高筋面粉	450克
改良剂	3克
奶粉	55克
食盐	15克
奶油	150克

芝士玉米馅	
清水	100克
奶油	25克
卡思粉	40克
玉米粒	75克

其他材料	
芝士片	适量
全蛋液	适量

做法 Recipe

1 将馅部分的清水、奶油、卡思粉、玉米粒全部拌匀，即成芝士玉米馅。

2 将种面部分的所有材料拌匀，快速搅拌2分钟。

3 发酵110分钟，温度30℃，湿度75%。

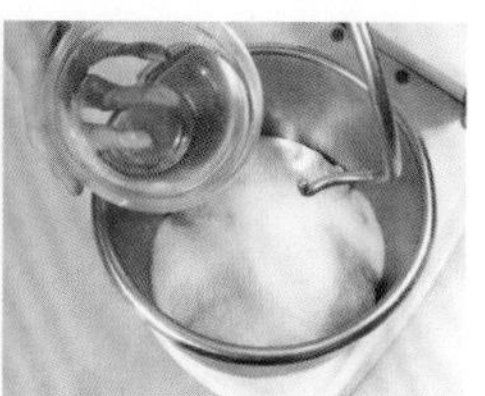

4 把发酵好的种面团、砂糖和清水拌至糖溶化。

5 加入高筋面粉、改良剂和奶粉慢速拌匀，快速搅拌七八成筋度。

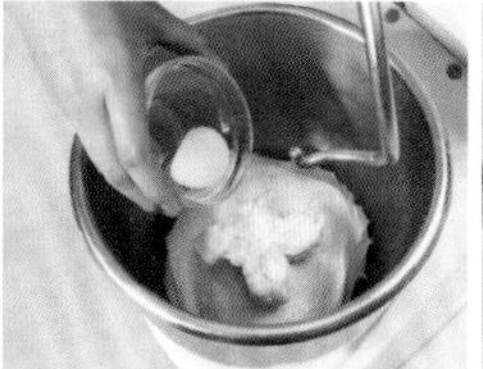

6 加入奶油和食盐慢速拌匀。

7 快速拌至拉出薄膜状。

8 把面团松弛15分钟。

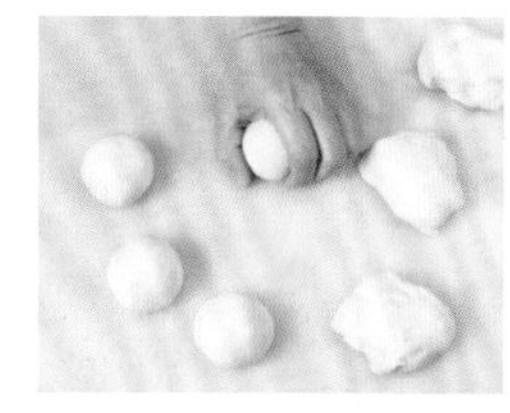

9 把松弛好的面团分割成75克/个，滚圆，再松弛15分钟。

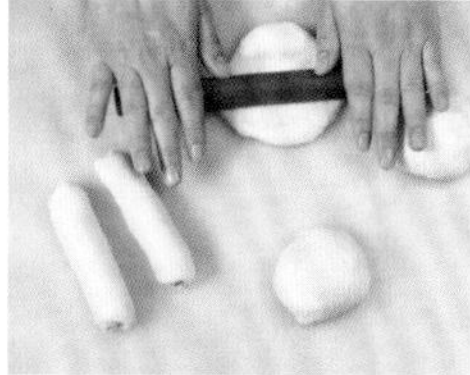

10 把松弛好的面团擀开，排气。

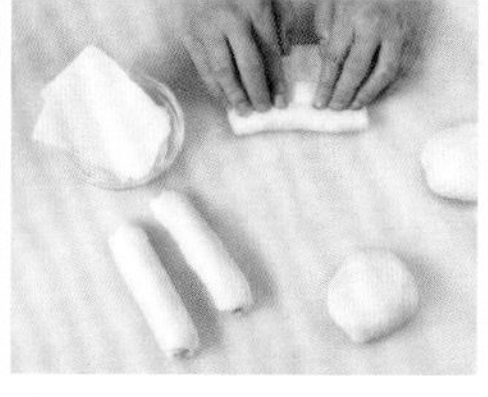

11 放上芝士片，卷起成长条。

12 放上烤盘，用剪刀剪几刀，进发酵箱醒发75分钟，温度36℃，湿度80%。

13 在醒发好的面团上扫上全蛋液。

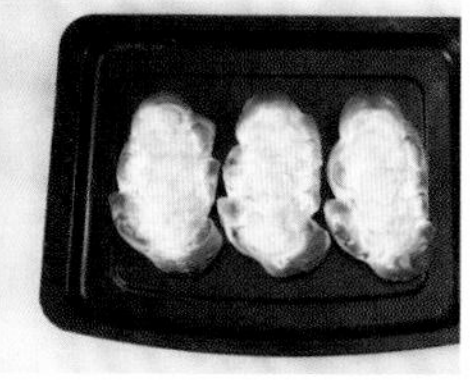

14 挤上芝士玉米馅，入炉烘烤，上火190℃，下火165℃，烤约15分钟即可。

制作指导

用剪刀剪面团时要注意间隔均匀，这样烤出来较为美观。

松软香甜：

亚提士面包

所需时间
180 分钟左右

材料 Ingredient

芝士馅		酵母	16克	清水	适量
奶油芝士	120克	全蛋	150克	**汤面**	
奶油	120克	**主面**		高筋面粉	适量
糖粉	60克	砂糖	286克	热水	适量
奶粉	45克	高筋面粉	600克	砂糖	适量
低筋面粉	20克	改良剂	4克	**其他材料**	
种面		奶粉	适量	提子干	适量
高筋面粉	800克	奶油	适量	杏仁片	适量
鲜奶	430克	盐	适量	全蛋液	适量

做法 Recipe

1 将芝士馅部分的奶油芝士和奶油拌软，再加入糖粉、奶粉和低筋面粉，拌均匀即成芝士馅，备用。

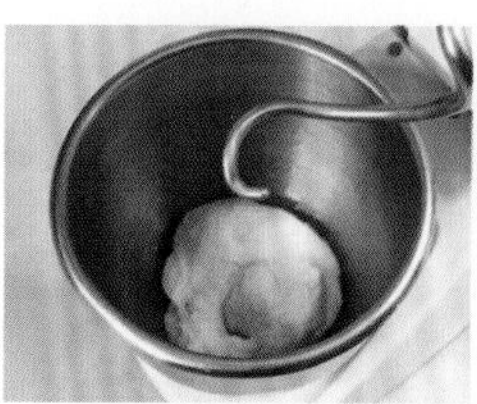

2 将种面部分的所有材料慢速拌匀，快速搅拌2分钟。

3 发酵90分钟，温度30℃，湿度72%。

4 将汤面部分的所有材料拌匀成汤面团，与种面团、砂糖和清水拌至砂糖溶化。

5 加入高筋面粉、改良剂和奶粉慢速拌匀，快速拌2分钟。

6 最后加入食盐、奶油慢速拌匀。

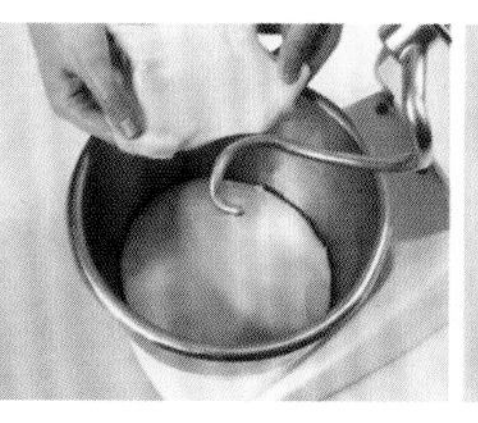

7 快速搅拌至拉出薄膜状。

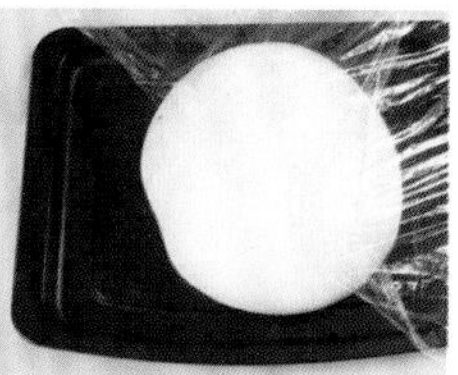

8 松弛20分钟。

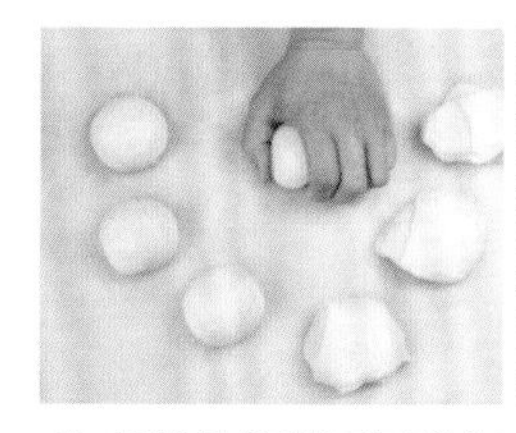

9 把松弛好的面团分割成75克/个，滚圆，再松弛20分钟。

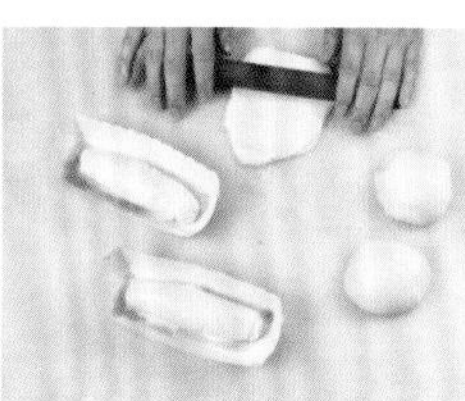

10 用擀面杖擀开。

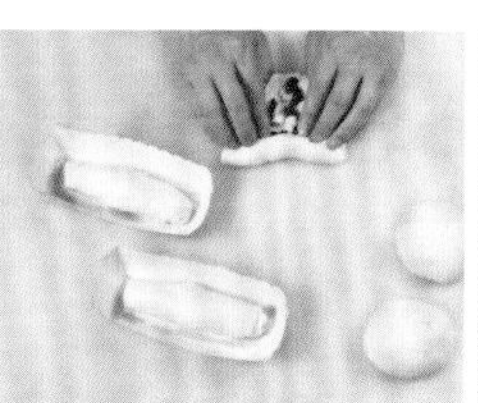

11 放入提子干，卷成形，放入纸模。

12 排好入发酵箱醒发65分钟，温度34℃，湿度74%。

13 扫上全蛋液，挤上芝士馅。

14 撒上杏仁片，入炉烘烤15分钟，上火185℃，下火160℃，烤好出炉即可。

制作指导

制作芝士馅的时候，不要拌出筋度来，以免影响口感。

营养丰富：

番茄蛋面包

所需时间
215 分钟左右

材料 Ingredient

种面

材料	用量
高筋面粉	500克
全蛋	75克
酵母	7克
清水	250克

主面

材料	用量
砂糖	150克
清水	125克
高筋面粉	250克
改良剂	2.5克
奶粉	25克
食盐	8克
奶油	75克

其他材料

材料	用量
番茄鸡蛋馅	适量
番茄酱	适量
全蛋液	适量

做法 Recipe

1 将种面部分的高筋面粉、酵母慢速拌匀。

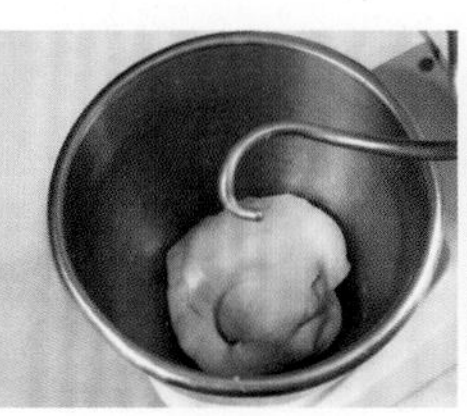

2 加入全蛋、清水慢速拌匀，转快速拌2~3分钟。

3 将面团发酵2个小时，温度30℃，湿度70%。

4 将发酵好的种面团、砂糖、清水快速打2分钟，打成糊状。

5 加入高筋面粉、改良剂、奶粉慢速拌匀，转快速搅拌2分钟。

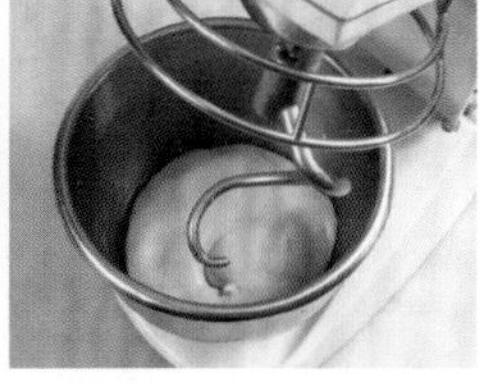

6 加入食盐、奶油慢速拌匀，再快速搅拌至面筋扩展。

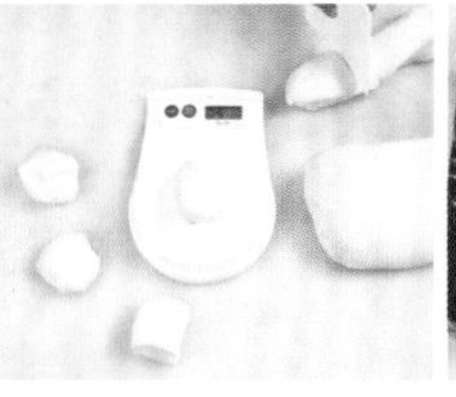

7 松弛20分钟，将面团分割成60克/个。

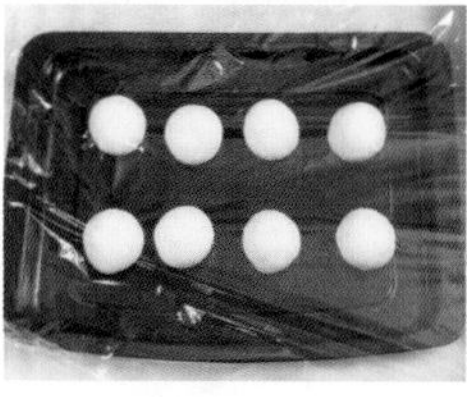

8 滚圆小面团，松弛20分钟。

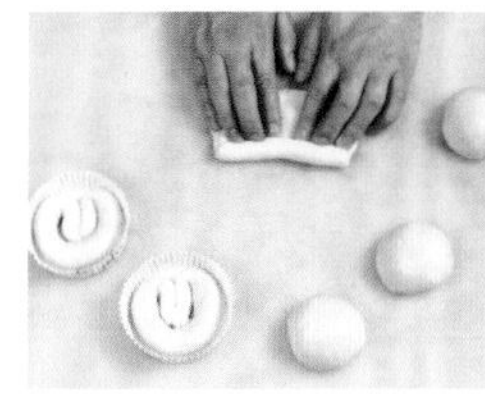

9 用擀面杖擀开、排气，卷起拖长。

10 卷至光滑，整形，放入纸模。

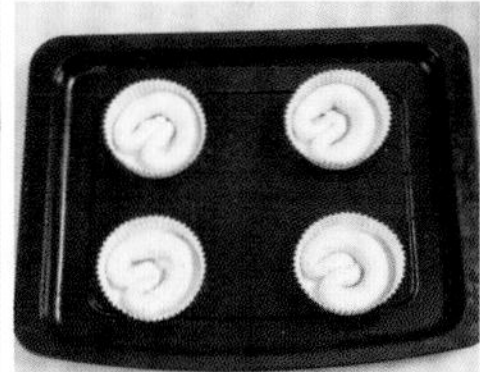

11 醒发100分钟左右，温度35℃，湿度70%。

12 取出扫上全蛋液。

13 放上番茄蛋和芝士丝。

14 挤上番茄酱，放入烤箱，上火185℃，下火165℃，烤好后出炉即可。

制作指导

番茄炒熟后才能做馅。

香中带辣：

黑椒热狗丹麦面包

所需时间
240 分钟左右

材料 Ingredient

高筋面粉	1700克	冰水	650克	片状酥油	100克
低筋面粉	300克	酵母	16克	黑胡椒粉	适量
砂糖	265克	改良剂	3.5克	芝士片	适量
全蛋	250克	食盐	28克	沙拉酱	适量
纯牛奶	250克	奶油	225克		

做法 Recipe

1 将高筋面粉、低筋面粉、砂糖、酵母、改良剂慢速拌匀。

2 加入部分全蛋、纯牛奶、冰水慢速拌匀，转快速搅打2分钟。

3 加入奶油、食盐慢速拌匀，再转快速搅打2分钟左右。

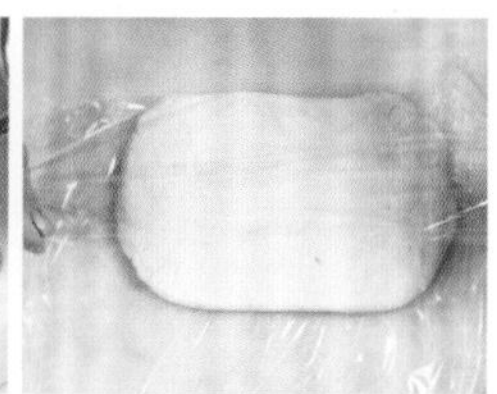

4 用手压扁，盖上保鲜纸，放入冰箱冷藏30分钟以上。

5 用通槌擀宽、擀长，放上片状酥油。

6 包起片状酥油，用通槌擀宽、擀长。

7 叠三层，入冰箱冷藏30分钟以上，再擀开，折叠，冷藏，如此重复3次即可。

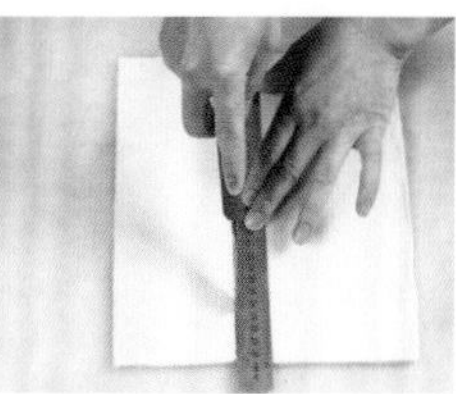

8 擀开成0.6厘米厚，8厘米宽，用刀划开。

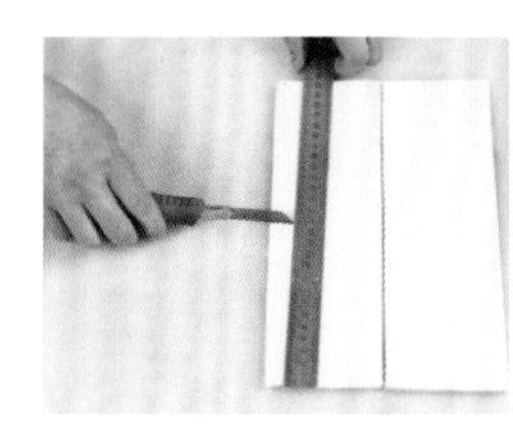

9 长度为15厘米，用刀划开。

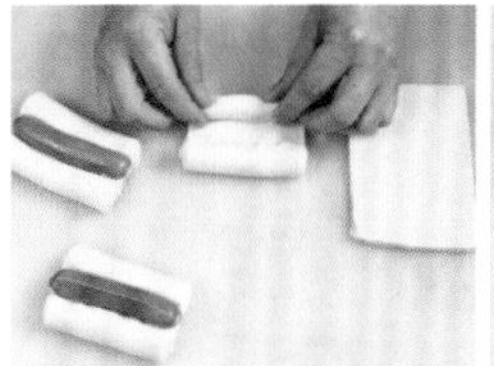

10 扫上全蛋液，两边卷成形。

11 中间放上黑椒热狗，放入烤盘。

12 入发酵箱，发酵60分钟，温度36℃，湿度70%。

13 扫上全蛋液，放上芝士片，撒上黑胡椒粉。

14 挤上沙拉酱，入炉烘烤16分钟，上火185℃，下火165℃，烤好即可出炉。

制作指导

两边卷成形时，稍微压紧。

香甜糯软：

红豆辫子面包

所需时间 210 分钟左右

材料 Ingredient

种面		高筋面粉	750克	奶油	250克
高筋面粉	1750克	奶香粉	10克	其他材料	
全蛋	250克	蜂蜜	85克	杏仁片	适量
酵母	23克	改良剂	8.5克	红豆馅	适量
清水	830克	食盐	25克	全蛋液	适量
主面		清水	285克		
砂糖	450克	奶粉	95克		

做法 Recipe

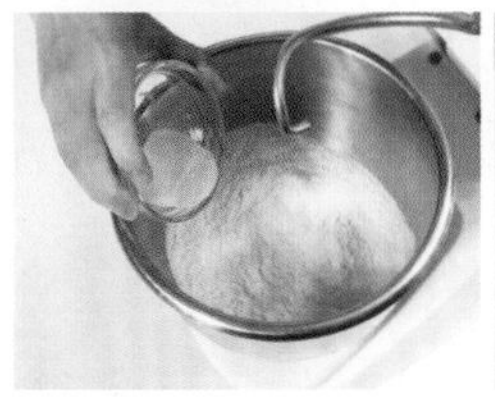

1 先把种面部分的高筋面粉、酵母慢速拌匀。

2 加入全蛋、清水慢速拌匀。

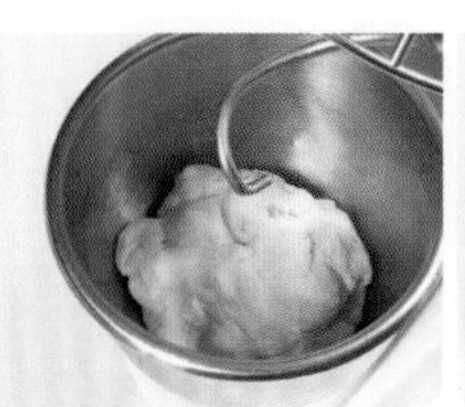

3 转快速打1~2分钟。

4 发酵2小时，温度30℃，湿度72%，成为发酵好的种面。

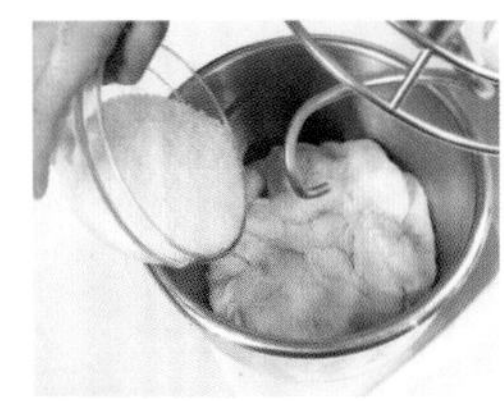

5 将种面、砂糖、蜂蜜、清水快速搅拌至糖溶解。

6 加入高筋面粉、改良剂、奶粉、奶香粉慢速拌均匀，转快速打2~3分钟。

7 加入奶油、食盐慢速拌匀，转快速搅拌至拉出薄膜状。

8 松弛20分钟，温度32℃，湿度75%。

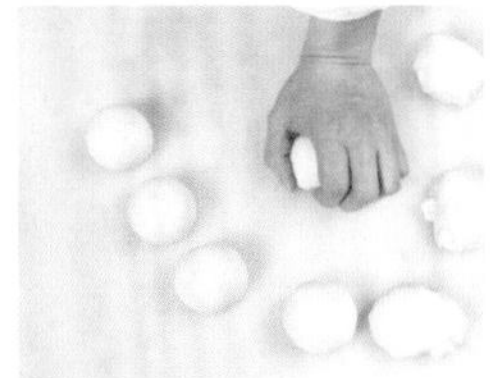

9 把松弛好的面团分成70克/个，滚圆。

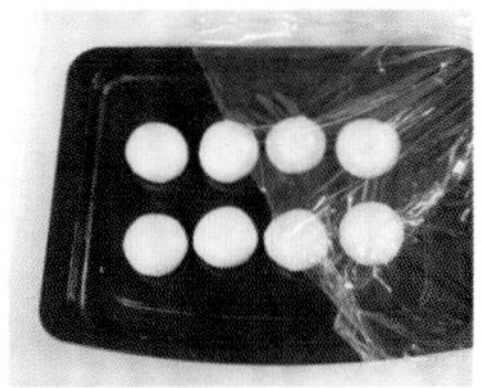

10 发酵20分钟，将发酵好的面团压扁排气。

11 包入红豆馅，用擀面杖压扁排气，划几刀，分成三条面团，放在纸模具中。

12 发酵约90分钟，温度37℃，湿度80%。

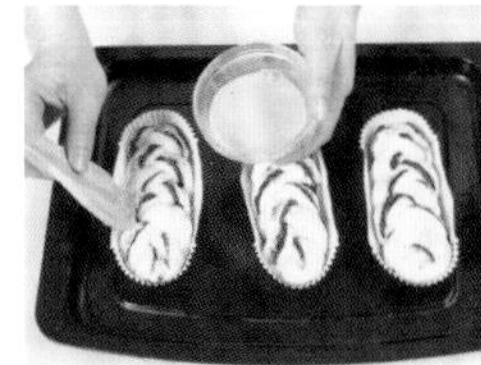

13 发酵至原体积的3倍，扫上全蛋液。

14 撒上杏仁片，入炉烘烤15分钟左右，上火185℃，下火170℃，烤好后出炉即可。

制作指导

收口要粘紧。

最佳早餐：

肉松芝士面包

所需时间 235 分钟左右

材料 Ingredient

种面		食盐	25克	肉松馅	
高筋面粉	1650克	全蛋	250克	肉松	150克
酵母	21克	奶粉	100克	白芝麻	30克
清水	850克	奶油	265克	奶油	50克
主面		清水	适量	其他材料	
砂糖	500克	改良剂	适量	芝士条	适量
高筋面粉	850克	蛋糕油	适量	全蛋液	适量

做法 Recipe

1 将种面部分的所有材料混合慢速拌匀。

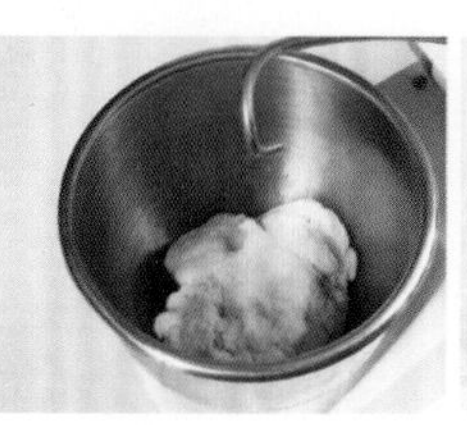

2 快速搅拌1.5分钟。

3 发酵2小时，温度31℃，湿度80%。

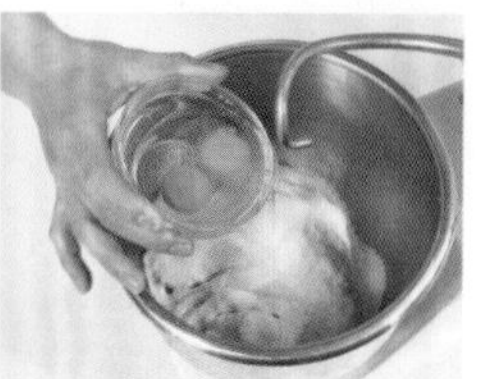

4 将发好的种面、砂糖、全蛋和清水混合，拌至糖溶化。

5 再加入高筋面粉、奶粉和改良剂慢速拌匀，转快速搅拌。

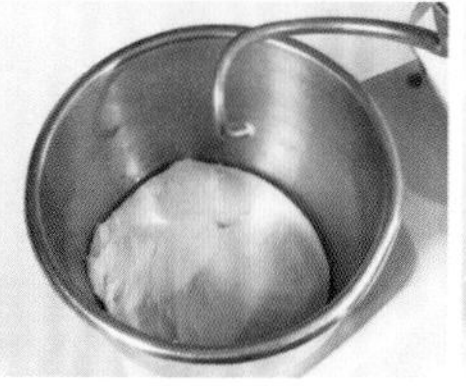

6 加入奶油、盐和蛋糕油慢速拌匀，快速搅拌至面筋完全扩展。

7 松弛15分钟，温度32℃，湿度75%。

8 将松弛好的面团分割为70克/个，滚圆，再松弛15分钟。

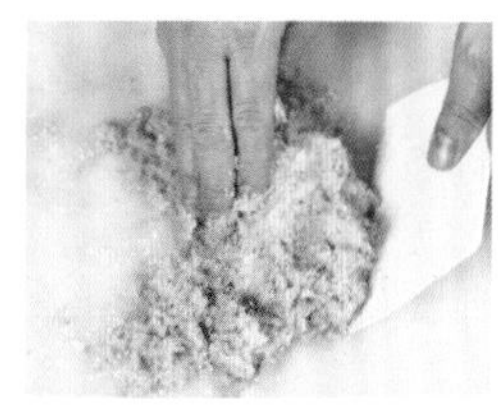

9 将肉松馅的所有材料拌均匀，即成肉松馅。

10 将面团用手压扁、排气，包入肉松馅。

11 用擀面杖擀开、擀长，用刀划几刀，拉长卷起，打一个结后放入模具。

12 排入烤盘，进发酵箱醒发75分钟，温度30℃，湿度75%。

13 在醒发好的面团上扫上全蛋液。

14 放上芝士条，入炉，上火195℃，下火165℃，烤约15分钟，烤熟后出炉即可。

制作指导

打结时不要太紧，以免侧面断裂。

经典粗粮面包：

全麦长棍面包

所需时间
180 分钟左右

材料 Ingredient

高筋面粉	150克	乙基麦芽粉	10克
全麦粉	500克	清水	1300克
酵母	23克	食盐	43克
改良剂	8克	奶油	适量

做法 Recipe

1 将高筋面粉、全麦粉、酵母、改良剂和乙基麦芽粉拌匀。

2 加入清水慢速拌匀，快速搅拌2分钟。

3 加入食盐和奶油慢速拌匀，转快速搅拌至面筋扩展。

4 基础发酵30分钟，温度28℃，湿度75%。

5 将发酵好的面团分割为300克/个。

6 把面团松弛20分钟。

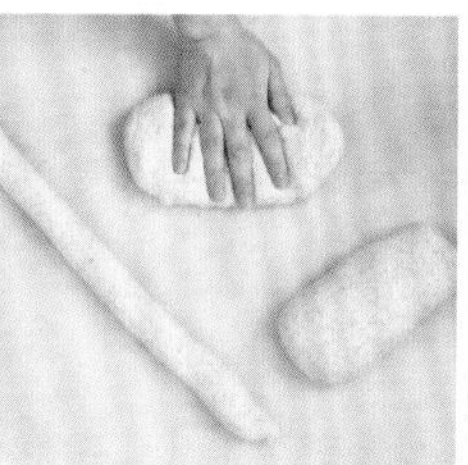

7 将松弛好的面团压扁、排气。

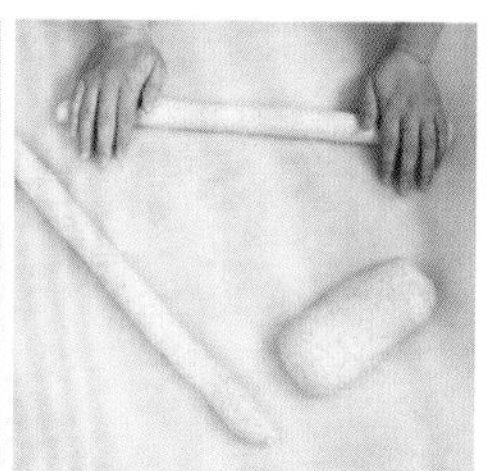

8 搓成长面团。

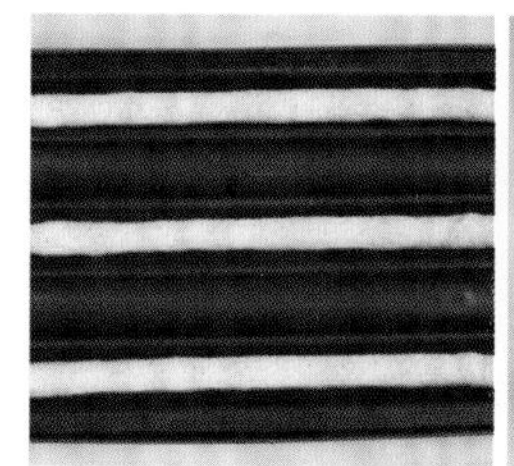

9 放入模具，进发酵箱醒发90分钟，温度35℃，湿度80%。

10 将醒发好的面团用刀划几刀。

11 挤上奶油，喷水后入炉烘烤，上火250℃，下火200℃。

12 烤约28分钟至熟即成。

制作指导

稍上色即可。

香脆可口：

培根串

所需时间 210 分钟左右

材料 Ingredient

种面	
高筋面粉	500克
酵母	7克
全蛋	50克
清水	250克

主面	
砂糖	65克
清水	100克
蜂蜜	15克
高筋面粉	250克
奶粉	25克
改良剂	2.5克
食盐	15克
奶油	70克
蛋糕油	3克

其他材料	
培根	适量
面包糠	适量

做法 Recipe

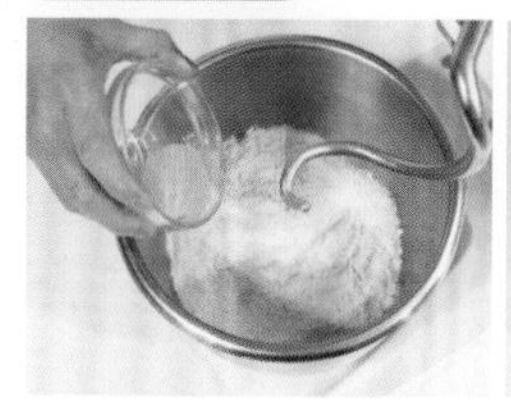

1 将种面部分的高筋面粉、酵母慢速拌均匀。

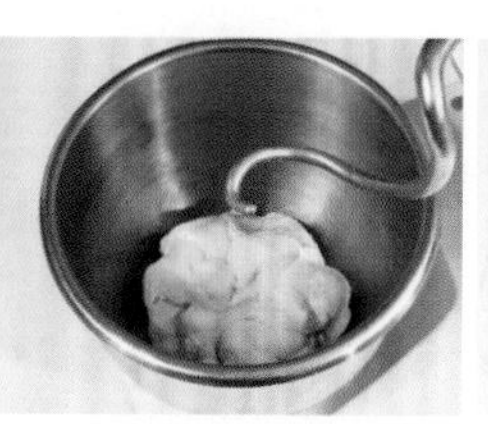

2 加入全蛋、清水，慢速拌匀，转快速搅打2~3分钟。

3 盖上保鲜膜，发酵2小时，温度33℃，湿度75%。

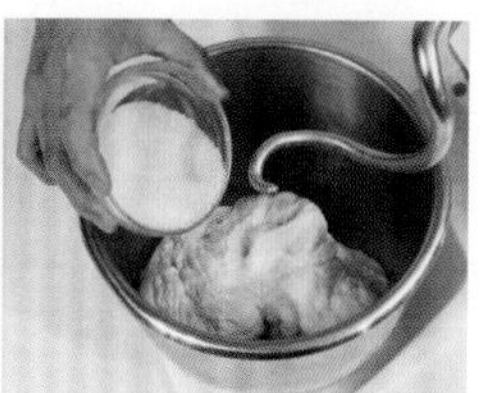

4 将发酵好的种面、砂糖、蜂蜜、清水快速打至糖溶解。

5 加入高筋面粉、奶粉、改良剂慢速搅拌均匀，转快速拌2~3分钟。

6 加入食盐、奶油、蛋糕油慢速拌均匀。

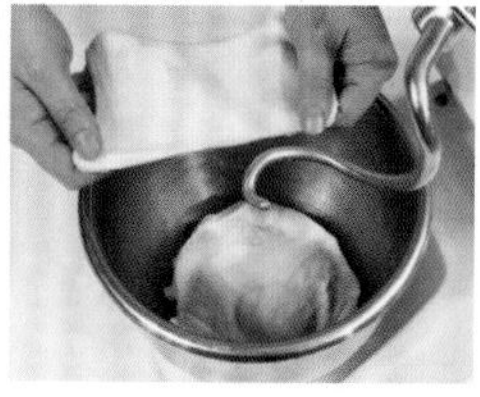

7 转快速打至面团可以拉出薄膜状。

8 松弛20分钟，温度35℃，湿度76%。

9 把松弛好的面团分割为60克/个，滚圆。

10 再松弛20分钟。

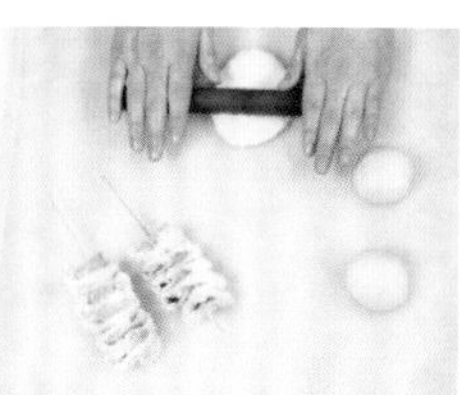

11 用擀面杖压扁、排气。

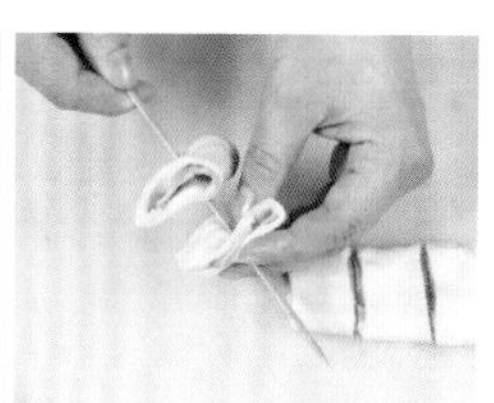

12 放上一片培根，切成几片，用竹签串起来。

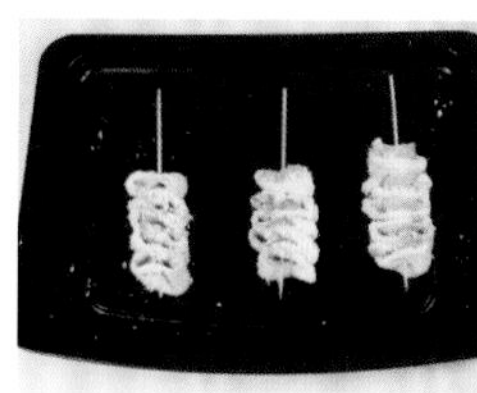

13 粘上面包糠，常温松弛90分钟。

14 把松弛好的面团放入锅中，油炸至熟即可。

制作指导

油温控制在160℃左右。

浓浓椰香：

雪山椰卷

所需时间 225 分钟左右

材料 Ingredient

种面		全蛋	250克	全蛋	75克
高筋面粉	1450克	改良剂	5克	椰蓉	300克
酵母	22克	奶油	适量	奶油	225克
清水	850克	清水	适量	奶粉	75克
主面		奶香粉	适量	椰香粉	2克
砂糖	500克	鲜奶油	适量	**其他材料**	
高筋面粉	950克	**椰蓉馅**		糖粉	适量
食盐	25克	砂糖	200克		

做法 Recipe

1 将椰蓉馅部分的砂糖、奶油慢速拌匀，加入全蛋拌匀，再加入椰蓉、椰香粉拌匀即成椰蓉馅，备用。

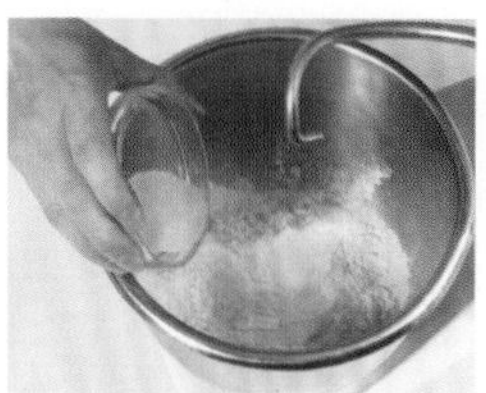

2 将种面部分的高筋面粉、酵母、清水慢速拌匀。

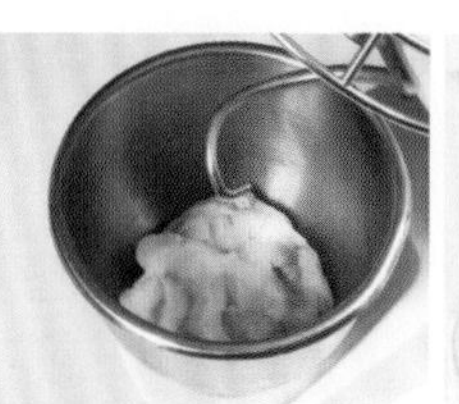

3 快速搅拌2分钟。

4 发酵约2小时成种面，温度30℃，湿度70%。

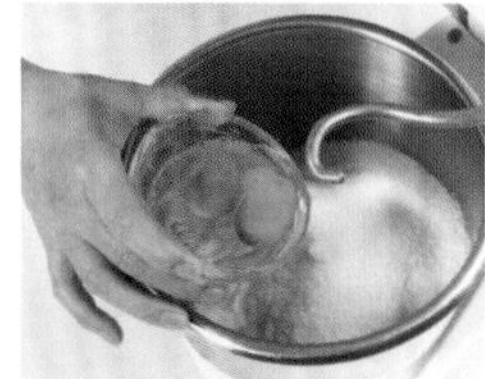

5 将种面、砂糖、全蛋和清水快速打至糖溶化。

6 加入高筋面粉、奶香粉和改良剂慢速拌均匀，转快速拌2分钟。

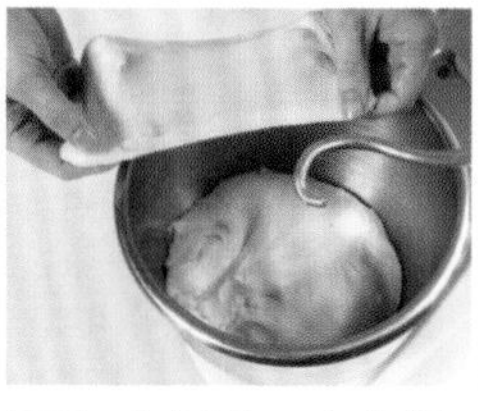

7 加入奶油、食盐慢速拌匀，转快速搅拌至面筋扩展。

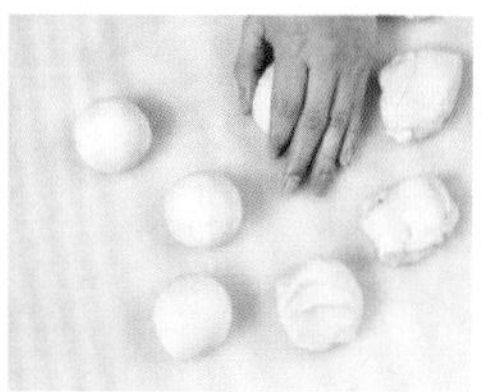

8 松弛20分钟，将松弛好的面团分成65克/个，滚圆。

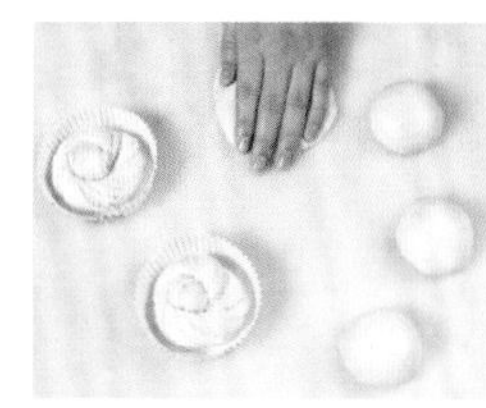

9 再松弛20分钟，把松弛好的面团压扁、排气。

10 包入椰蓉馅，用擀面杖擀开，划几刀。

11 卷成长形,打结。

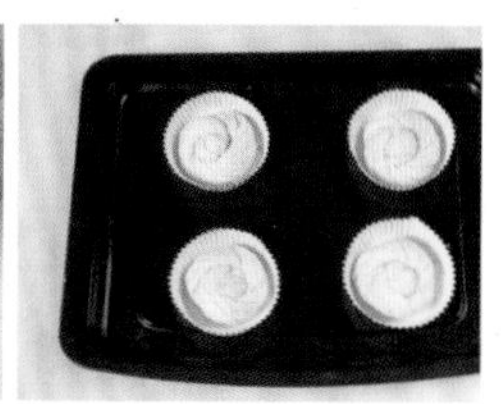

12 放入模具，进发酵箱，温度36℃，湿度72%。

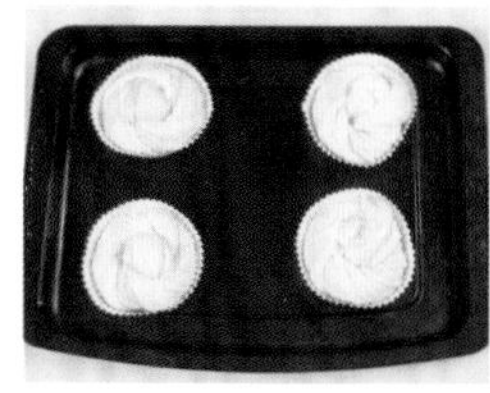

13 醒发至模具九分满，入炉烘烤约15分钟，上火185℃，下火160℃。

14 烤熟后筛上糖粉即可。

制作指导

划的刀纹要深一点，才能将馅露出来。

PART 4 高级面包制作

经过多次烘烤训练，你制作面包的技能一定有很大的提升了吧！本章挑选的面包在制作难度上更上一个台阶，但只要肯下苦功，你就有可能成为“面包大王”！

永恒经典：

中法面包

所需时间 150 分钟左右

材料 Ingredient

高筋面粉	900克	低筋面粉	100克	清水	600克
酵母	12克	改良剂	3克	黄奶油	适量
食盐	21克	甜老面	250克		

做法 Recipe

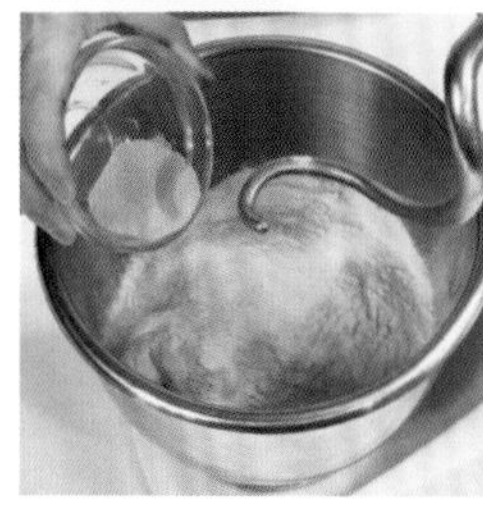

1 将高筋面粉、低筋面粉、甜老面、酵母、改良剂和清水慢速拌匀，再转快速搅拌2分钟。

2 加入食盐慢速拌匀，转快速拌至面团光滑。

3 松弛30分钟，温度28℃，湿度70%。

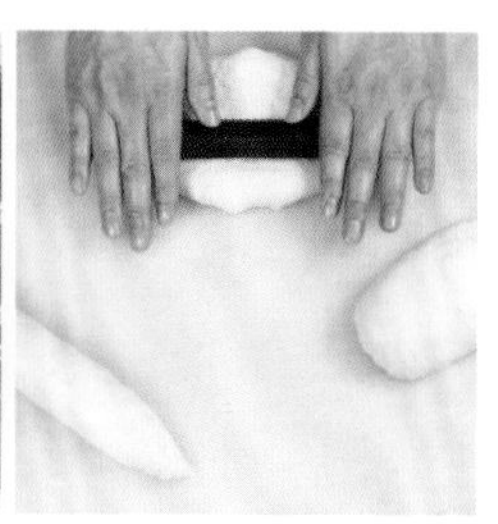

4 把松弛好的面团分成150克/个，用擀面杖压扁、排气，再卷成形。

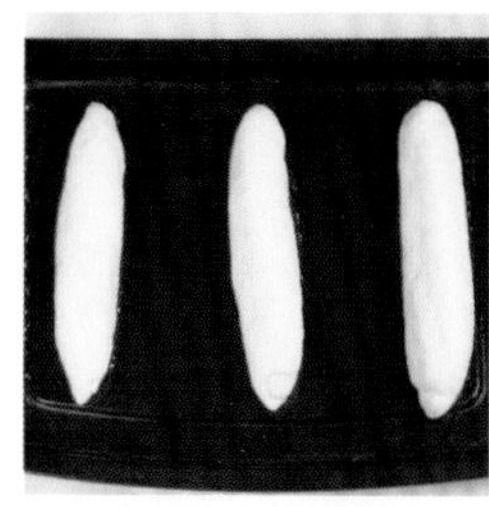

5 把卷好的面包放上烤盘，放入发酵箱醒发80分钟，温度35℃，湿度75%。

6 发至原体积3倍大，再划两刀。

7 挤上黄奶油，喷水后入炉烘烤25分钟左右，上火230℃，下火180℃，烤好后出炉即可。

制作指导

捏紧收口。

营养美味：

全麦核桃面包

所需时间
180 分钟左右

材料 Ingredient

高筋面粉	1500克	改良剂	65克	食盐	44克
全麦粉	500克	乙基麦芽粉	10克	核桃仁	适量
酵母	25克	清水	1300克		

做法 Recipe

1 将高筋面粉、全麦粉、酵母、改良剂、乙基麦芽粉慢速拌匀。

2 加入清水慢速拌匀，转快速拌2分钟。

3 加入食盐慢速拌匀，转快速拌至表面光滑。

4 将松弛好的面团分割成120克/个。

5 把面团滚圆，再松弛20分钟。

6 把松弛好的面团粘上核桃仁，滚圆，把核桃仁收到面团里面去。

7 用擀面杖在面团中间印个洞，入发酵箱，发酵90分钟，温度35℃，湿度72%。

8 把发酵好的面团划几刀，入炉烘烤，上火250℃，下火180℃，烤约25分钟，烤好出炉即可。

制作指导

入炉烘烤时，按蒸汽开关2~8秒。

清香可口：

乳酪苹果面包

所需时间
120 分钟左右

材料 Ingredient

高筋面粉	750克	全蛋	75克	苹果丁	300克
低筋面粉	100克	蜂蜜	30克	瓜子仁	适量
酵母	10克	清水	400克	乳酪馅	适量
改良剂	4克	食盐	8克	糖粉	适量
砂糖	150克	奶油	90克		

做法 Recipe

1 将高筋面粉、低筋面粉、酵母、改良剂慢速拌匀。

2 加入部分全蛋、砂糖、蜂蜜和清水慢速拌匀，转快速搅拌2分钟。

3 再加入奶油与食盐，慢速拌匀后，快速搅拌至面团筋度完全扩展，加入苹果丁慢速拌匀。

4 盖上保鲜膜，松弛20分钟。

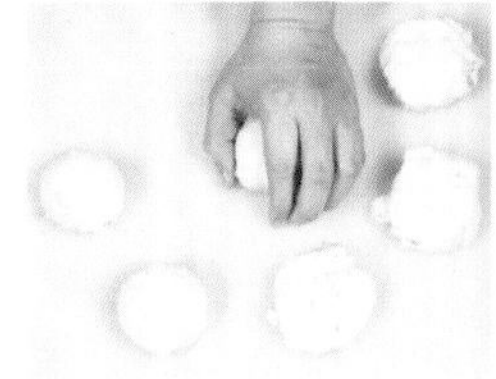

5 将面团分割成65克/个，滚圆至光滑。

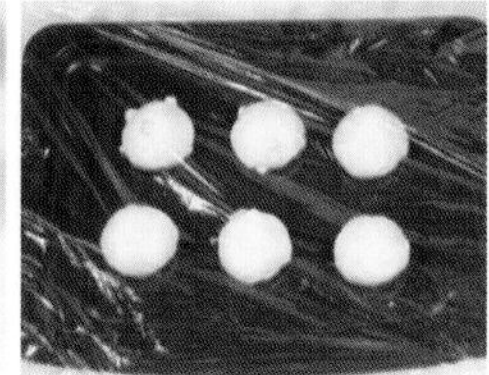

6 再盖上保鲜膜，松弛20分钟。

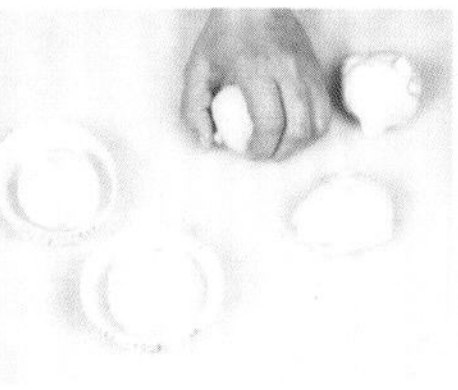

7 将面团放入纸杯，排入烤盘，入醒发箱，醒发75分钟，温度37℃，湿度75%。

8 扫上全蛋液，撒上瓜子仁。

9 入烤炉烘烤，上火185℃，下火165℃，烤约15分钟。

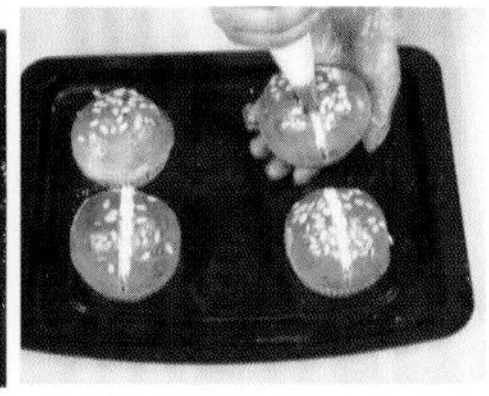

10 将面包烤至金黄色出炉，在凉透的面包中间锯开，挤上乳酪馅，筛上糖粉即可。

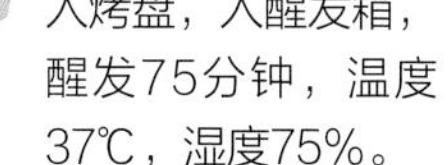

制作指导

造型时要把面团滚圆至紧致光滑。

松软可口：

奶露条面包

所需时间
160 分钟左右

材料 Ingredient

面团				奶黄馅	
高筋面粉	500克	砂糖	105克	牛奶	150克
改良剂	2克	酸奶	300克	即溶吉士粉	50克
全蛋	50克	酵母	6克	**其他材料**	
奶油	60克	奶粉	15克	糖粉	适量
低筋面粉	50克	食盐	6克		

做法 Recipe

1 将高筋面粉、低筋面粉、酵母、改良剂、砂糖和奶粉拌匀。

2 再加入全蛋和酸奶慢速拌匀，转快速搅拌1~2分钟。

3 最后加入奶油、食盐慢速拌匀，快速搅拌至面团扩展。

4 盖上保鲜膜松弛25分钟，温度30℃，湿度80%。

5 把松弛好的面团分成75克/个。

6 滚圆面团后盖上保鲜膜，松弛20分钟。

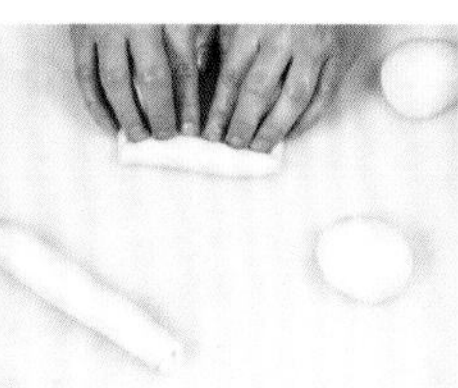

7 将松弛好的面团用擀面杖擀开、排气，卷起成长条。

8 排入烤盘，入发酵箱，醒发85分钟，温度36℃，湿度75%。

9 将醒发好的面团入烤箱烘烤约15分钟，上火190℃，下火160℃。

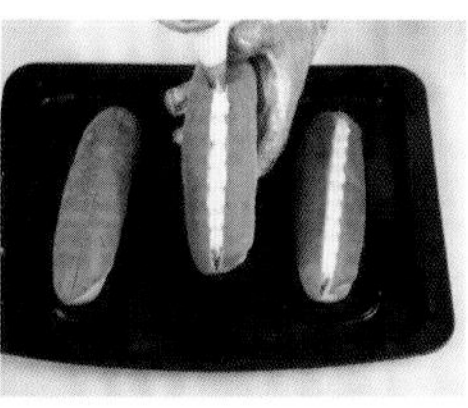

10 待面包凉透后切开，把牛奶、即溶吉士粉拌成的奶黄馅挤在面包上，再筛上糖粉即可。

制作指导

造型时要把收口收紧。

蒜香浓郁：

法式大蒜面包

所需时间 170分钟左右

材料 Ingredient

面团				蒜蓉馅	
		食盐	43克		
高筋面粉	1350克	低筋面粉	250克	奶油	100克
甜老面	450克	酵母	23克	蒜蓉	35克
改良剂	4.5克	清水	1250克	食盐	2克

做法 Recipe

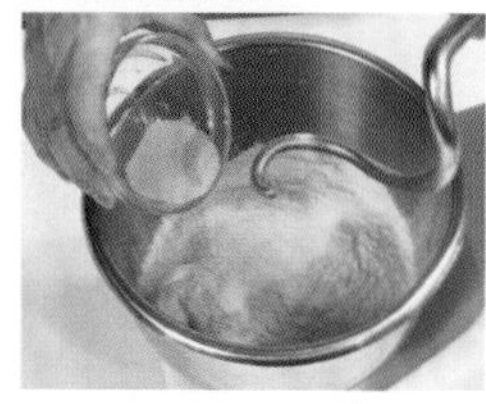

1 将面团部分的高筋面粉、低筋面粉、甜老面、酵母、改良剂和清水混合拌匀。

2 加入食盐慢速拌1分钟，转快速搅拌至面筋扩展。

3 将面团基础发酵30分钟，温度28℃，湿度75%。

4 把发酵好的面团分成130克/个，再压扁、排气。

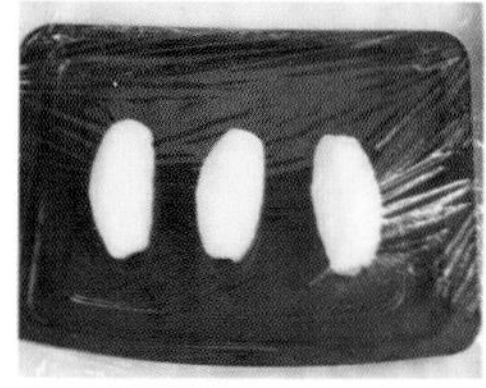

5 卷起后松弛25分钟。

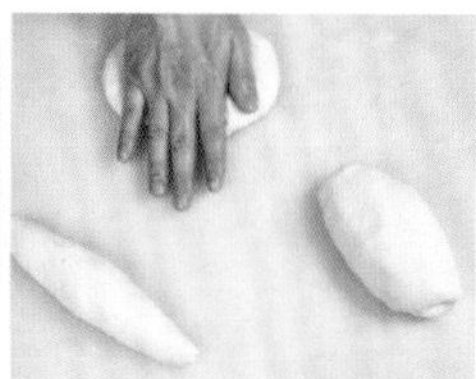

6 把松弛好的面团压扁排气。

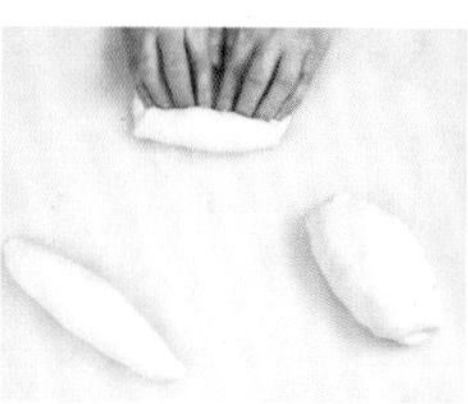

7 卷成橄榄形，稍微拖长些。

8 排入烤盘后进发酵箱，醒发90分钟，温度35℃，湿度75%。

9 将奶油、蒜蓉、食盐拌均匀，即成蒜蓉馅。

10 面团中间划一刀，挤上蒜蓉馅，入炉喷水烘烤约25分钟，上火235℃，下火180℃，烤熟即可。

制作指导

待烤至稍微上色，调低上火。

永不过时的经典美味：

奶油面包

所需时间
150 分钟左右

材料 Ingredient

砂糖	220克	高筋面粉	900克	奶粉	40克
全蛋	25克	低筋面粉	100克	奶香粉	4克
蛋黄	70克	酵母	15克	食盐	11克
清水	550克	改良剂	35克	奶油	135克

做法 Recipe

1 将高筋面粉、低筋面粉、砂糖、酵母、改良剂、奶粉、奶香粉慢速拌匀。

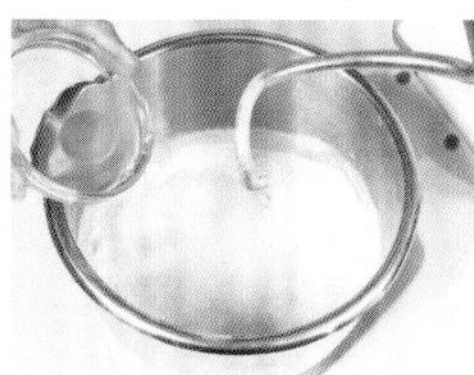

2 加入蛋黄、全蛋、清水慢速拌匀，转快速拌至七八成筋度。

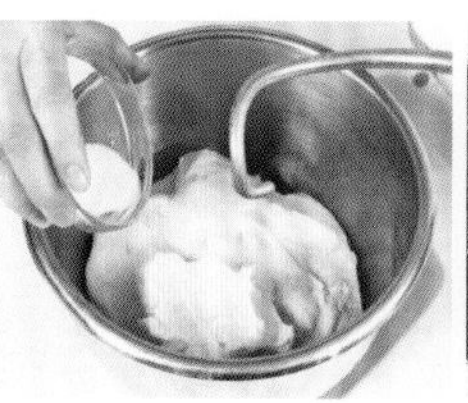

3 加入奶油、食盐慢速拌匀，转快速搅拌至拉出薄膜状。

4 盖上保鲜膜，基础发酵20分钟，温度30℃，湿度70%~80%。

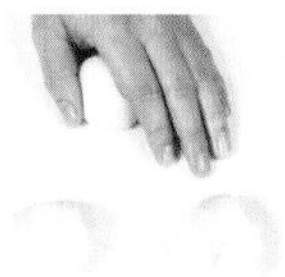

5 把面团分成40克/个，再把面团滚圆。

6 松弛大约15分钟，温度30℃，湿度70%~80%。

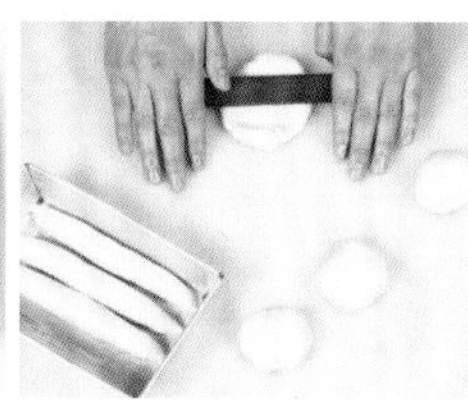

7 用擀面杖压扁、排气。

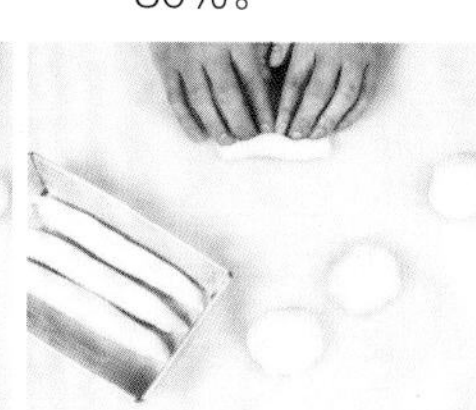

8 卷成形，放入扫过油的模具内。

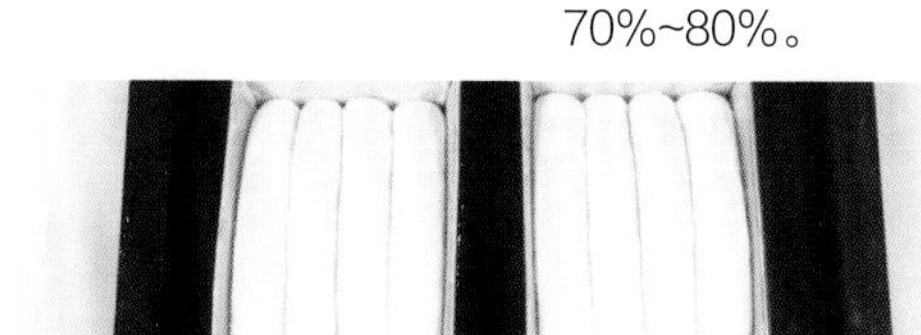

9 醒发90分钟，发至模具九分满，温度38℃，湿度75%。

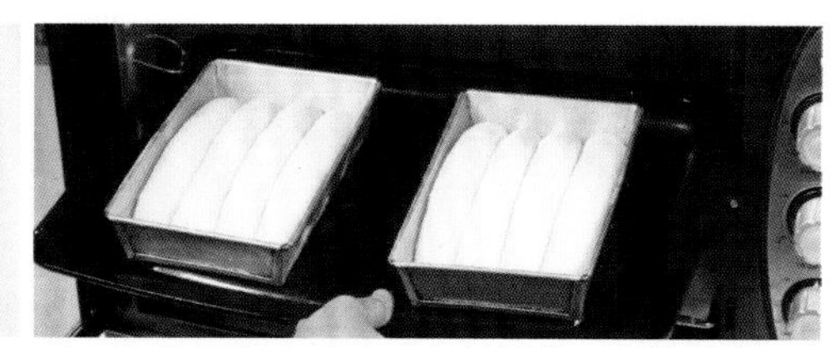

10 在面包上喷水，入炉烘烤，上火180℃，下火200℃，烤18分钟左右，出炉后马上扫上全蛋液即可。

制作指导

颜色不要烤得太深。

香甜可口：

玉米沙拉面包

所需时间 175分钟左右

材料 Ingredient

高筋面粉	1250克	蜂蜜	60克	清水	630克
砂糖	235克	奶香粉	6克	奶油	125克
淡奶	65克	食盐	13克	玉米粒	适量
鲜奶油	25克	改良剂	5克		
酵母	15克	全蛋	130克		

做法 Recipe

1 将高筋面粉、酵母、改良剂、奶香粉与砂糖拌匀。

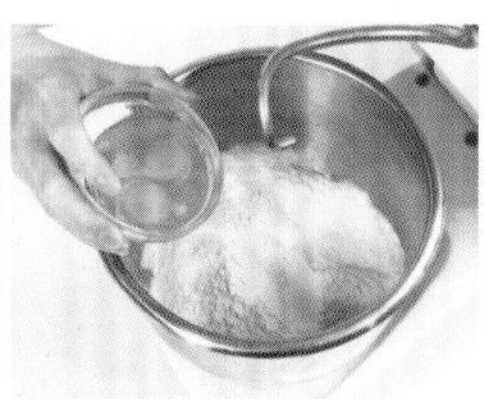

2 再加入蜂蜜、部分全蛋、淡奶与清水慢速拌匀，转快速搅拌2分钟。

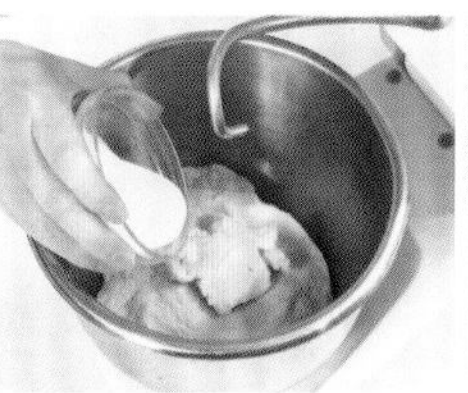

3 最后加入奶油、鲜奶油和食盐慢速拌匀。

4 快速搅拌至面团完全扩展。

5 盖上保鲜膜，松弛20分钟，温度33℃，湿度75%。

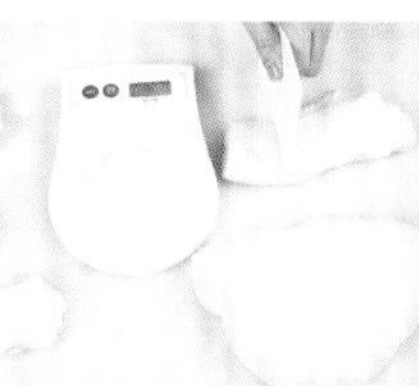

6 将松弛好的面团分割成70克/个。

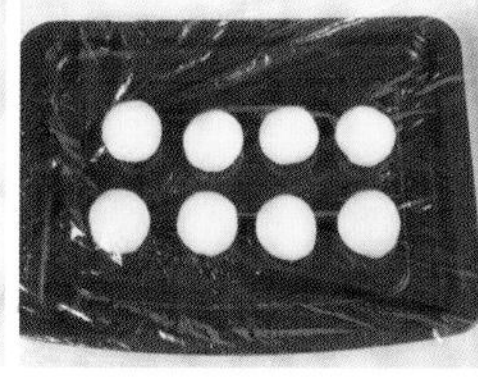

7 滚圆面团，盖上保鲜膜再松弛20分钟。

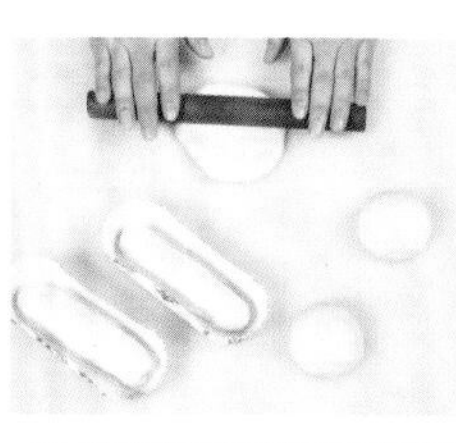

8 将松弛好的面团用擀面棍擀开、排气。

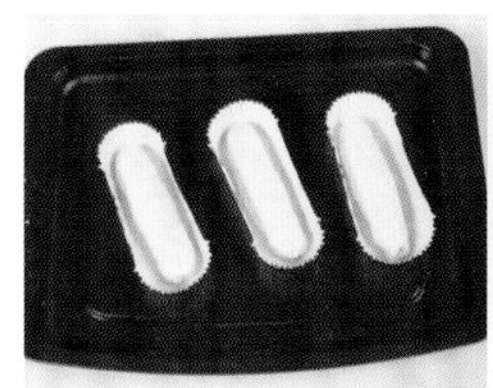

9 放上玉米粒，卷成长条，排入烤盘，醒发75分钟，温度37℃，湿度80%。

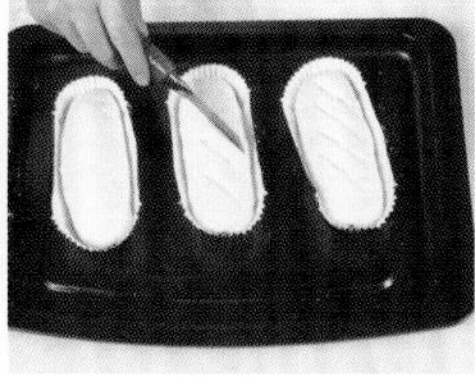

10 将醒发好的面团用刀划上三刀，扫上全蛋液。放入烤箱上火185℃，下火190℃烘烤15分钟，烤好出炉即可。

制作指导

烤的颜色不要太深。

润肠通便：

腰果全麦面包

所需时间 150分钟左右

材料 Ingredient

高筋面粉	750克	改良剂	2.5克	食盐	22克
全麦粉	250克	乙基麦芽粉	5克	腰果仁	适量
酵母	13克	清水	625克		

做法 Recipe

1 将高筋面粉、全麦粉、酵母、改良剂和乙基麦芽粉拌匀。

2 加入清水慢速充分搅拌均匀，转快速拌2分钟。

3 加入食盐慢速拌匀，再快速搅拌至面筋扩展。

4 基础发酵30分钟，温度30℃，湿度75%。

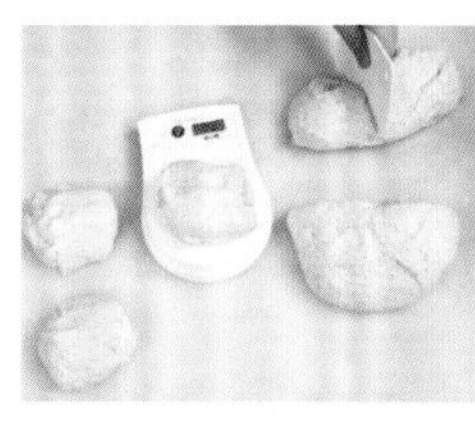

5 将发酵好的面团分割成100克/个。

6 将面团滚圆，松弛20分钟。

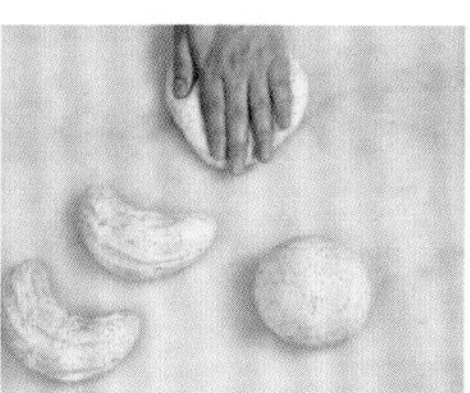

7 压扁、排气。

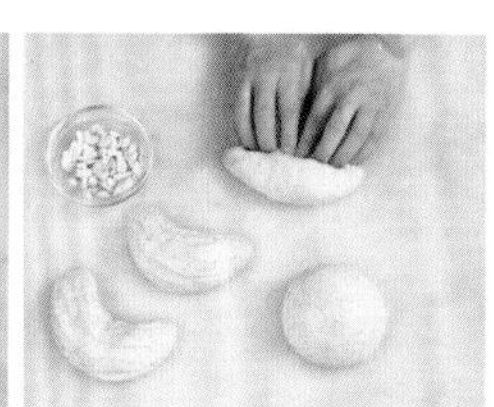

8 放上腰果仁，卷起成形。

9 用刀划3刀，入发酵箱醒发75分钟，温度36℃，湿度80%。

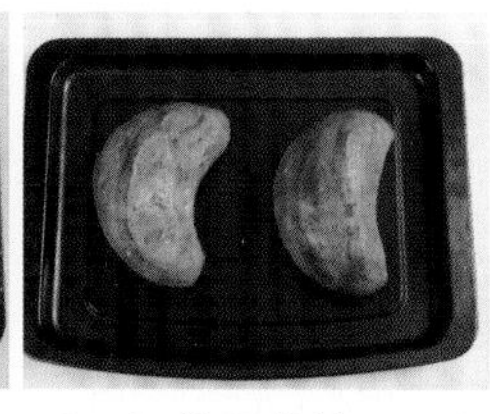

10 将醒发的面团入炉喷水烘烤，上火250℃，下火180℃，烤约25分钟出炉即可。

制作指导

烤的颜色不要太深。

淡淡苹果香：

维也纳苹果面包

所需时间
185分钟左右

材料 Ingredient

苹果馅		砂糖	385克	全蛋	200克
苹果丁	300克	淡奶	100克	清水	1000克
奶油	25克	鲜奶油	50克	奶油	210克
清水	45克	酵母	23克	其他材料	
砂糖	35克	蜂蜜	50克	杏仁片	适量
玉米淀粉	20克	奶香粉	12克	糖粉	适量
面团		食盐	20克	全蛋液	适量
高筋面粉	2000克	改良剂	7克		

做法 Recipe

1 把苹果馅部分的苹果丁、砂糖、奶油一起煮开，加玉米淀粉和清水煮至糊状，即成苹果馅。

2 将面团部分的高筋面粉、酵母、改良剂、奶香粉和砂糖拌匀。

3 加入全蛋、淡奶、蜂蜜和清水慢速拌匀，快速搅拌2分钟。

4 加入鲜奶油、食盐和奶油慢速拌匀，快速搅拌至面筋扩展。

5 松弛25分钟，保持温度30℃，湿度80%。

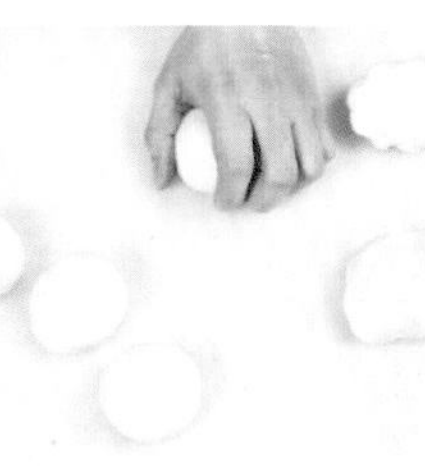
6 将松弛好的面团切成100克/个，滚圆。

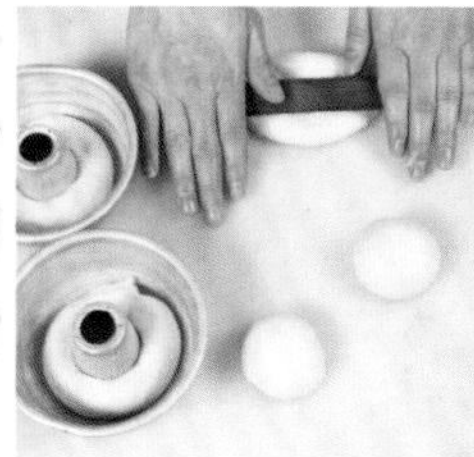
7 松弛20分钟，用擀面杖擀开、排气。

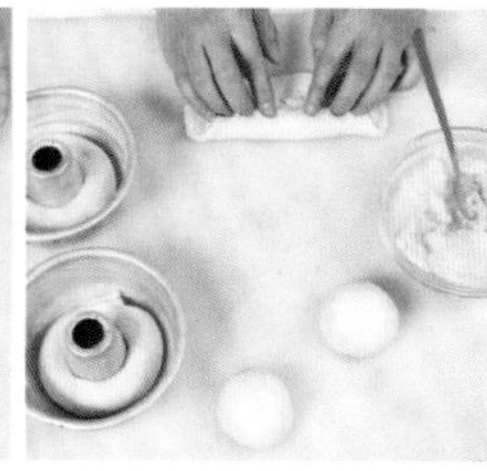
8 放上苹果馅，卷成长条，放入模具。

9 进醒发箱醒发80分钟，温度37℃，湿度78%。

10 将醒发好的面团扫上全蛋液。

11 撒上杏仁片，入炉烘烤，上火180℃，下火190℃，时间为16分钟左右。

12 烤好后出炉，筛上糖粉即可。

制作指导

收口要捏紧。

酸香糯软：

酸奶酪面包

所需时间
150 分钟左右

材料 Ingredient

面团

高筋面粉	950克
改良剂	3.5克
全蛋	100克
奶油	115克
低筋面粉	150克
砂糖	200克
酸奶	625克
酵母	12克
奶粉	40克
食盐	12克

乳酪克林姆馅

全蛋	25克
砂糖	75克
鲜奶	300克
玉米淀粉	45克
奶粉	30克
奶油	20克
奶油干酪	100克

做法 Recipe

1 将馅部分的鲜奶、全蛋、砂糖、玉米淀粉煮到凝固，加奶油、奶油干酪和奶粉拌成乳酪克林姆馅。

2 将面团部分的高筋面粉、低筋面粉、酵母、改良剂、砂糖和奶粉慢速搅拌。

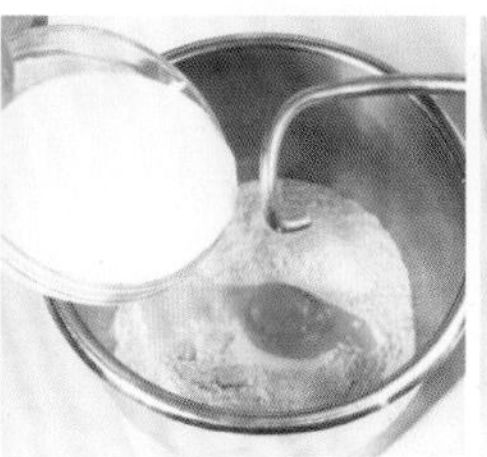

3 加入全蛋、酸奶慢速拌匀，转快搅拌2~3分钟。

4 加入奶油、食盐慢速拌匀，转快速打至拉出薄膜状。

5 盖上保鲜膜，入发酵箱，发酵20分钟，温度32℃，湿度70%。

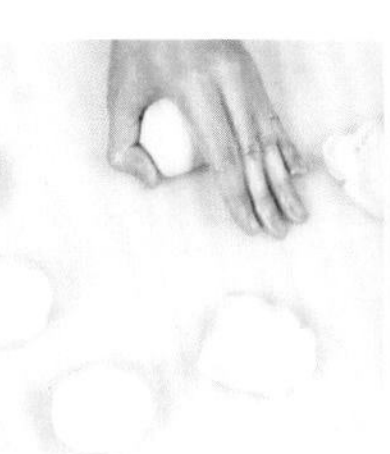

6 把发酵好的面团分成65克/个，再把面团滚圆。

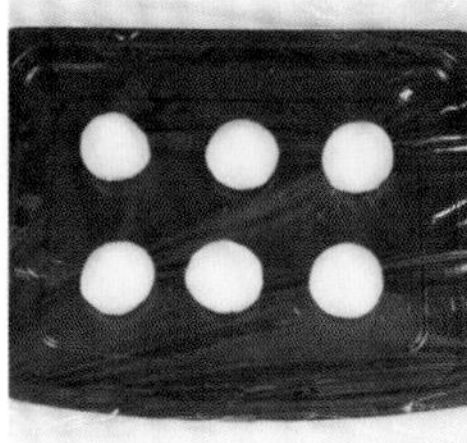

7 放上烤盘，入发酵箱，发酵20分钟。

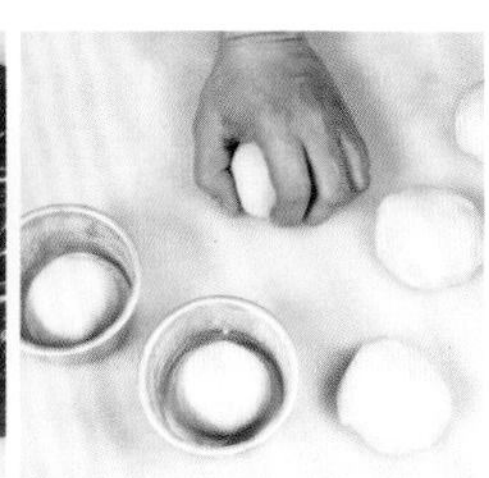

8 将发酵好的面团再次滚圆搓紧，放入模具。

9 入发酵箱发酵90分钟，温度38℃，湿度78%。

10 待醒发至模具九分满即可。

11 在面团上划几刀，放入烤箱烘烤约13分钟，上火185℃，下火200℃。

12 烤好出炉，中间切开，挤上乳酪克林姆馅，再筛上糖粉即可。

制作指导

面包要完全凉透再切，不然容易变形。

酸甜香软：

茄司面包

所需时间
150 分钟左右

材料 Ingredient

高筋面粉	750克	砂糖	145克	奶油	80克
奶粉	15克	食盐	8克	全蛋液	适量
番茄汁	400克	改良剂	4克	番茄片	适量
酵母	10克	蛋黄	50克	番茄酱	适量

做法 Recipe

1 先把高筋面粉、酵母、改良剂、砂糖、奶粉慢速拌匀。

2 加入蛋黄、番茄汁慢速拌匀。

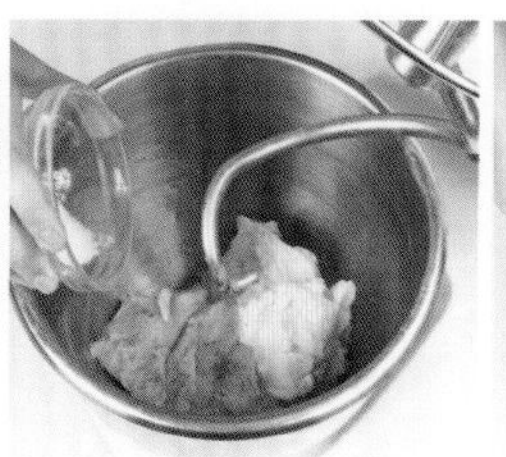

3 拌至七八成筋度，加入奶油、食盐慢速拌匀，转快速搅拌至面筋扩展。

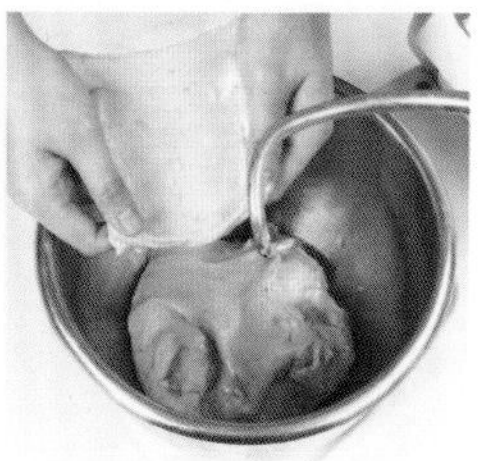

4 拌至面团光滑，直至可以扩展为薄膜状。

5 盖上保鲜膜，温度30℃，湿度80%，松弛20分钟。

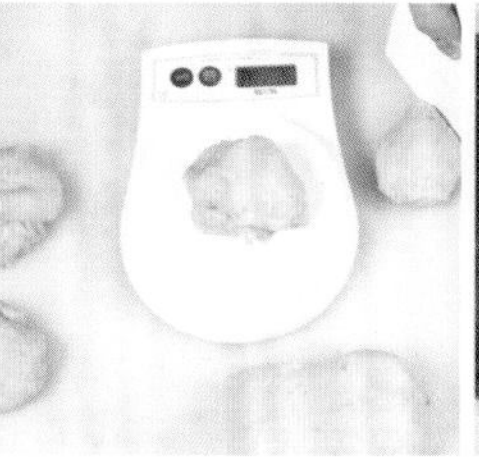

6 将松弛好的面团分成70克/个。

7 滚圆面团，盖上保鲜膜，松弛15分钟。

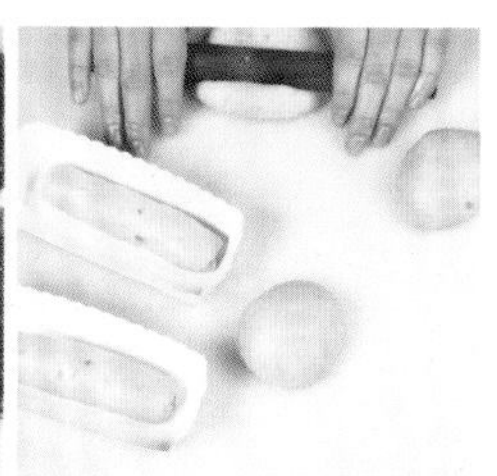

8 将松弛好的面团用擀面杖压扁、排气。

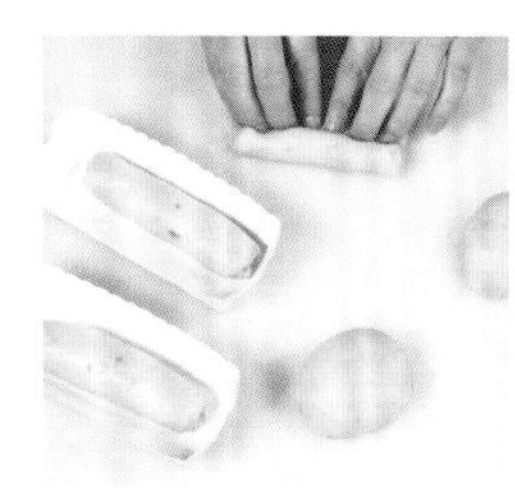

9 卷成长条形，放入模具里。

10 醒发90分钟。

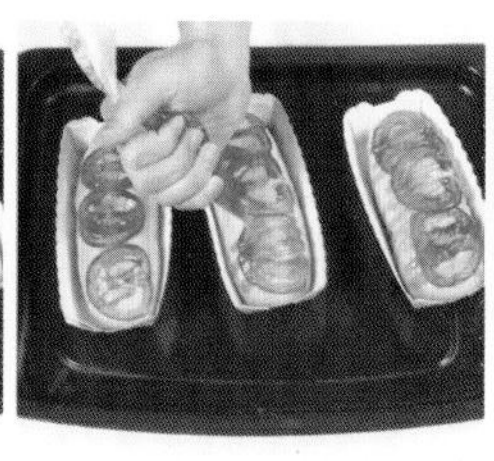

11 扫上全蛋液，在中间划一刀,放上番茄片，挤上番茄酱。

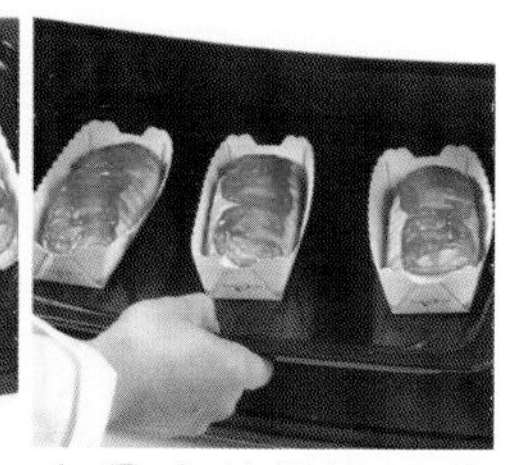

12 入炉烘烤15分钟左右，上火190℃，下火165℃，烤熟出炉即可。

制作指导

待蛋液干了才能放上番茄片。

荤素搭配：

洋葱培根面包

所需时间 160 分钟左右

材料 Ingredient

面团

高筋面粉	500克
改良剂	3克
清水	300克
干洋葱	50克
低筋面粉	50克
砂糖	45克
食盐	12克
炸洋葱	15克
酵母	6克
全蛋	50克
奶油	60克

沙拉酱

砂糖	50克
全蛋	1个
食盐	3克
味精	1克
色拉油	500克
白醋	15克
淡奶	25克

其他材料

培根肉	适量
全蛋液	适量

做法 Recipe

1 先将沙拉酱部分的砂糖、全蛋、食盐、味精中速拌匀，再加入色拉油、白醋、淡奶拌匀即成沙拉酱，备用。

2 把面团部分的高筋面粉、低筋面粉、酵母、改良剂、砂糖慢速拌匀。

3 加入全蛋、清水先慢后快拌至面筋扩展。

4 加入奶油和食盐慢速拌匀后，转快速搅拌至面团完全扩展。

5 加入干洋葱、部分炸洋葱，慢速拌均匀。

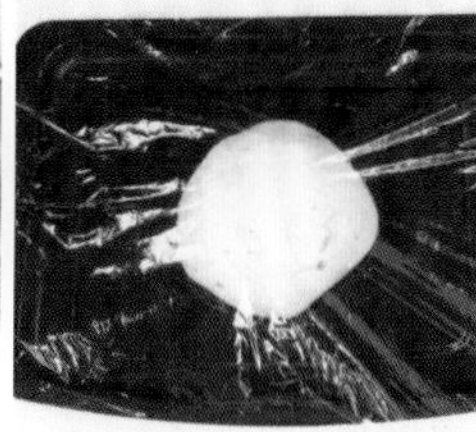

6 盖上保鲜膜，松弛30分钟。

7 将发酵好的面团分成65克/个。

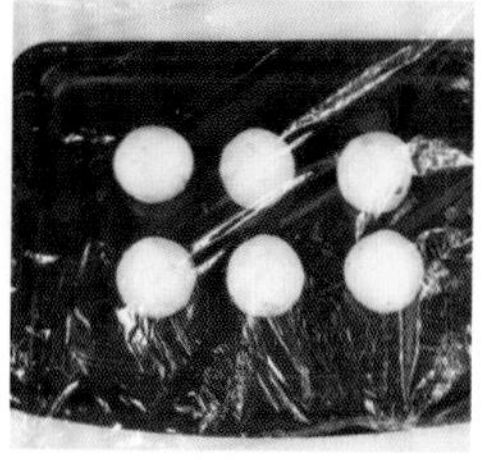

8 将面团滚圆，盖上保鲜膜，再次松弛20分钟。

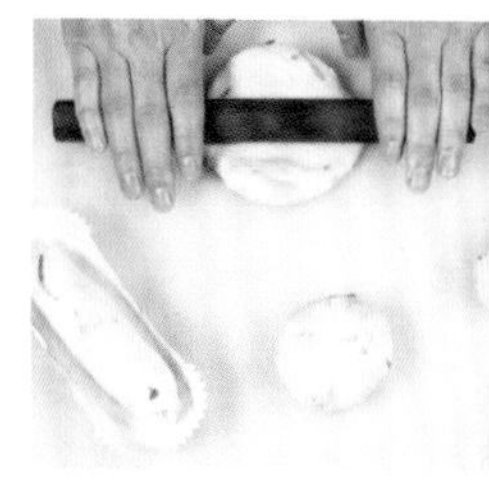

9 将松弛好的面团用擀面杖压扁、排气。

10 放上培根肉，卷成形，排入烤盘，放入发酵箱，再醒发90分钟，温度35℃，湿度75%。

11 醒发至原体积的3倍，在面团上划几刀，扫上全蛋液。

12 撒上剩余的炸洋葱丝，挤上备用的沙拉酱，入炉烘烤15分钟左右，出炉即可。

制作指导

在面团上划几刀，利于散热。

鲜香诱人：

芝士火腿面包

所需时间
210 分钟左右

材料 Ingredient

种面	
高筋面粉	700克
酵母	10克
清水	360克
主面	
砂糖	185克
高筋面粉	300克
食盐	10克
全蛋	110克
奶香粉	5克
鲜奶油	30克
清水	500克
改良剂	3克
奶油	100克
芝士条	适量
火腿	适量

做法 Recipe

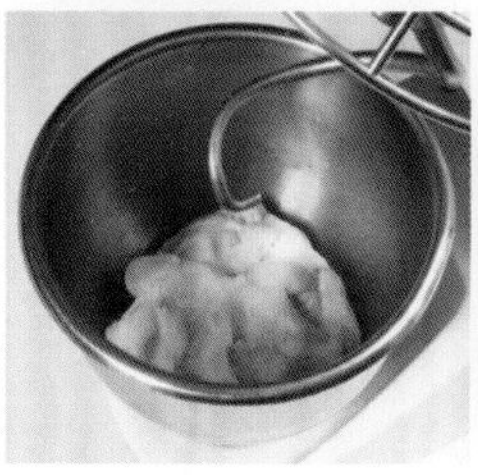

1 把种面部分的高筋面粉、酵母、清水慢速拌匀，再快速拌2分钟。

2 将面团发酵2小时，温度32℃，湿度72%，发酵好即成种面。

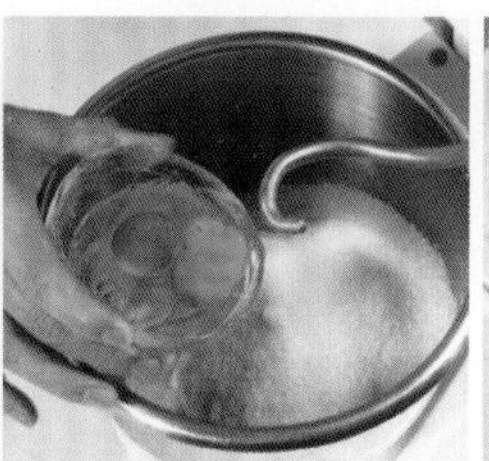

3 将种面、砂糖、部分全蛋、清水快速拌2~3分钟。

4 加入高筋面粉、奶香粉、改良剂慢速拌均匀，转快速打至五六成光滑度。

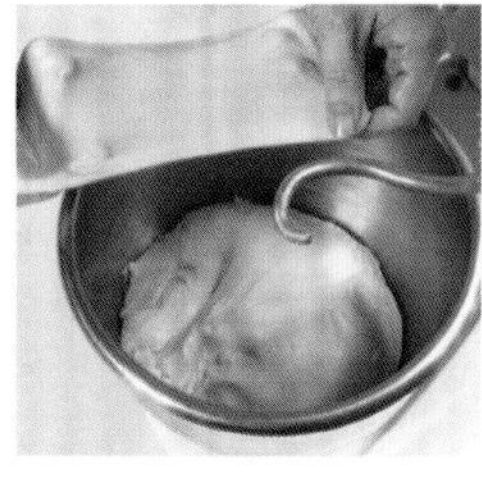

5 加入奶油、鲜奶油、食盐慢速拌匀后，转快速搅拌至面筋扩展。

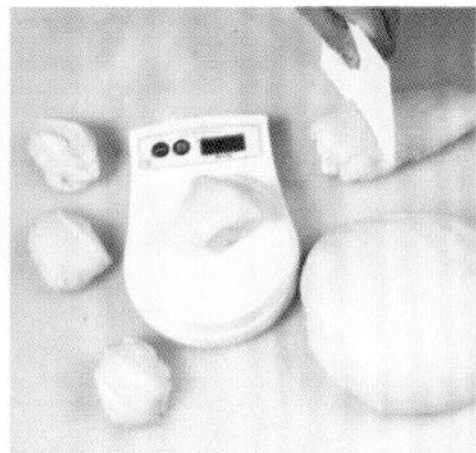

6 发酵20分钟，将发酵好的面团分成50克/个。

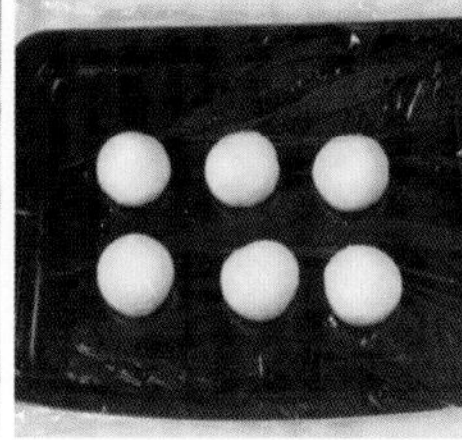

7 将面团滚圆，松弛20分钟。

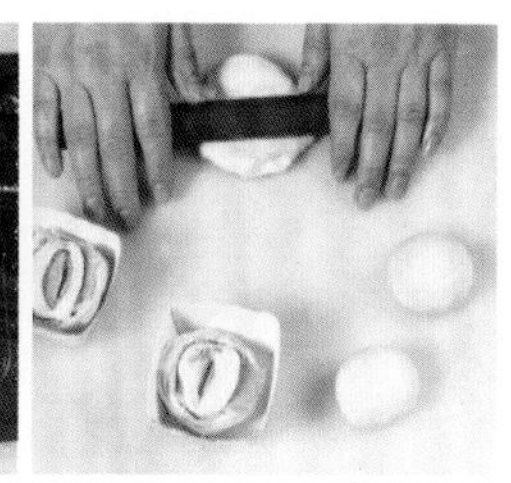

8 将松弛好的面团用擀面杖压扁、排气。

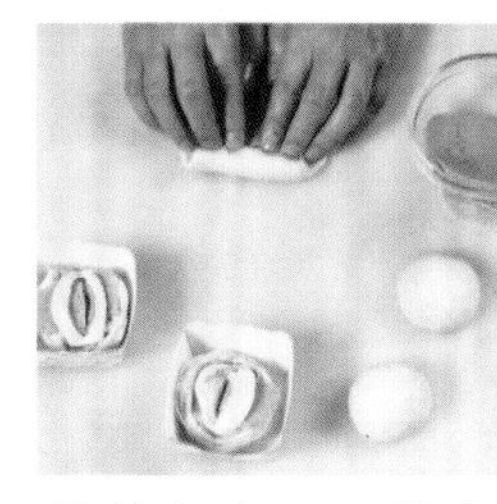

9 放入火腿，卷成形，在面上剪一刀，放入模具。

10 入发酵箱发酵90分钟，温度38℃，湿度78%。

11 发至模具九分满时，扫上全蛋液。

12 放上芝士条，入炉烘烤15分钟左右，上火185℃，下火170℃，烤好后出炉即可。

制作指导

芝士条不要放太多，不然面包会下塌。

风味独特：

草莓夹心面包

所需时间
210 分钟左右

材料 Ingredient

面团	
高筋面粉	1250克
改良剂	3克
全蛋	120克
奶油	250克
砂糖	240克
奶粉	13克
清水	650克
酵母	15克
奶香粉	5克
食盐	13克
菠萝皮	
奶油	300克
奶香粉	3克
糖粉	250克
低筋面粉	适量
全蛋	100克
其他材料	
草莓馅	适量
椰蓉	适量

做法 Recipe

1 将面团部分的高筋面粉、酵母、改良剂、奶粉、奶香粉、砂糖拌匀。

2 加入全蛋、清水慢速搅拌，转快速搅拌1分钟。

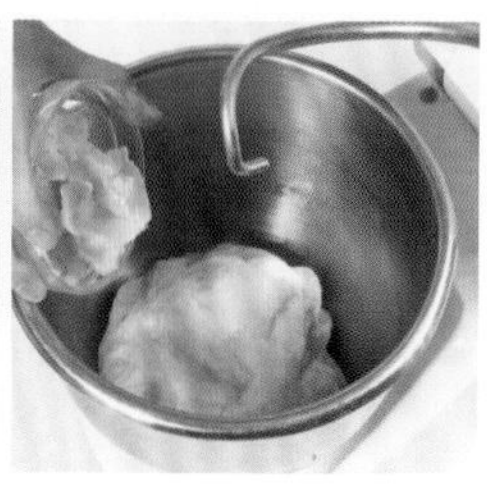

3 再加入奶油、食盐慢速拌匀。

4 快速搅拌至能拉成薄膜状。

5 基础发酵20分钟，温度33℃，湿度75%。

6 将发酵好的面团取出。

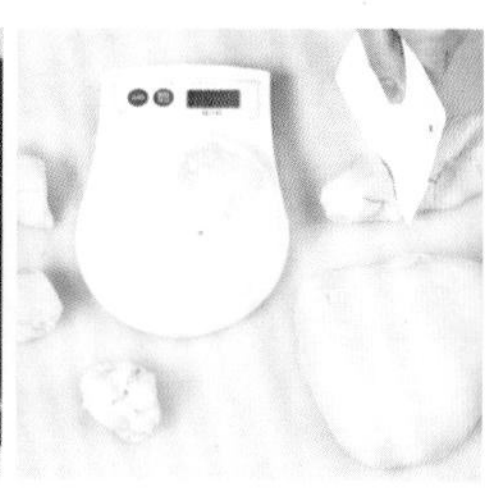

7 把面团分成65克/个。

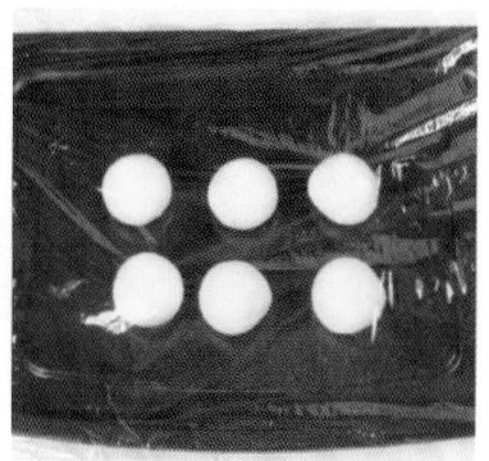

8 将面团滚圆，松弛20分钟。

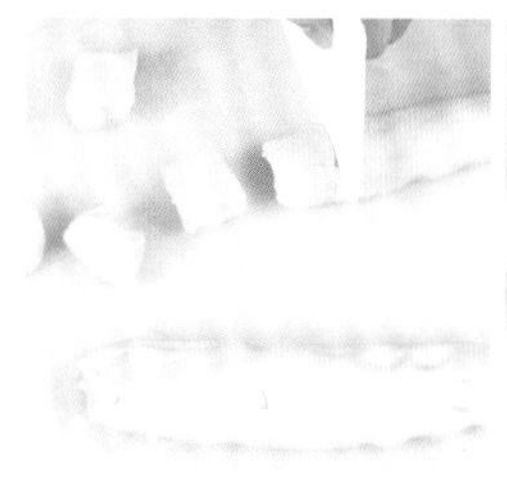

9 将菠萝皮部分的所有原料混合拌匀，揉成菠萝皮，再分成小段。

10 滚圆排气，将菠萝皮裹在面团外表。

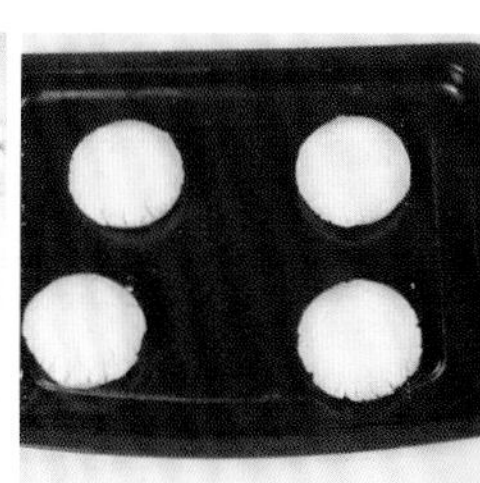

11 排入烤盘，常温醒发，入炉烘烤15分钟左右，上火185℃，下火160℃。

12 烤好后出炉，凉后从中间切开，挤上草莓馅，撒上椰蓉即成。

制作指导

从中间切开时，不要把面包切断。

日式风味：

甘纳豆面包

所需时间
150 分钟左右

材料 Ingredient

高筋面粉	750克	改良剂	2.5克	酵母	8克
奶粉	25克	食盐	7.5克	奶油	85克
奶香粉	3克	清水	1000克	瓜子仁	适量
砂糖	155克	全蛋	75克	甘纳豆	适量

做法 Recipe

1 将高筋面粉、奶粉、奶香粉、酵母、改良剂、砂糖拌匀。

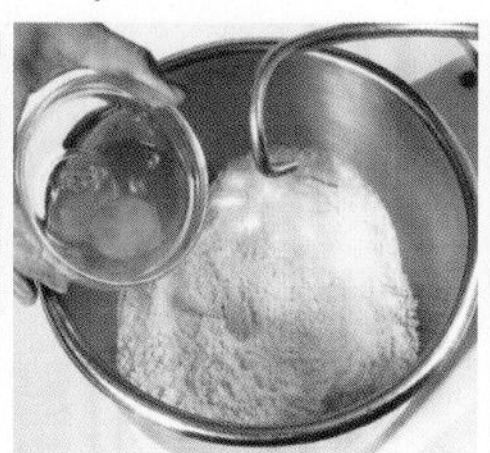

2 加入部分全蛋、清水慢速拌匀，转快速搅拌2分钟。

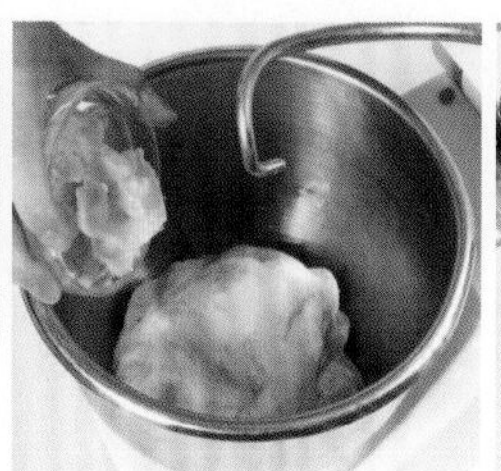

3 最后加入奶油、食盐慢速拌匀。

4 快速搅拌至能拉成薄膜状。

5 将面团基础发酵25分钟，温度为31℃，湿度为80%。

6 将发酵好的面团分成50克/个。

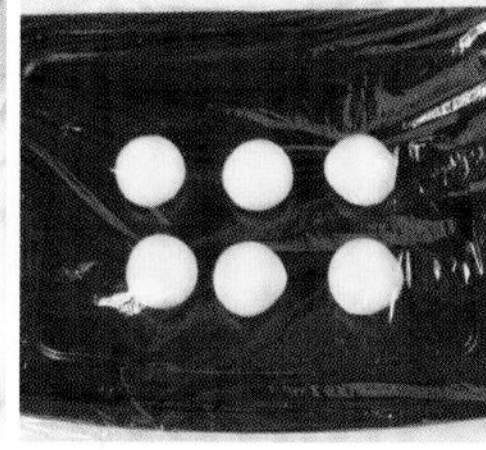

7 将面团滚圆，松弛20分钟。

8 将松弛好的面团用擀面杖擀开、排气。

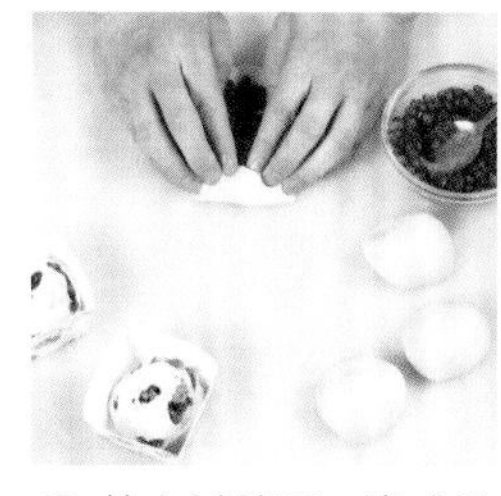

9 放上甘纳豆，卷成橄榄形，从中间剪开，放入模具。

10 放入烤盘，进发酵箱，醒发80分钟，温度37℃，湿度85%。

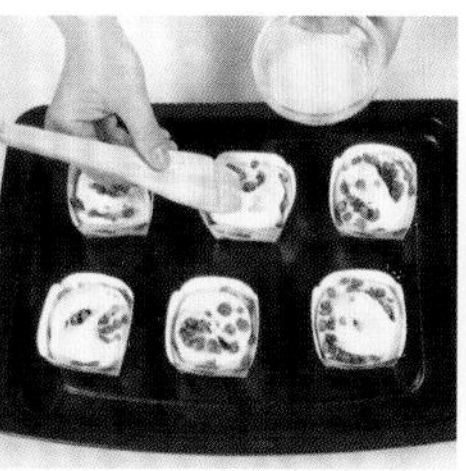

11 将醒发好的面团扫上全蛋液。

12 撒上瓜子仁，入炉烘烤12分钟左右，上火195℃，下火170℃，烤好后出炉即可。

制作指导

要卷出层次来。

香酥可口：

椰子丹麦面包

所需时间
210 分钟左右

材料 Ingredient

高筋面粉	850克	冰水	300克	片状酥油	适量
低筋面粉	150克	酵母	13克	瓜子仁	适量
砂糖	135克	改良剂	4克	椰子馅	适量
全蛋	150克	食盐	15克		
纯牛奶	150克	奶油	120克		

做法 Recipe

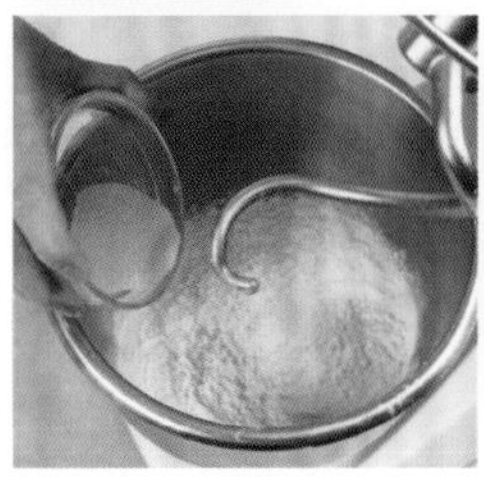

1 把高筋面粉、低粉、酵母和改良剂拌匀。

2 加入砂糖、部分全蛋、纯牛奶和冰水慢速拌匀，转快速搅拌2分钟。

3 最后加入食盐和奶油慢速拌匀，转快速搅拌2分钟即可。

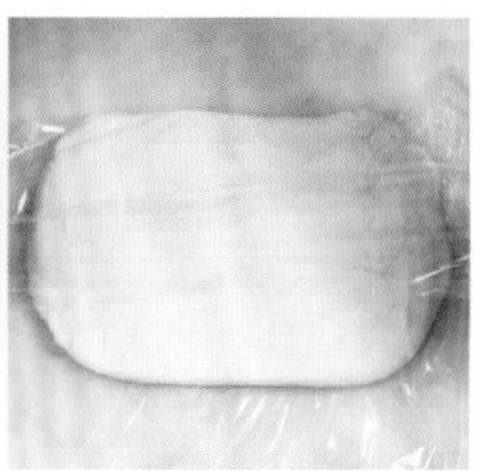

4 压扁成长方形，用保鲜膜包好面团，放入冰箱冷冻30分钟以上。

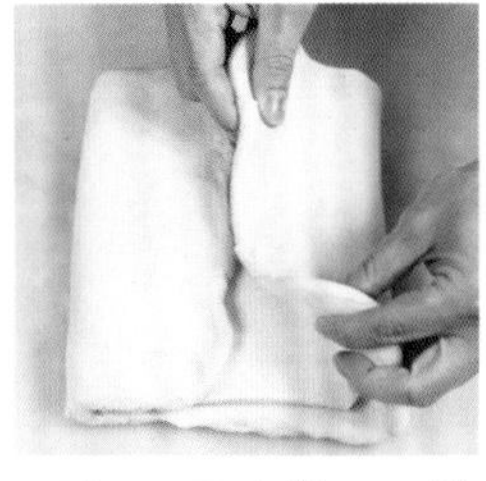

5 把面团稍擀开、擀长，放上500克片状酥油，裹好，捏紧收口。

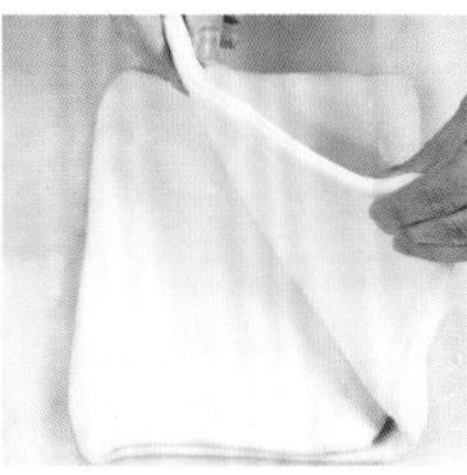

6 再把面团擀开、擀长，叠三下，用保鲜膜包好放入冰箱冷藏30分钟。再擀开，折叠，冷藏，重复3次即可。

7 擀开、擀长，至厚5.5毫米，将四周边切去，扫上全蛋液。

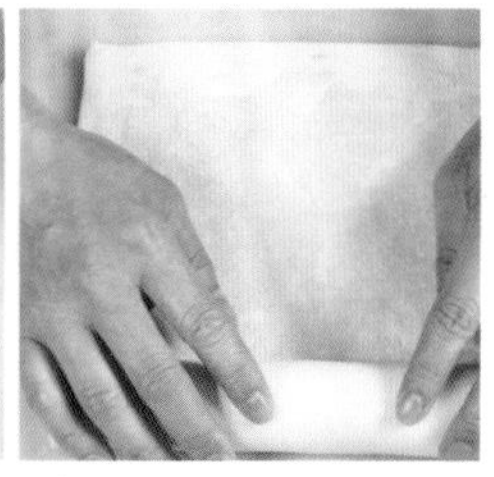

8 抹上椰子馅后，卷成圆条。

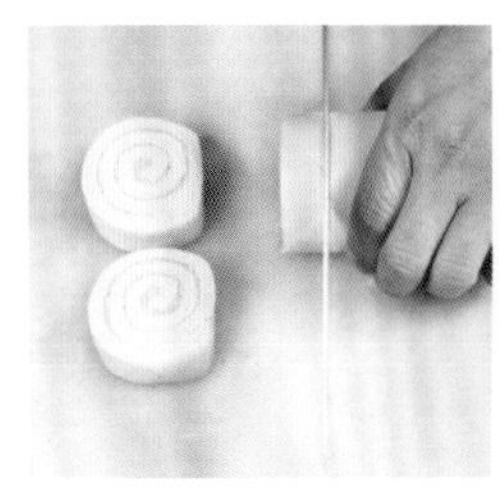

9 用刀切成等份，放入纸模。

10 入发酵箱醒发60分钟，温度35℃，湿度75%。

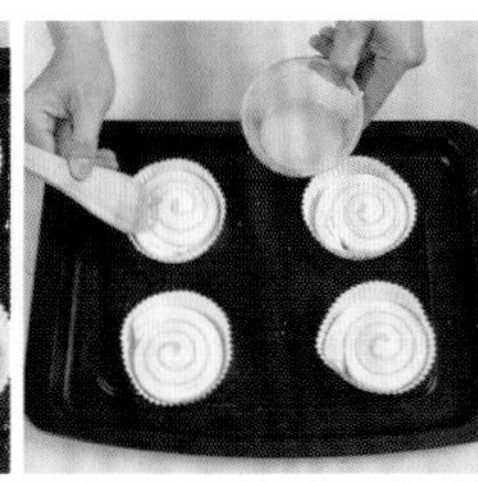

11 在醒好的面团上扫上全蛋液。

12 撒上瓜子仁，入炉烘烤约16分钟，上火185℃，下火160℃，烤好后出炉即可。

制作指导

不要卷得太紧。

淡淡奶香：

牛奶香酥面包

所需时间
145 分钟左右

材料 Ingredient

面团		食盐	12.5克	砂糖	65克
高筋面粉	1250克	改良剂	5克	高筋面粉	50克
奶香粉	8克	全蛋	150克	低筋面粉	115克
鲜奶	650克	奶油	130克	其他材料	
酵母	13克	香酥粒		鲜奶油	适量
砂糖	265克	奶油	95克	糖粉	适量

做法 Recipe

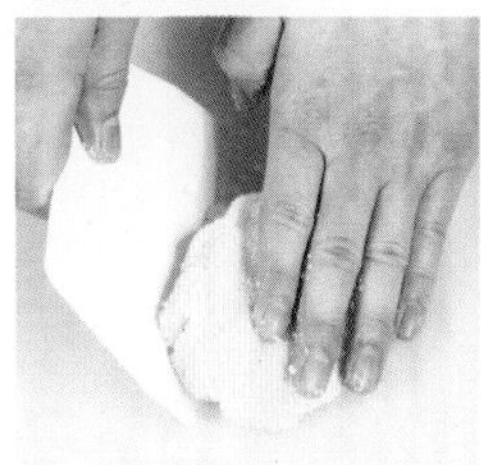

1 将香酥粒部分的奶油、砂糖倒在桌面上，拌均匀。

2 加入高筋面粉、低筋面粉拌匀，用手搓成香酥粒，备用。

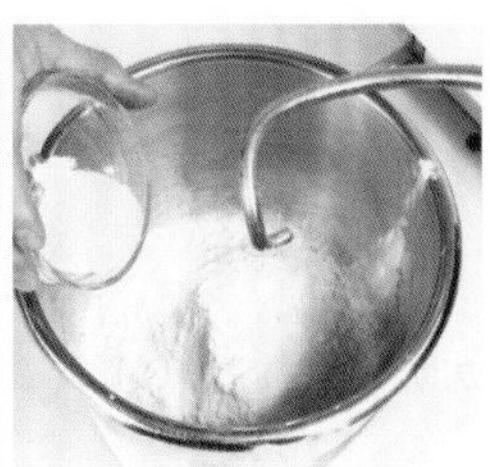

3 将面团部分的高筋面粉、酵母、改良剂、砂糖和奶香粉慢速拌匀。

4 加入全蛋、鲜奶慢速拌匀，转快搅拌2~3分钟。

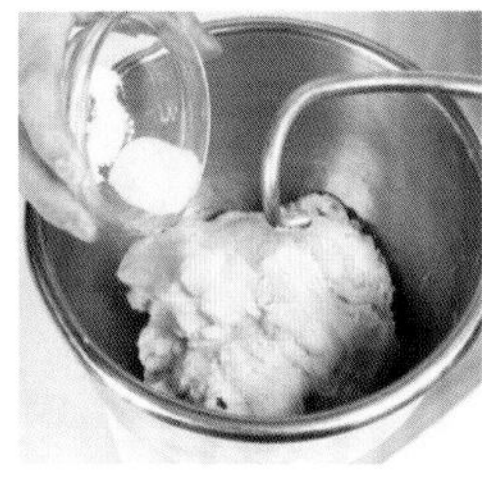

5 加入奶油、食盐慢速拌匀。

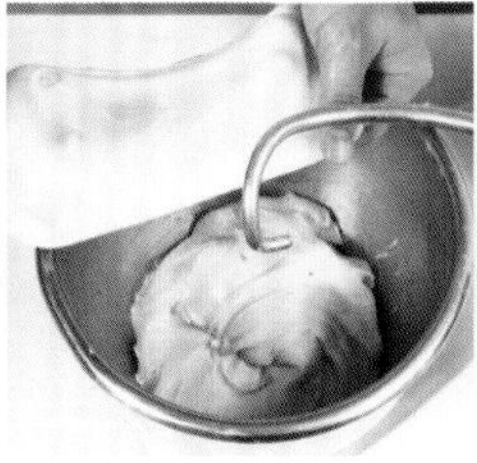

6 转快速拌至面筋扩展。

7 盖上保鲜膜，发酵20分钟，温度33℃，湿度72%。

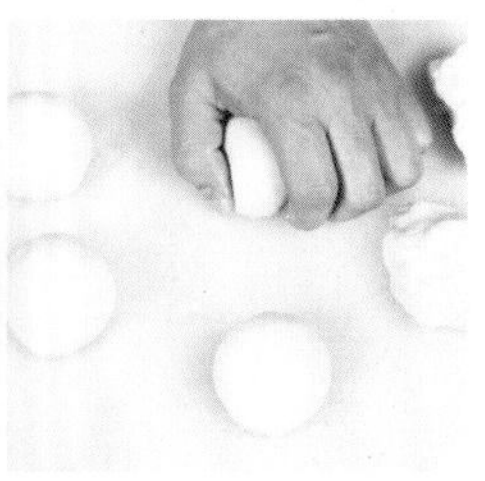

8 把发酵好的面团均匀地分成50克/个的小面团，再滚圆。

9 松弛20分钟后，把松弛好的面团蘸水，粘上香酥粒后，放入模具。

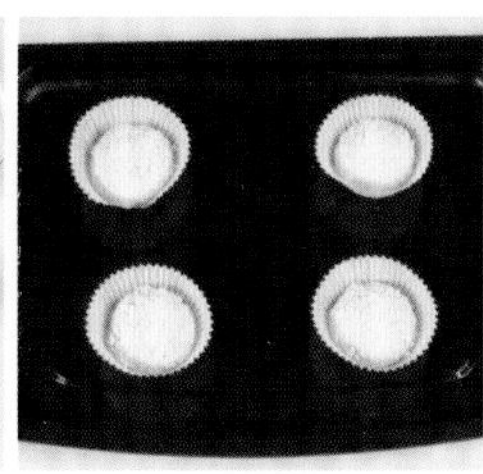

10 入发酵箱醒发90分钟，温度36℃，湿度82%。

11 待发至原体积3倍大，入炉烘烤约13分钟，上火185℃，下火165℃。

12 烤好出炉，对半切开，挤上鲜奶油，筛上糖粉即可。

制作指导

面包完全凉透后才可以切开。

浓浓椰奶香：

奶油椰子面包

所需时间
180分钟左右

材料 Ingredient

椰子馅			
砂糖	250克		
奶油	250克		
全蛋	85克		
奶粉	85克		
低筋面粉	50克		
椰蓉	400克		

面团	
高筋面粉	500克
酵母	5克
全蛋	50克
食盐	5克
砂糖	95克
改良剂	2克
清水	255克
淡奶	25克
蜂蜜	20克
奶香粉	2.5克
鲜奶油	10克
奶油	60克

其他材料	
瓜子仁	适量
全蛋液	适量
奶油面糊	适量

做法 Recipe

1 把椰子馅部分的砂糖、奶油搅拌均匀，加入全蛋充分拌匀。

2 加入低筋面粉、奶粉、椰蓉拌均匀即成椰子馅，备用。

3 将面团部分的高筋面粉、酵母、改良剂、砂糖和奶香粉慢速拌匀。

4 加入全蛋、清水、淡奶、蜂蜜慢速拌匀，转快速搅拌2~3分钟。

5 加入奶油、食盐、鲜奶油慢速拌匀，转快速，至拉出薄膜状。

6 盖上保鲜膜松弛20分钟，温度30℃，湿度75%。

7 松弛好即成面团，把面团分成65克/个，滚圆至表面光滑。

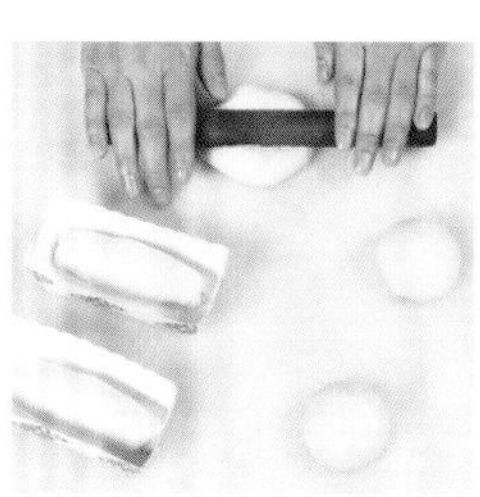

8 盖上保鲜膜再松弛20分钟，把松弛好的面团用擀面杖擀开、排气。

9 放上椰子馅，卷成长条形后放入模具。

10 排入烤盘，放进发酵箱醒发90分钟，温度37℃，湿度80%。

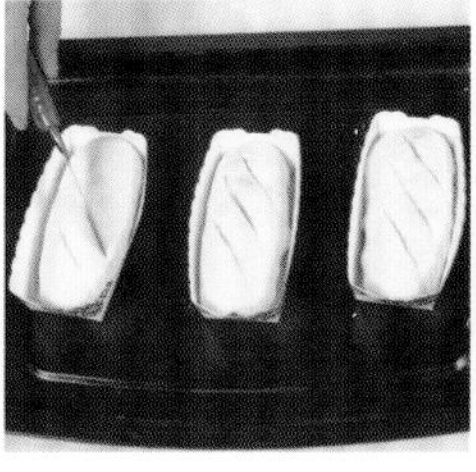

11 将发好的面团用刀划三刀，扫上全蛋液，挤上奶油面糊。

12 撒上瓜子仁，入炉烘烤约15分钟，上火185℃，下火165℃，烤好后出炉即可。

制作指导

造型时，不要卷得太长。

香脆鲜美：

炸香菇鸡面包

所需时间 200分钟左右

材料 Ingredient

种面

高筋面粉	750克
酵母	10克
全蛋	100克
清水	375克

主面

砂糖	90克
高筋面粉	250克
食盐	20克
蜂蜜	20克
奶粉	40克
奶油	90克
清水	100克
改良剂	3克
蛋糕油	5克

香菇鸡馅

香菇	100克
生抽	15克
鸡肉	175克
砂糖	10克
玉米粉	7.5克
盐	2克
鸡精	3克

其他材料

面包糠 适量

做法 Recipe

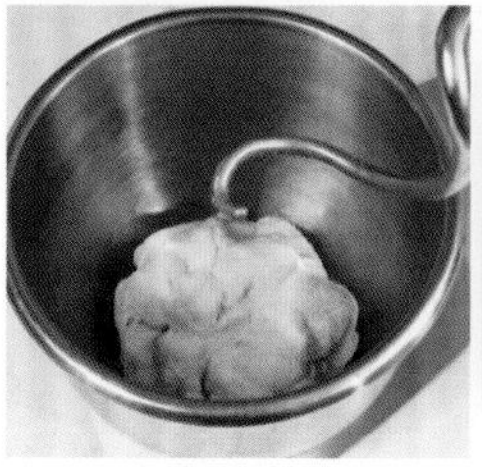

1 将种面部分的高筋面粉、酵母慢速拌匀，加入全蛋、清水慢速拌匀，转快速搅拌2~3分钟。

2 盖上保鲜膜，发酵2～3小时，温度32℃，湿度80%。发酵后即成种面。

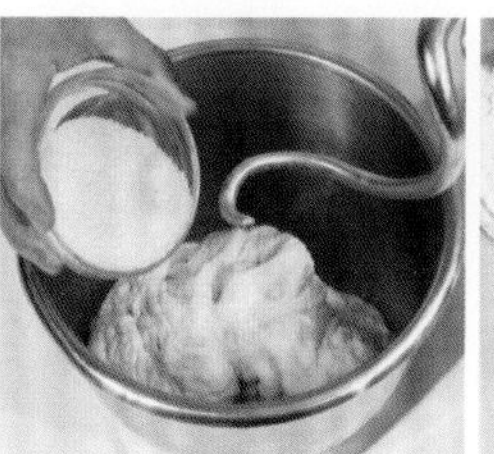

3 把种面、砂糖、清水、蜂蜜拌至糊状。

4 加入高筋面粉、奶粉、改良剂，慢速拌均匀后，转快速搅拌。

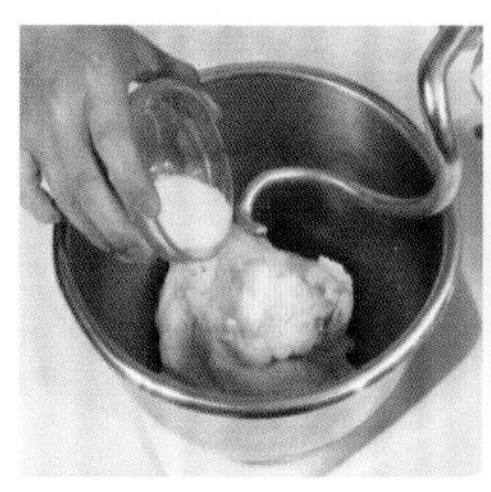

5 拌至面团七八成筋度后，加入奶油、食盐、蛋糕油慢速拌匀，转快速搅拌至面筋扩展。

6 盖上保鲜膜松弛15分钟，温度33℃，湿度80%。

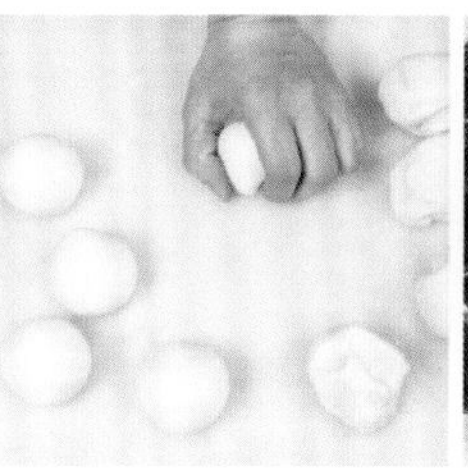

7 把松弛好的面团分割成60克/个，滚圆。

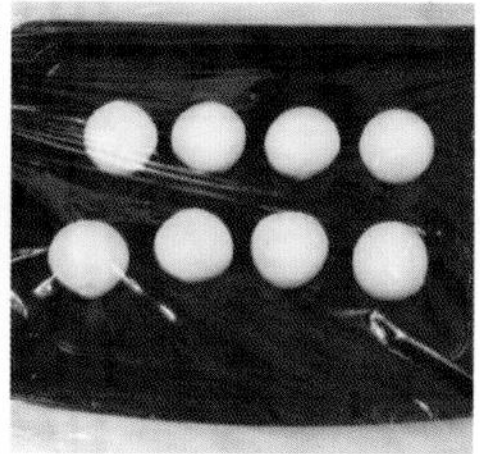

8 将面团摆上烤盘，松弛15分钟。

9 把香菇鸡馅部分的所以原料混合炒熟，即成香菇鸡馅。

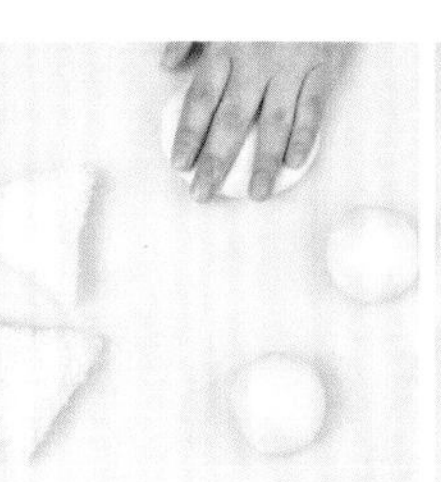

10 将松弛好的面团用手压扁、排气。

11 将香菇鸡馅包入面团中，包成三角形，粘上面包糠，常温发酵90分钟左右。

12 待发至原面团2倍大时，放入热油锅炸，油温165~180℃,炸至两面金黄色即成。

制作指导

炸香菇鸡面包时，颜色不要太深。

酸甜香软：

蓝莓菠萝面包

所需时间
180 分钟左右

材料 Ingredient

高筋面粉	2500克	奶粉	100克	菠萝皮	适量
砂糖	275克	清水	1250克	蓝莓酱	适量
全蛋	250克	改良剂	9克	糖粉	适量
奶油	265克	炼奶	150克		
酵母	25克	食盐	25克		

做法 Recipe

1 将高筋面粉、酵母、改良剂、奶粉和砂糖拌匀。

2 加入炼奶、全蛋和清水慢速拌匀，再快速搅拌至七八成筋度。

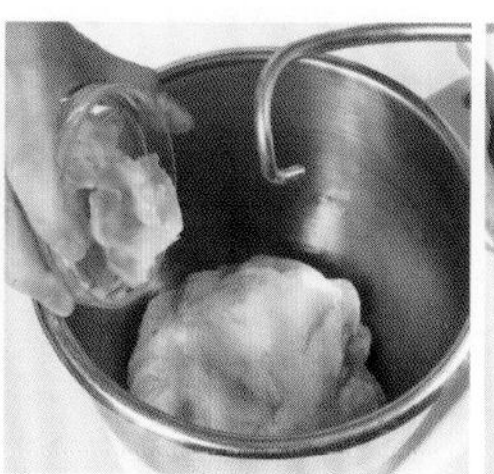

3 最后加入奶油、食盐慢速拌匀。

4 快速搅拌至拉出薄膜状。

5 基础发酵25分钟，温度32℃，湿度75%。

6 将发酵好的面团分割成65克/个。

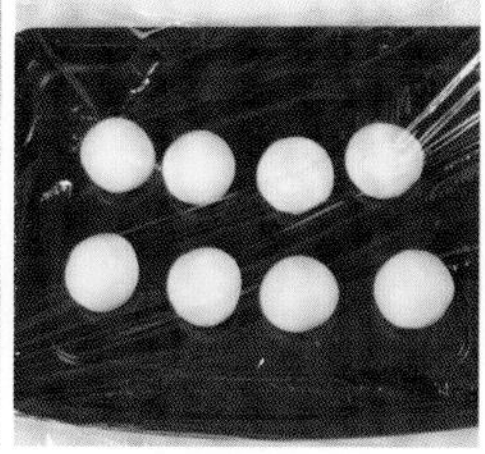

7 将小面团滚圆，松弛20分钟。

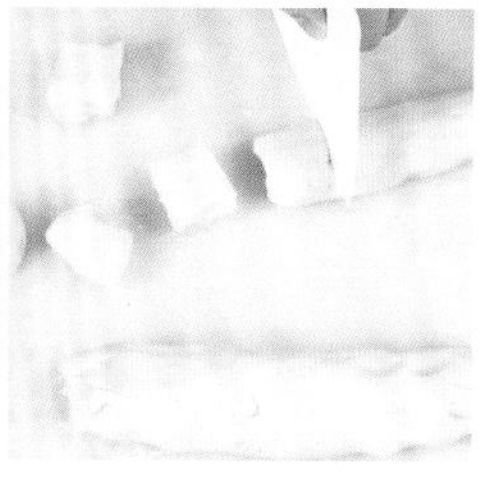

8 把菠萝皮分成小段。

9 把菠萝皮滚圆排气后，裹在面团外面。

10 放入烤盘，将小模具压在面团上。

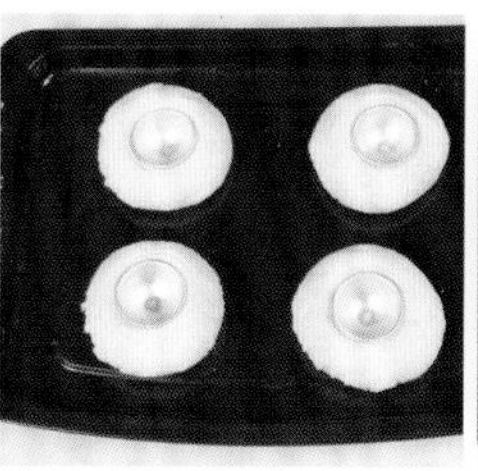

11 常温发酵至2~2.5倍，即可入炉烘烤，上火185℃，下火160℃，大约烤15分钟。

12 烤好后出炉，拿开小模具，挤上蓝莓酱，撒上糖粉即可。

制作指导

压模具时，不要把面团底部压破。

护眼防衰老:

虾仁玉米面包

所需时间
130 分钟左右

材料 Ingredient

面团

高筋面粉	500克
奶粉	20克
全蛋	55克
奶油	55克
酵母	5克
奶香粉	3克
清水	265克
蛋糕油	3克
改良剂	1.5克
砂糖	45克
食盐	10克

虾仁玉米馅

虾仁	50克
玉米粒	150克

其他材料

沙拉酱	50克
青椒碎	适量
胡萝卜碎	适量

做法 Recipe

1 将面团部分的高筋面粉、酵母、改良剂、奶粉、奶香粉和砂糖慢速拌匀。

2 加入部分全蛋和清水慢速拌匀，再转快速搅拌。

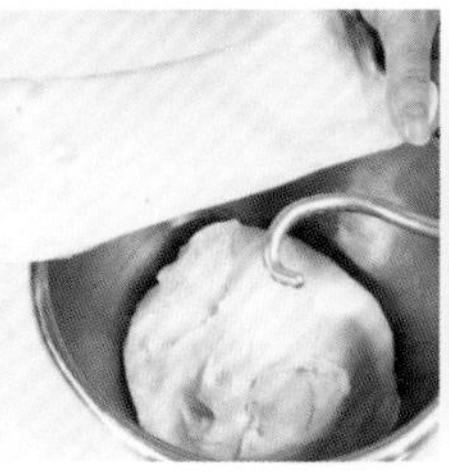

3 加入奶油、蛋糕油、食盐慢速拌匀，后转快速，搅拌至面筋扩展。

4 松弛20分钟，温度32℃，湿度78%，即成主面团。

5 将松弛好的面团分割成65克/个，滚圆。

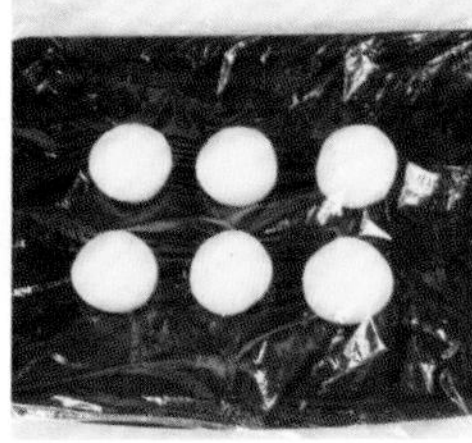

6 盖上保鲜膜，发酵约20分钟。

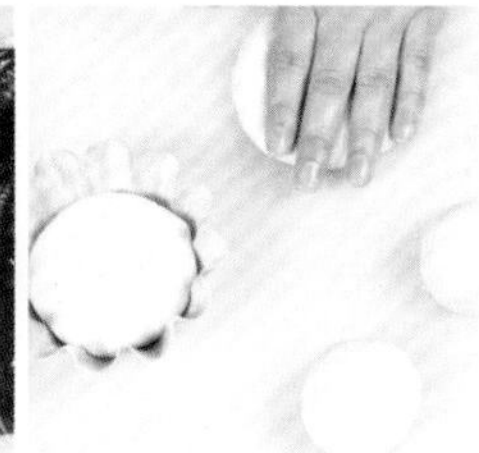

7 将发酵好的面团压扁排气，备用。

8 将虾仁玉米馅的所有材料搅拌均匀，包入面团中。

9 压扁放入模具，再放入烤盘，入醒发柜醒发60分钟，温度37℃，湿度70%。

10 在醒发好的面团上划上几刀。

11 扫上全蛋液，表面放上青椒碎和胡萝卜碎装饰。

12 挤上沙拉酱，入炉烘烤，上火180℃，下火195℃，大约烤15分钟出炉即成。

制作指导

模具中可扫上固态奶油。

提高免疫力：

鸡肉芝士面包

所需时间
160 分钟左右

材料 Ingredient

面团	
高筋面粉	1250克
砂糖	85克
鲜奶油	25克
酵母	16克
奶粉	50克
食盐	25克
改良剂	3.5克
全蛋	100克
奶油	120克

香菇鸡馅	
香菇	100克
砂糖	10克
鸡肉	175克
鸡精	3克
食盐	2克
清水	25克
生抽	15克
玉米淀粉	7.5克

其他材料	
芝士丝	适量
沙拉酱	适量

做法 Recipe

1 将面团部分的高筋面粉、酵母、改良剂、奶粉和砂糖拌匀。

2 加入部分全蛋和清水慢速拌匀，转快速搅拌2分钟。

3 最后加入奶油、食盐和鲜奶油慢速拌匀，再快速搅拌至面筋扩展。

4 松弛20分钟，温度30℃，湿度80%。

5 将松弛好的面团分割成65克/个。

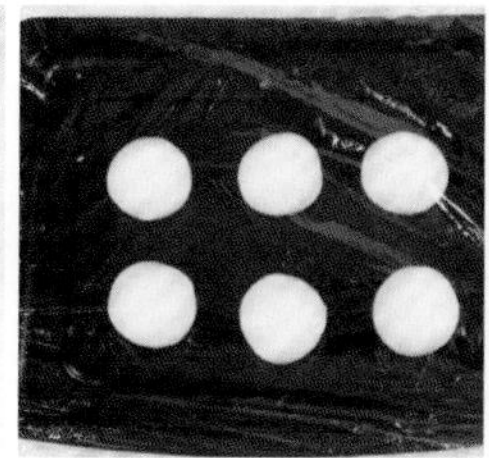

6 滚圆至光滑，松弛20分钟。

7 将香菇鸡馅的所有原料炒熟，盛出。

8 将松弛后的小面团用手压扁、排气。

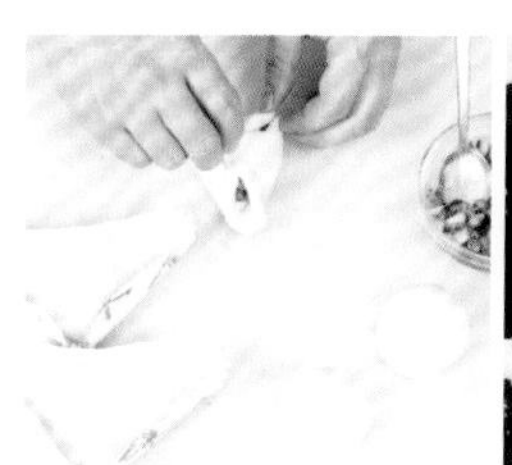

9 将香菇鸡馅包入面团中，包成三角形，放入模具。

10 排上烤盘，进发酵箱，醒发85分钟，温度37℃，湿度75%。

11 在醒发好的面团上扫上全蛋液，放上芝士丝。

12 挤上沙拉酱，入炉烘烤，上火185℃，下火165℃，时间大约15分钟，烤好后出炉即可。

制作指导

要等馅凉透后才可包。

蒜香浓郁：

蒜蓉面包

所需时间
150 分钟左右

材料 Ingredient

面团				蒜蓉馅	
高筋面粉	2500克	砂糖	235克	奶油	150克
奶粉	110克	鲜奶油	适量	蒜蓉	45克
清水	1300克	改良剂	适量	食盐	1克
奶油	265克	全蛋	适量	**其他材料**	
酵母	25克	食盐	适量	干葱	15克

做法 Recipe

1 将面团部分的高筋面粉、酵母、改良剂、奶粉、砂糖慢速拌均匀。

2 加入部分全蛋、清水，慢速搅拌均匀后，转快速打2~3分钟。

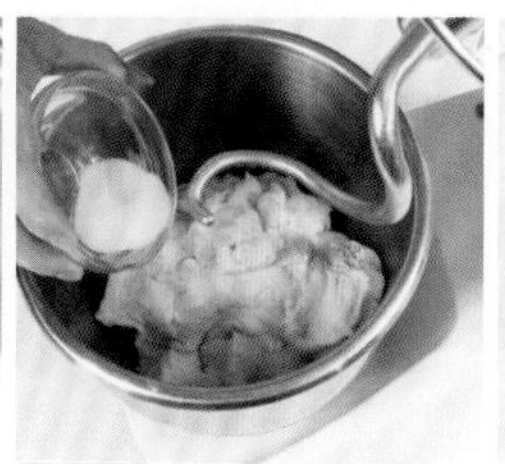

3 加入奶油、食盐、鲜奶油慢速拌匀。

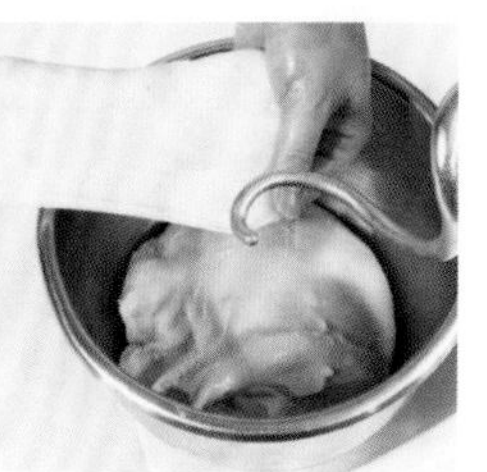

4 转快速搅拌至面筋扩展，成薄膜状。

5 盖上保鲜膜，发酵20分钟，温度31℃，湿度72%。

6 将发酵好的面团分割成70克/个。

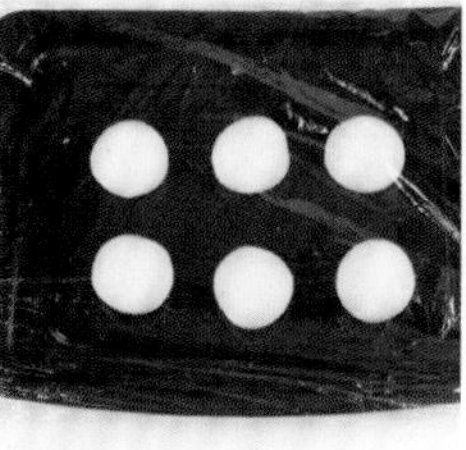

7 滚圆，盖上保鲜膜，发酵20分钟。

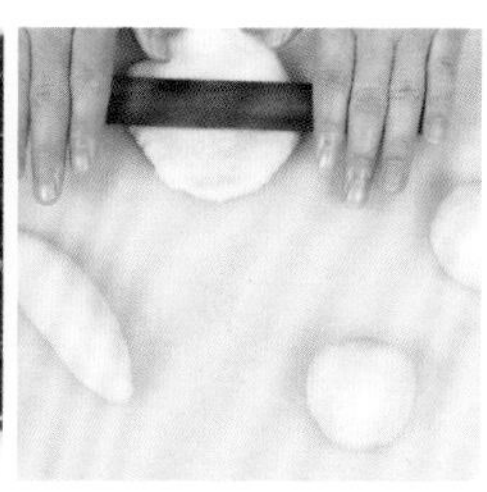

8 将发酵好的面团用擀面杖擀开、排气。

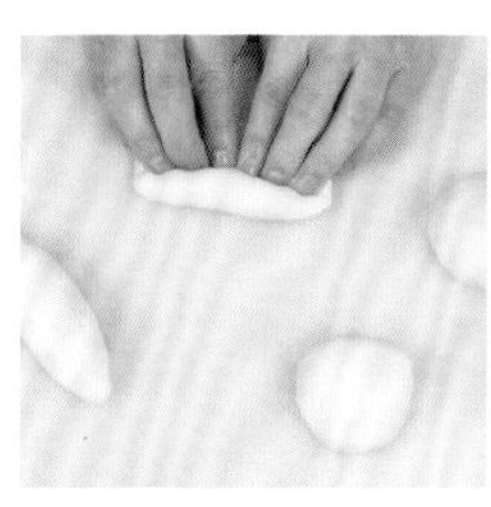

9 卷成橄榄形。

10 放入烤盘，入发酵箱，发酵90分钟，温度33℃，湿度72%。

11 发至原面团3倍大，扫上全蛋液，中间划一刀。

12 在中间撒上干葱后，挤上拌好的蒜蓉馅，入炉烘烤，时间大约15分钟，烤好后出炉即可。

制作指导

搅拌好的面团温度为26℃左右。

甜点中的“明星”：

菠萝提子面包

所需时间
200 分钟左右

材料 Ingredient

面团				菠萝皮	
高筋面粉	500克	全蛋	60克	奶油	250克
奶粉	13克	奶油	50克	糖粉	215克
清水	125克	改良剂	2克	全蛋	75克
食盐	5克	鲜奶	100克	奶香粉	3克
酵母	6克	鲜奶油	25克	低筋面粉	适量
砂糖	85克	提子干	165克		

做法 Recipe

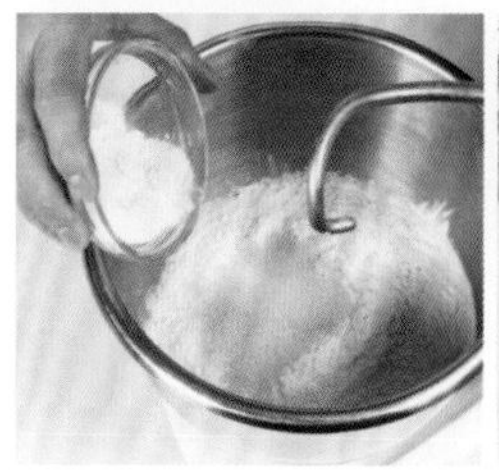

1 将面团部分的高筋面粉、酵母、改良剂、奶粉、砂糖拌匀。

2 加入鲜奶、全蛋和清水慢速拌匀，转快速搅拌2分钟左右。

3 加入奶油、食盐和鲜奶油慢速拌匀。

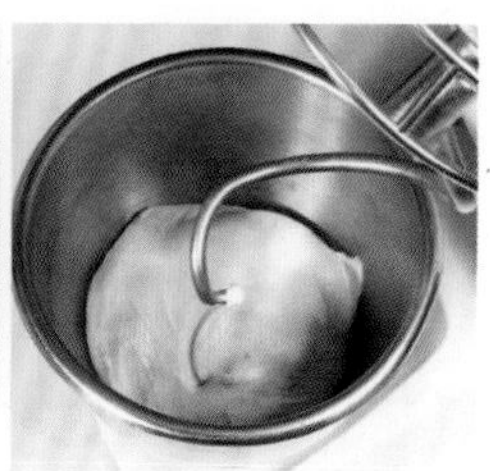

4 快速搅拌至面筋扩展。

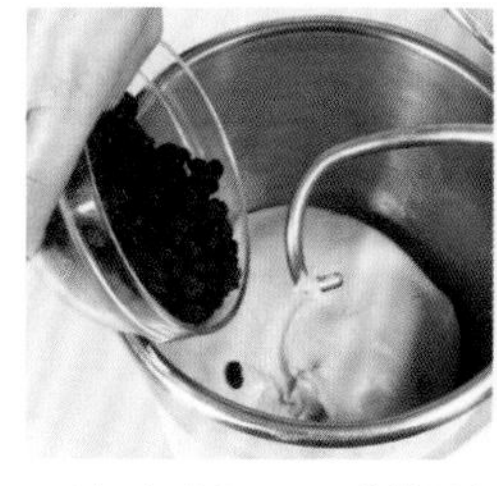

5 加入提子干，以慢速拌匀。

6 松弛25分钟，温度30℃，湿度75%。

7 把松弛好的面团分成65克/个。

8 滚圆，松弛20分钟。

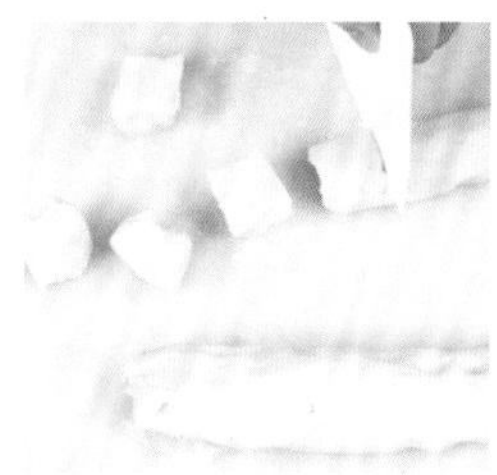

9 把菠萝皮的所有材料拌匀，分成均匀等份，将面团排气。

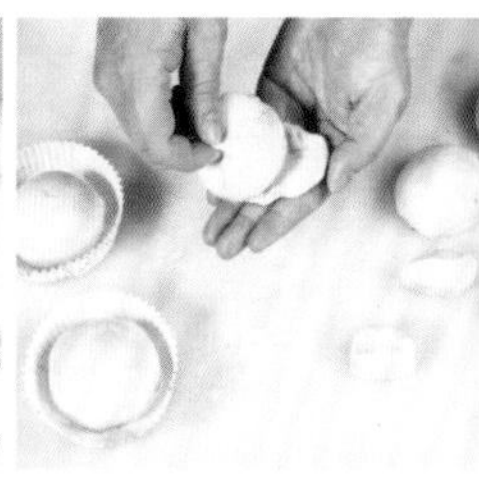

10 压扁菠萝皮，包在面团外面，放入模具。

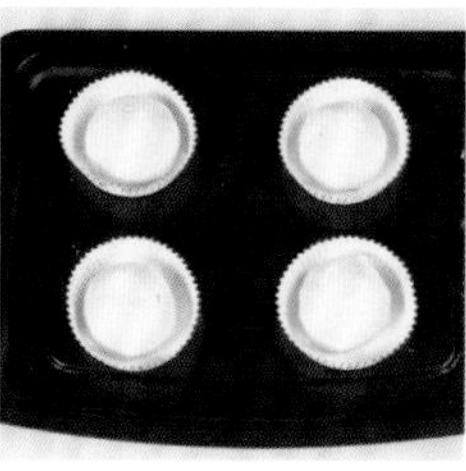

11 排入烤盘，常温醒发，发至原面团2~3倍大。

12 放入烤箱烘烤15分钟，上火185℃，下火165℃，烤好后出炉即可。

制作指导

造型时，要把菠萝皮均匀包在面团表面。

营养丰富全面：

香芹热狗面包

所需时间
135 分钟左右

材料 Ingredient

高筋面粉	750克	低筋面粉	150克	改良剂	45克
砂糖	55克	酵母	10克	食盐	18克
全蛋	100克	清水	370克	热狗肠	75克
奶油	90克	香芹末	150克	葱花	10克
培根丝	50克	甜老面	150克		

做法 Recipe

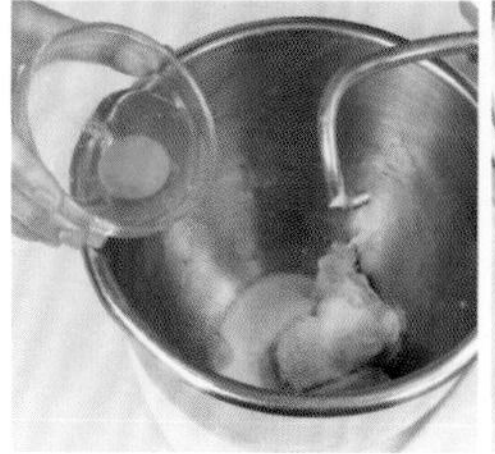

1 先把砂糖、部分全蛋、清水、甜老面拌至糖溶化。

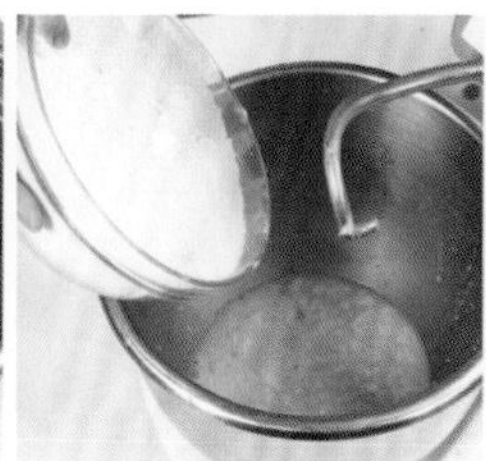

2 加入高筋面粉、低筋面粉、酵母和改良剂，慢速拌匀。

3 快速搅拌2分钟，加入奶油、食盐慢速拌匀，再快速拌至面筋完全扩展。

4 将香芹末略加拌炒，和培根丝一起加入步骤3中，慢速拌匀。

5 盖上保鲜膜，松弛25分钟。

6 将松弛好的面团分成70克/个，滚圆至光滑。

7 盖上保鲜膜，松弛20分钟，温度31℃，湿度70%。

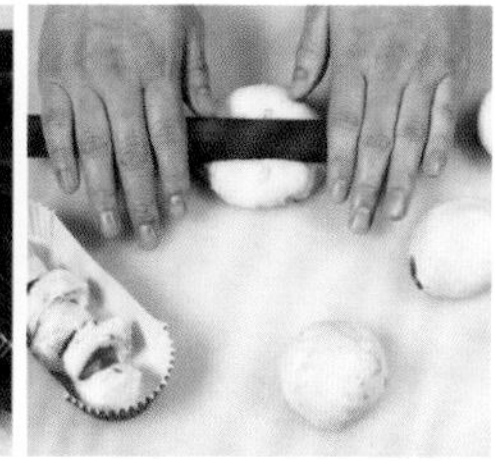

8 将松弛好的面团用擀面杖压扁、排气。

9 放上热狗肠，卷成长条，用刀切4刀后，放入模具内。

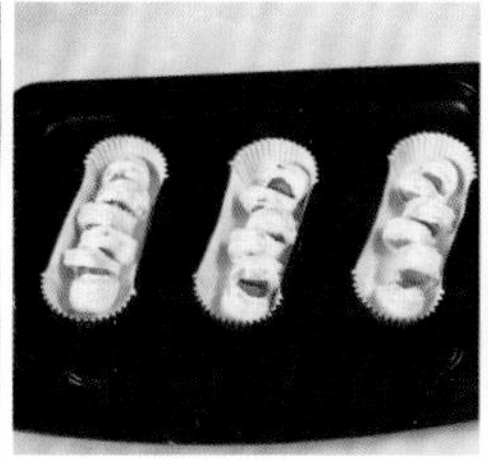

10 入烤盘，放入醒发箱，醒发90分钟，温度38℃，湿度75%。

11 给醒发好的面团扫上全蛋液，撒上葱花。

12 入炉烘烤15分钟左右，上火190℃，下火165℃，烤熟透即可出炉。

制作指导

不要把面团切断。

营养早餐：

全麦芝士面包

所需时间 145分钟左右

材料 Ingredient

高筋面粉	1300克	即溶吉士粉	65克	芝士片	40克
改良剂	5克	砂糖	55克	杏仁片	18克
乙基麦芽粉	5.5克	食盐	33克	全蛋液	适量
清水	825克	酵母	19克		
全麦粉	370克	奶油	100克		

做法 Recipe

1 把高筋面粉、全麦粉、酵母、改良剂、砂糖、即溶吉士粉、乙基麦芽粉慢速拌匀。

2 加入清水慢速拌匀，转快速拌至七八成筋度。

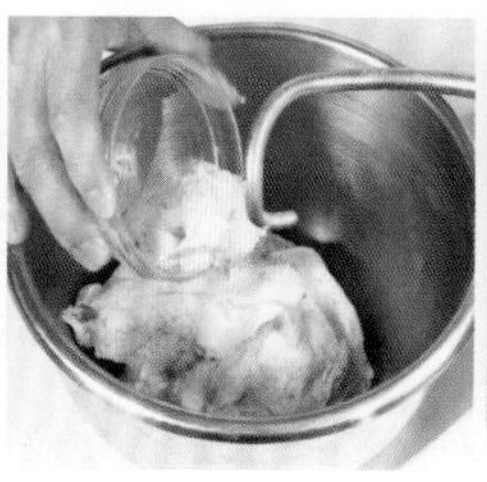

3 加入奶油、食盐慢速拌匀，转快速。

4 待面筋扩展后盖上保鲜膜，将面团松弛20分钟，温度36℃，湿度75%。

5 将松弛好的面团分成85克/个，滚圆至光滑。

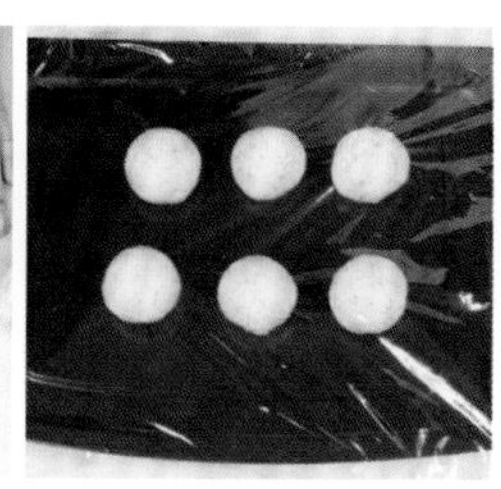

6 盖上保鲜膜，松弛20分钟，温度30℃，湿度75%。

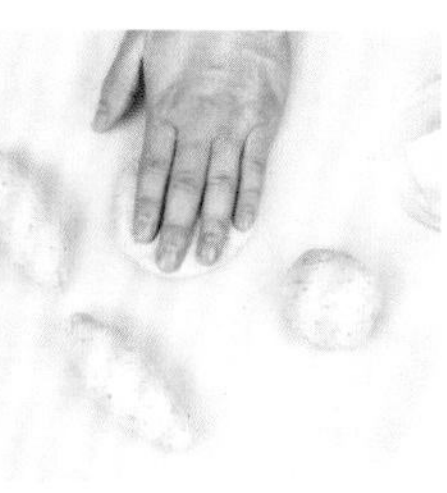

7 将松弛好的面团用手掌压扁、排气。

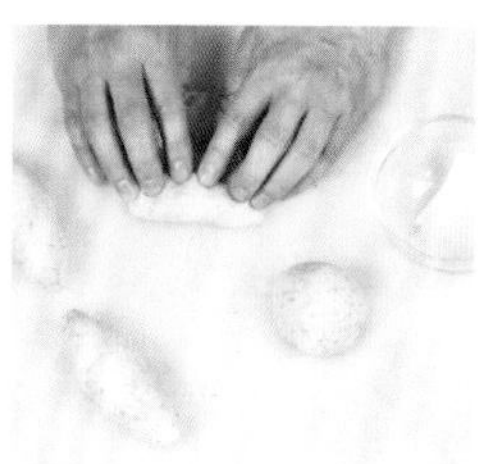

8 放上芝士片，卷成橄榄形。

9 放上烤盘，放入醒发箱，醒发90分钟，温度38℃，湿度75%。

10 将醒发好的面团用刀划三刀。

11 扫上全蛋液，撒上杏仁片。

12 入炉烘烤15分钟左右，上火180℃，下火160℃，烤熟后出炉即可。

制作指导

用刀划时露出芝士即可，不要划得太深。

补肾强身：

乳酪枸杞面包

所需时间
170分钟左右

材料 Ingredient

高筋面粉	750克	全蛋	100克	枸杞	150克
砂糖	135克	食盐	8克	芝士丝	12克
奶油	85克	改良剂	3.5克	沙拉酱	10克
酵母	8克	清水	360克		

做法 Recipe

1 先把高筋面粉、酵母、改良剂、砂糖慢速拌匀。

2 加入部分全蛋、清水，慢速拌匀后，转快速拌至面筋扩展。

3 加入奶油、食盐慢速拌匀，转快速拌至面筋完全扩展。

4 加入部分枸杞，慢速拌均匀。

5 盖上保鲜膜，松弛25分钟。

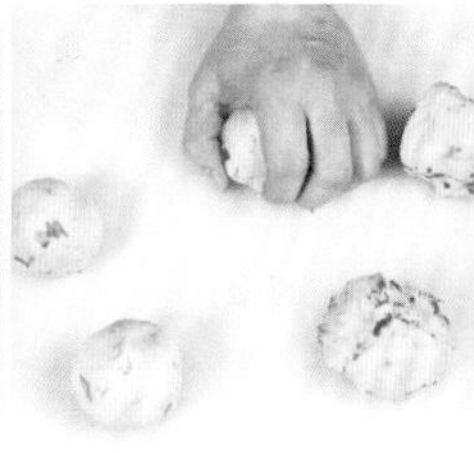

6 将松弛好的面团分成70克/个，滚圆。

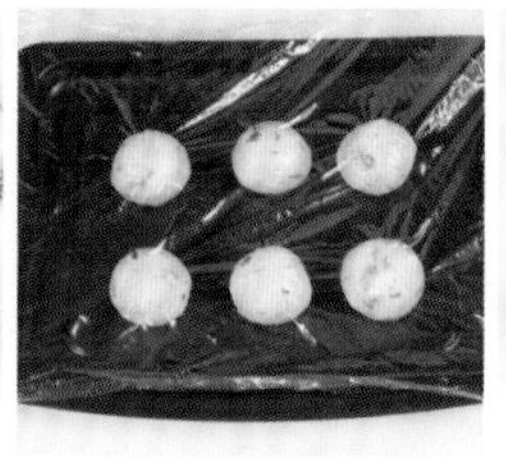

7 排入烤盘，发酵20分钟，温度38℃，湿度72%。

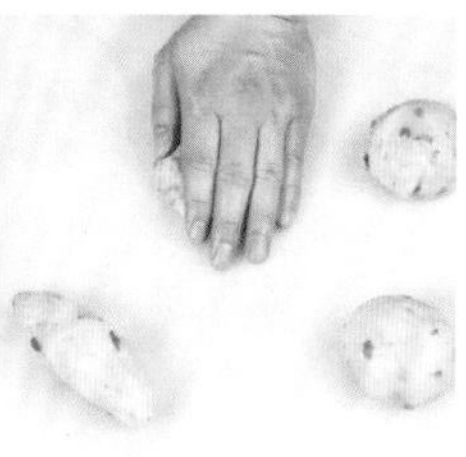

8 将发酵好的面团用手压扁、排气。

9 卷成橄榄形，放入醒发箱，醒发90分钟，温度35℃，湿度72%。

10 待醒发至原体积2~2.5倍，扫上全蛋液。

11 中间划一刀，撒上剩余枸杞，放上芝士丝，挤上沙拉酱。

12 入炉烘烤13分钟左右，上火180℃，下火165℃，烤好后出炉即可。

制作指导

枸杞要泡软后再使用。

补血养颜：

红糖提子面包

所需时间
150 分钟左右

材料 Ingredient

高筋面粉	1250克	红糖	245克	奶油	130克
奶粉	45克	食盐	12克	提子干	适量
清水	650克	改良剂	4.5克	瓜子仁	适量
酵母	135克	全蛋	100克		

做法 Recipe

1 把红糖、清水、部分全蛋慢速拌匀。

2 加入高筋面粉、酵母、改良剂、奶粉慢速拌匀，转快速拌2~3分钟。

3 加入奶油、食盐慢速拌匀，转快速拌至薄膜状。

4 盖上保鲜膜，松弛20分钟，温度32℃，湿度72%。

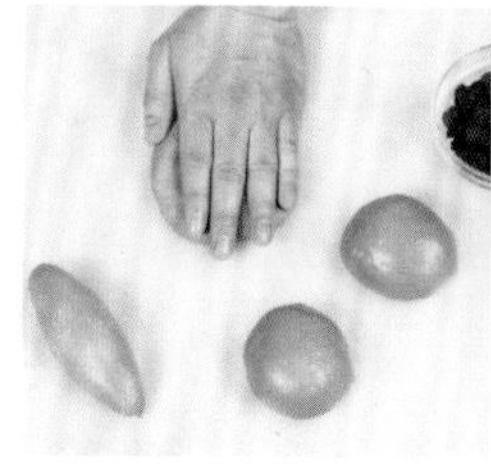

5 把松弛好的面团分成80克/个。

6 滚圆，松弛20分钟。

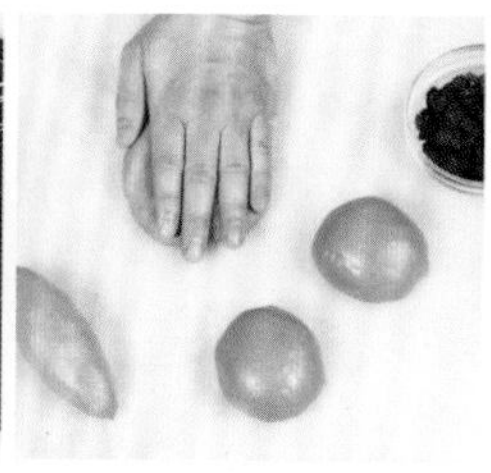

7 将松弛好的面团压扁、排气。

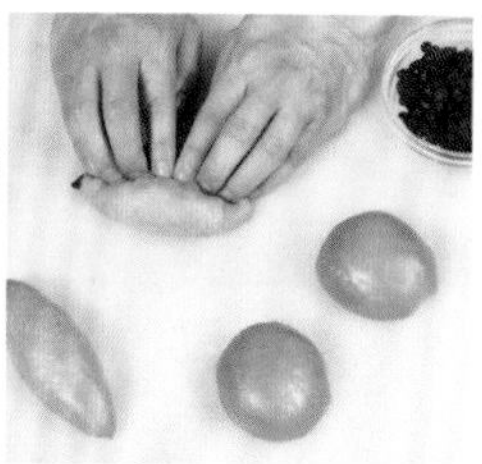

8 放入提子干，卷成橄榄形。

9 放上烤盘，入发酵箱发酵90分钟，温度38℃，湿度70%。

10 待发酵至原体积3倍大，划几刀。

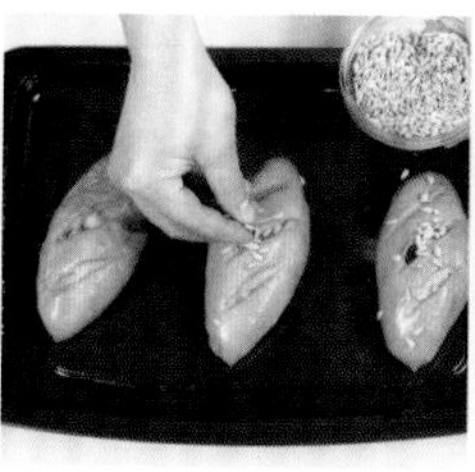

11 扫上全蛋液，撒上瓜子仁。

12 入炉烘烤13分钟左右，上火185℃，下火165℃,烤好出炉即可。

制作指导

不要搅拌过度，搅拌好的面团温度为28℃。

酸甜酥软：

番茄牛角面包

所需时间
240 分钟左右

材料 Ingredient

高筋面粉	850克	改良剂	3.5克	食盐	16克
低筋面粉	100克	蛋黄	35克	奶油	65克
砂糖	100克	鲜奶	85克	片状酥油	250克
酵母	13克	番茄汁	365克	全蛋液	适量

做法 Recipe

1 将高筋面粉、低筋面粉、砂糖、酵母、改良剂拌匀。

2 加入蛋黄、鲜奶和番茄汁慢速拌匀，转快速搅拌3分钟。

3 最后加入食盐和奶油慢速拌匀，快速搅拌至面团光滑。

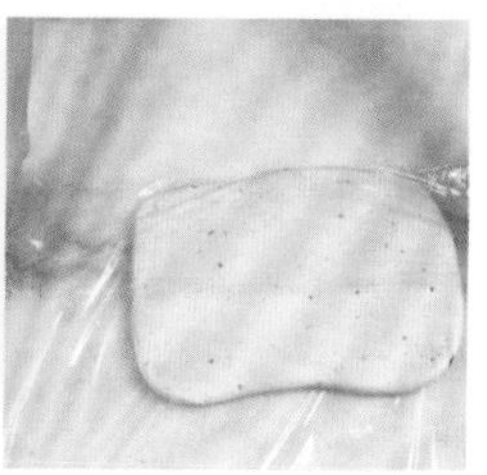

4 用手压成长方形，再用保鲜膜包好，放入冰箱冷冻40分钟以上。

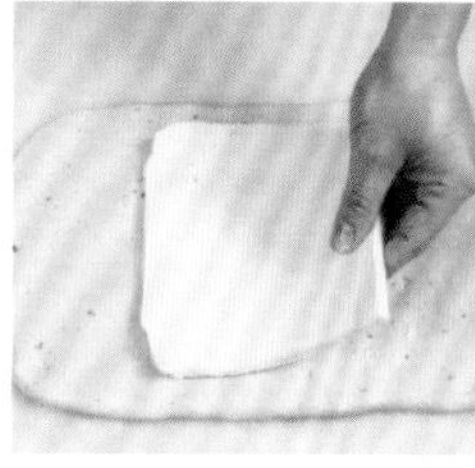

5 用通槌擀开，放上片状酥油。

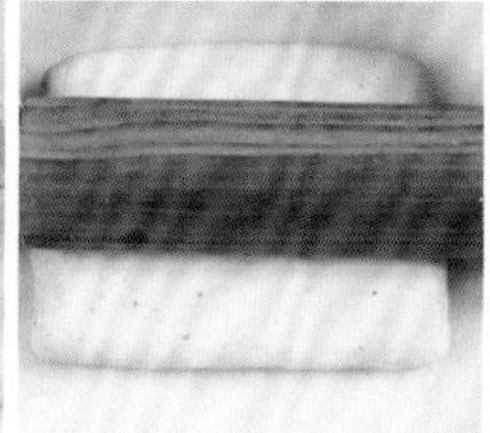

6 将片状酥油包在面团里面，擀开成长方形。

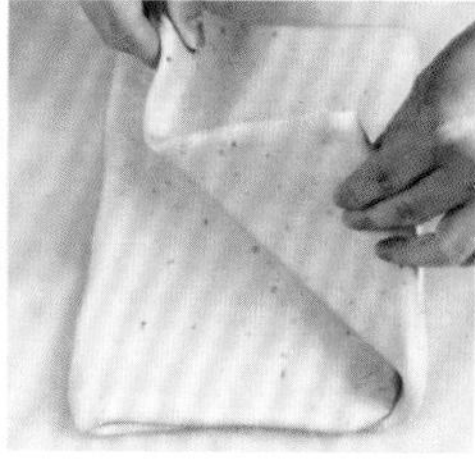

7 叠成3折，放入冰箱冷藏。再擀开，折叠，冷藏，如此操作3次。

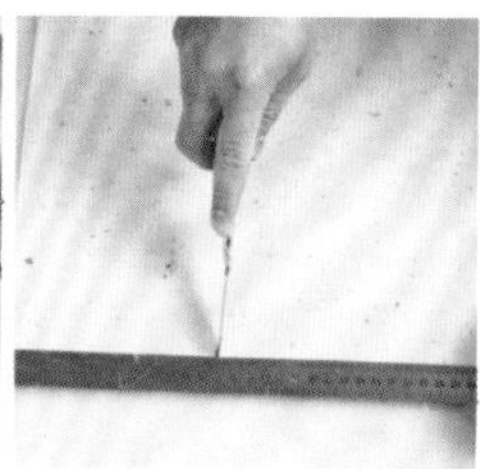

8 擀开后，用尺子量好约12厘米。

9 斜角切开。

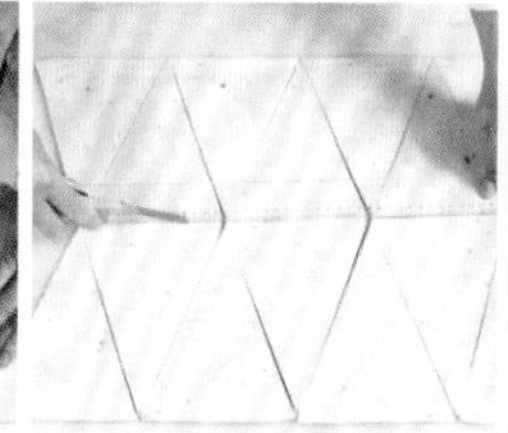

10 中间划开，成等腰三角形。

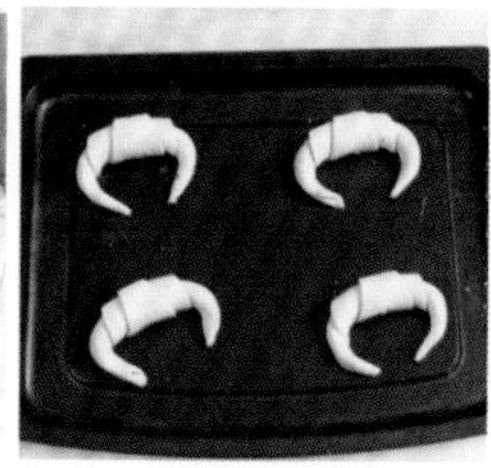

11 稍微拉长面团，卷起成形，入醒发箱，醒发60分钟，温度35℃，湿度75%。

12 将醒发好的面团扫上全蛋液，入炉烘烤16分钟，上火195℃，下火160℃，烤好出炉即可。

制作指导

卷成形时要卷松一点。

面包中的“情侣”：

蝴蝶丹麦面包

所需时间
180 分钟左右

材料 Ingredient

高筋面粉	1250克	纯牛奶	210克	食盐	22克
低筋面粉	450克	冰水	455克	奶油	175克
砂糖	200克	酵母	18克	片状酥油	适量
全蛋	200克	改良剂	5克		

做法 Recipe

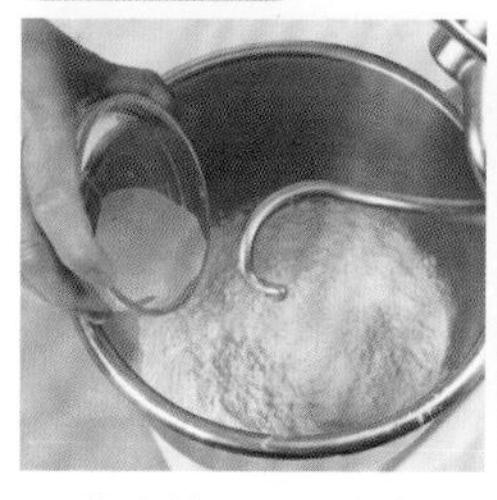

1 将高筋面粉、低筋面粉、部分砂糖、酵母、改良剂慢速拌匀。

2 加入部分全蛋、纯牛奶、冰水慢速拌匀后，转快速拌2分钟。

3 加入食盐、奶油慢速拌匀后，转快速打2分钟。

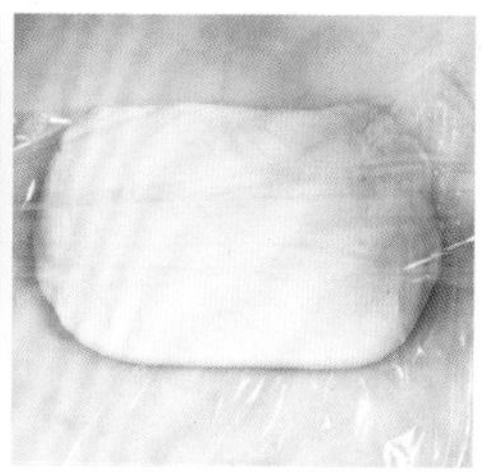

4 用手压扁成长方形，用保鲜膜包好，放入冰箱冷冻30分钟。

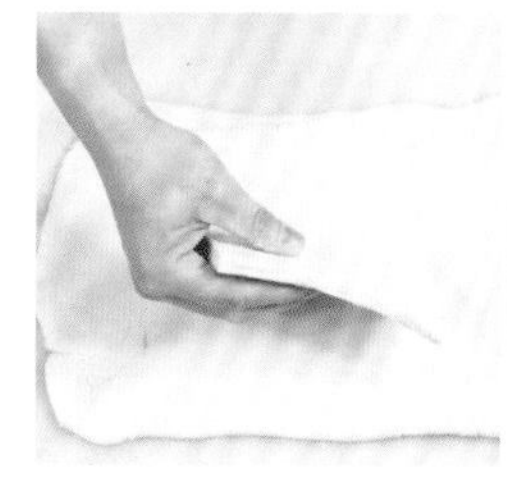

5 用通槌擀宽、擀长，放上片状酥油。

6 包好，并捏紧收口，用通槌擀宽、擀长。

7 叠3下，入冰箱冷藏30分钟以上。再擀开，折叠，冷藏，如此重复3次。

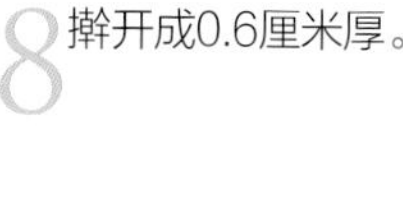

8 擀开成0.6厘米厚。

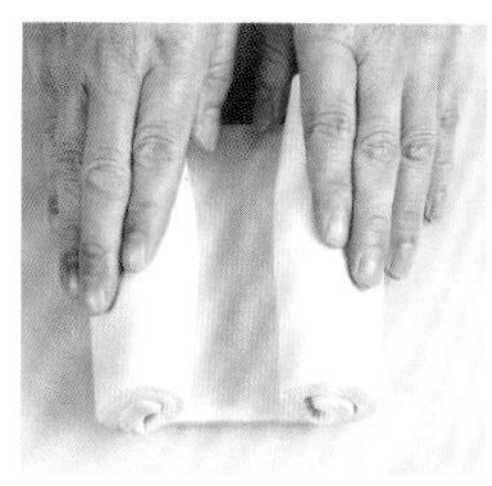

9 扫上全蛋液，两边卷起，成形，入冰箱冷冻至硬。

10 切开，均匀等分，粘上砂糖，放入模具。

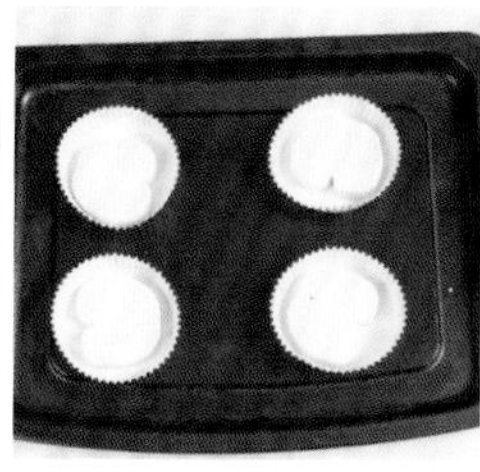

11 入发酵箱，醒发60分钟，温度36℃，湿度72%。

12 入炉烘烤约15分钟，上火185℃，下火165℃，烤好出炉即可。

制作指导

切开后要立即粘上糖，否则风干之后很难粘上。

看得见的美味：

火腿芝士丹麦面包

所需时间 270分钟左右

材料 Ingredient

高筋面粉	170克	蛋黄	65克	火腿	适量
低筋面粉	200克	鲜奶	170克	芝士	适量
砂糖	185克	番茄汁	745克	片状酥油	适量
酵母	20克	食盐	31克	全蛋液	适量
改良剂	5克	奶油	125克		

做法 Recipe

1 将高筋面粉、低筋面粉、砂糖、酵母、改良剂慢速拌匀。

2 加入蛋黄、鲜奶、番茄汁慢速拌匀，转快速拌2分钟。

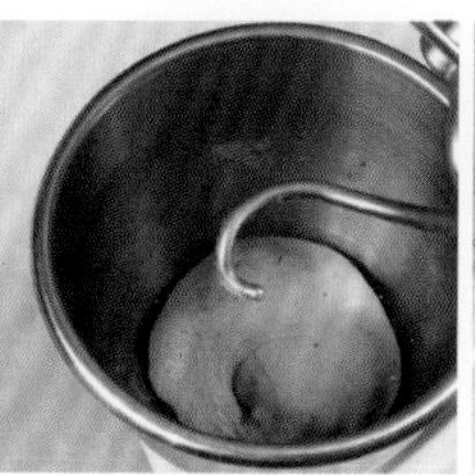

3 加入食盐、奶油慢速拌匀，转快速拌至面团光滑。

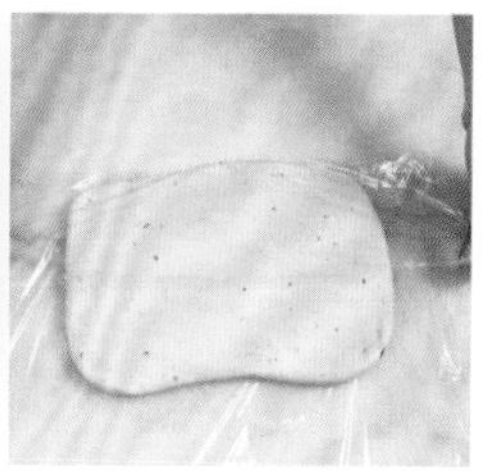

4 将面团压扁成长方形，用保鲜膜包好，放入冰箱冷冻30分钟以上。

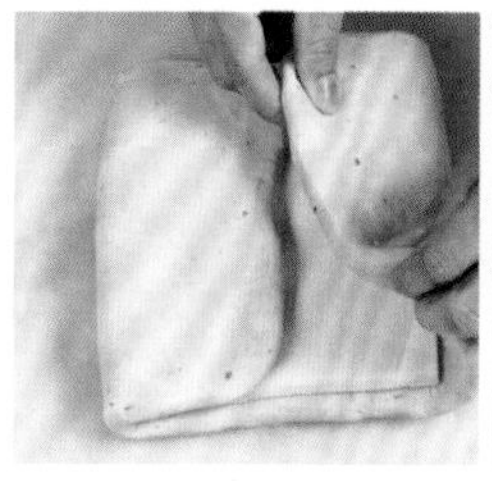

5 用通槌擀宽，放上片状酥油，包好捏紧收口。

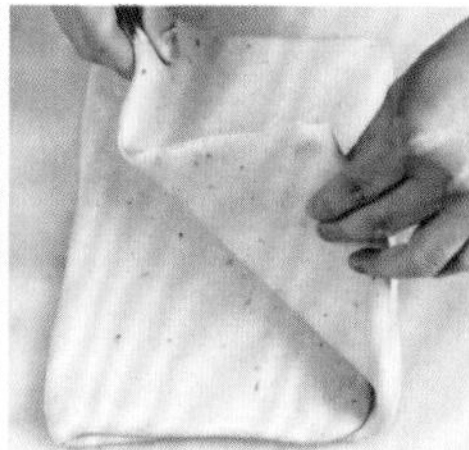

6 用通槌擀宽、擀长。叠3下，进冰箱冷藏30分钟以上。再擀开，折叠，冷藏，如此重复3次。

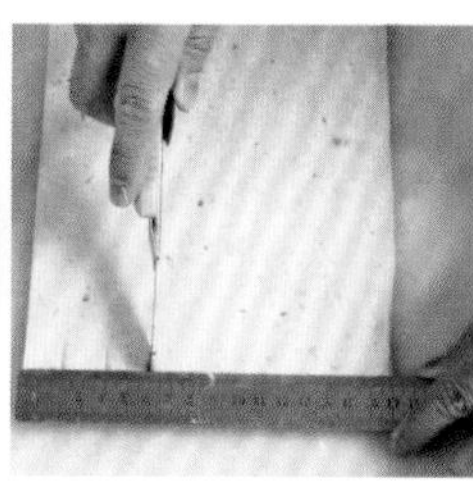

7 擀成0.6厘米厚的片，宽度为2厘米。

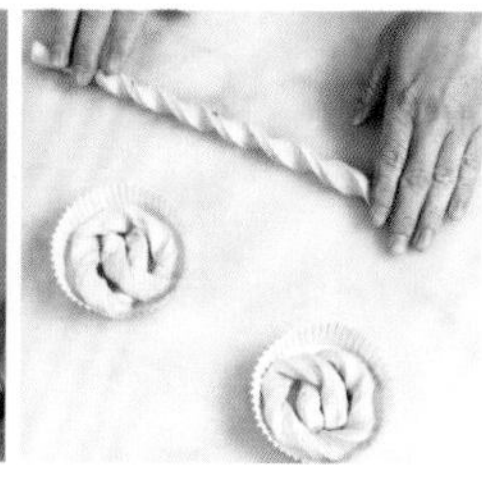

8 用刀分成长条，扭成形。

9 整好形，放入模具。

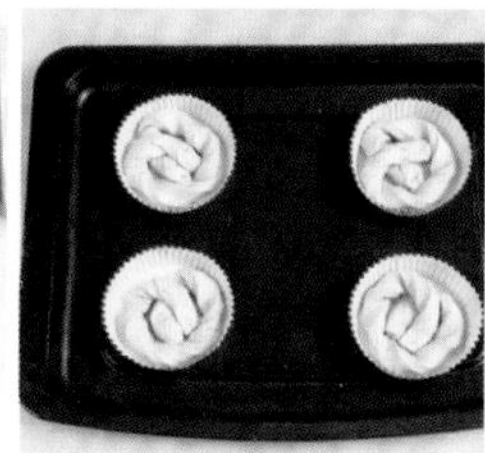

10 入发酵箱，醒发60分钟，温度32℃，湿度72%。

11 在发酵好的面团上扫上全蛋液，放上火腿、芝士。

12 挤上沙拉酱，入炉烘烤15分钟，上火185℃，下火165℃，烤好出炉即可。

制作指导

松弛好的面团和酥油的软硬度要一致。

耐人寻味：

椰奶提子丹麦面包

所需时间
240分钟左右

材料 Ingredient

面团

砂糖	50克
鲜奶	100克
全蛋	80克
清水	125克
高筋面粉	425克
低筋面粉	75克
酵母	7.5克
改良剂	1克
食盐	9克
奶油	50克

椰奶提子馅

奶油	80克
砂糖	100克
鲜奶	15克
奶粉	15克
椰子粉	145克
提子干	55克

其他材料

杏仁片	适量
片状酥油	250克
全蛋液	适量

做法 Recipe

1 将馅部分的砂糖、奶油、鲜奶拌匀，再加入奶粉、椰子粉、提子干拌匀，即成椰奶提子馅，备用。

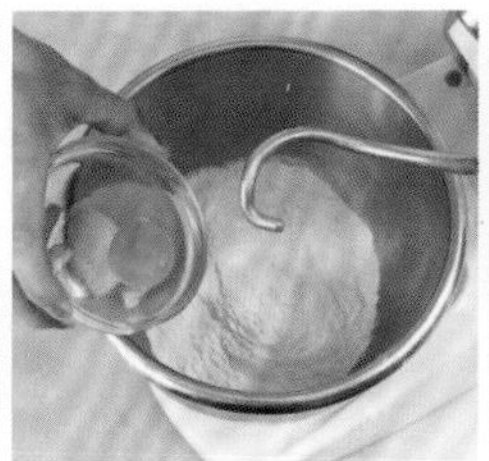

2 将面团部分的高筋面粉、低筋面粉、砂糖、鲜奶、部分全蛋、清水、酵母和改良剂拌匀。

3 加入奶油和食盐慢速拌匀，快速搅拌至面团光滑。

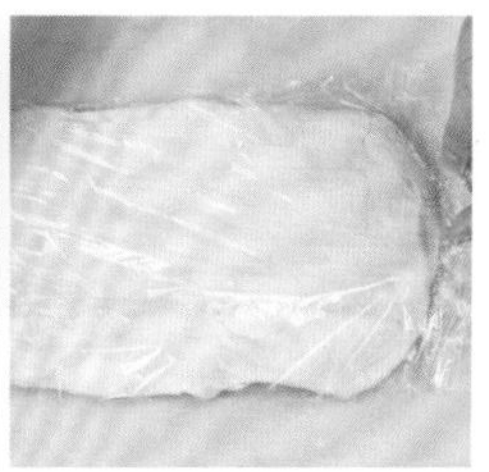

4 压扁成长方形，用保鲜膜包好，放入冰箱冷冻30分钟以上。

5 擀开、擀长，放上片状酥油。

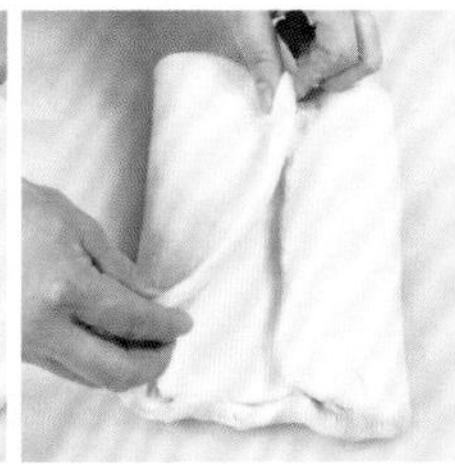

6 将片状酥油包在里面，捏紧收口。

7 擀开、擀长，叠3下，用保鲜膜包好放进冰箱，冷藏30分钟以上。再擀开，折叠，冷藏，如此3次。

8 擀开、擀薄至厚0.5厘米，宽10厘米，长12.5厘米。

9 用刀切开，扫上全蛋液。

10 放上椰奶提子馅，折起用刀切几下。

11 进发酵箱醒发60分钟，温度35℃，湿度75%。

12 扫上全蛋液，撒上杏仁片，入炉烘烤约16分钟，上火185℃，下火160℃，烤好出炉即可。

制作指导

折形时，上面的面团比下面的面团要长一点。

孩子钟爱的美食：

糖麻花面包

所需时间
250 分钟左右

材料 Ingredient

种面		主面			
高筋面粉	1750克	砂糖	200克	奶油	250克
全蛋	200克	高筋面粉	750克	蜂蜜	35克
酵母	22克	食盐	50克	改良剂	6克
清水	900克	清水	320克	蛋糕油	15克
		奶粉	85克	**其他材料**	
				细砂糖	适量

做法 Recipe

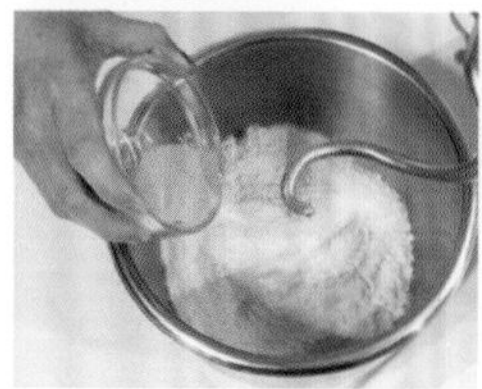

1 将种面部分的高筋面粉、酵母慢速拌均匀。

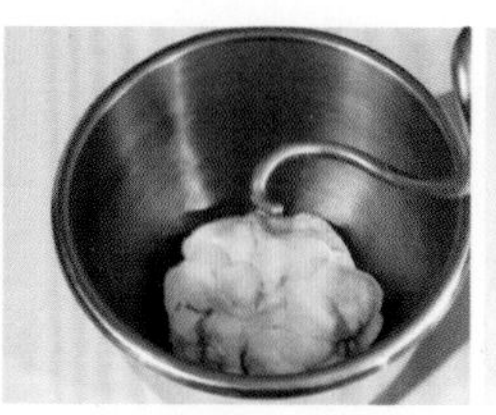

2 倒入全蛋、清水，慢速拌均匀后转快速，搅打3分钟左右。

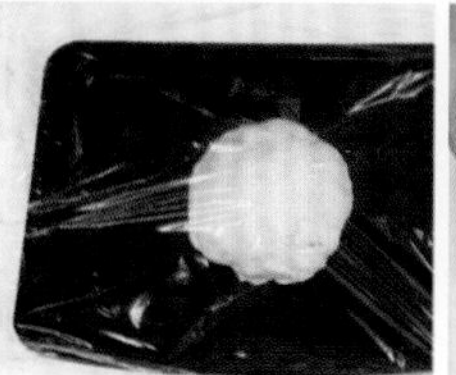

3 盖上保鲜膜，温度30℃、湿度70%，发酵2个小时后即成种面。

4 将发酵好的种面、砂糖、清水、蜂蜜快速打2分钟。

5 倒入高筋面粉、奶粉、改良剂搅拌均匀，转快速搅拌。

6 拌至表面有些光滑，倒入奶油、食盐、蛋糕油，慢速拌匀，快速打至面筋扩展。

7 盖上保鲜膜，发酵20分钟，温度32℃，湿度70%。

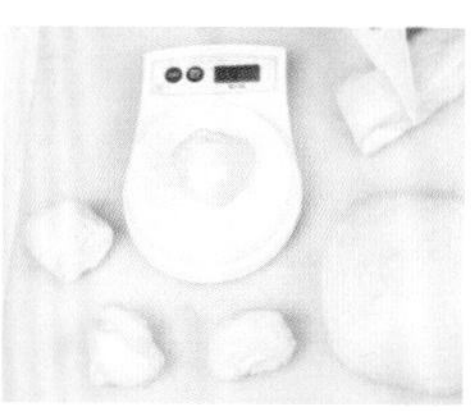

8 将发酵好的面团分割为60克/个。

9 将面团滚圆，松弛20分钟。

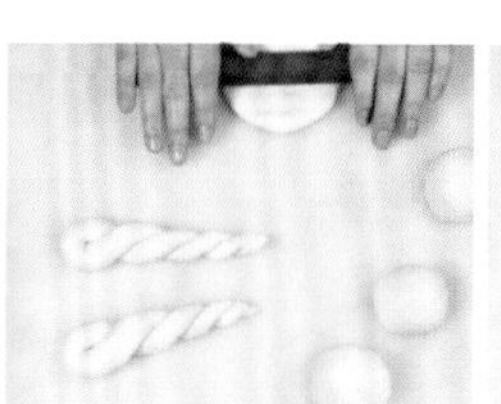

10 松弛好的面团用擀面杖压扁、排气。

11 搓成长条状，卷成形。

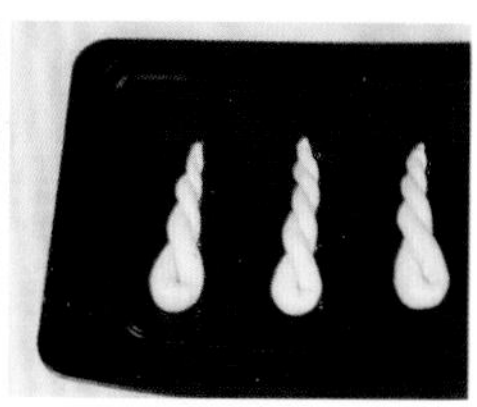

12 放入烤盘，常温发酵80分钟。

13 发酵好的面团放进油温为165℃的油锅里，炸成金黄色。

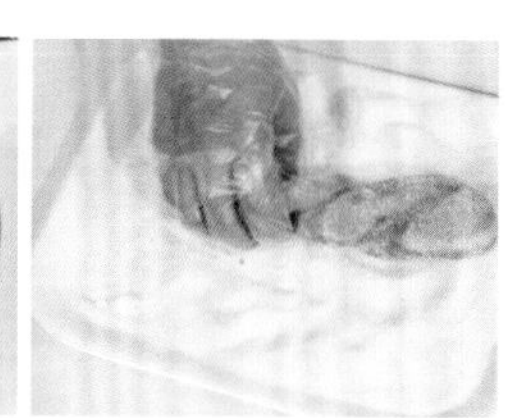

14 立即粘上细砂糖即成。

制作指导

塑形时，面团尾部要收紧。

香甜松软：

瓜子仁面包

所需时间 185分钟左右

材料 Ingredient

种面

高筋面粉	600克
酵母	10克
清水	350克

主面

高筋面粉	300克
清水	200克
奶油	10克
低筋面粉	100克
改良剂	2克
砂糖	15克
食盐	20克

其他材料

瓜子仁	适量

做法 Recipe

1 将种面部分的高筋面粉、酵母、清水慢速拌均匀。

2 转快速打2~3分钟。

3 盖上保鲜膜，发酵2小时，温度36℃，湿度71%。

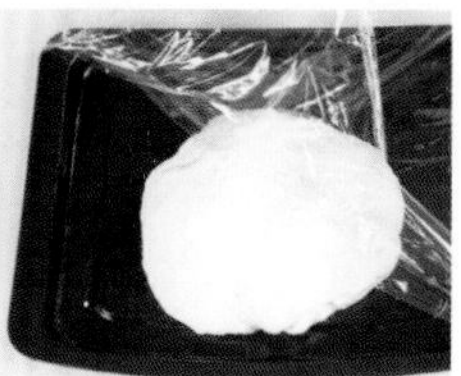

4 发至3.5倍大，即成种面面团。

5 将种面、砂糖、清水快速打2~3分钟。

6 加入高筋面粉、低筋面粉、改良剂，慢速搅拌，转快速搅拌。

7 打至七成筋度，加入食盐、奶油慢速搅拌，转快速搅至面团光滑。

8 发酵40分钟，温度35℃，湿度72%。

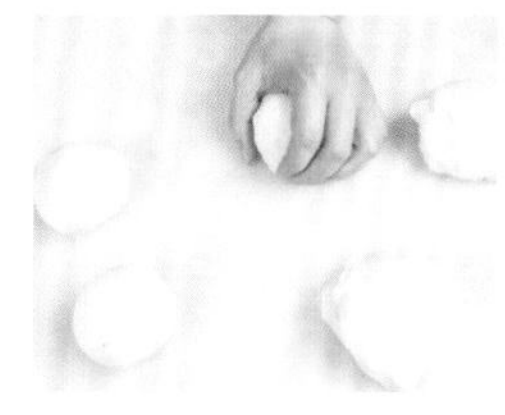

9 将发酵好的面团分割为120克/个，滚圆。

10 发酵20分钟，压扁、排气。

11 卷成橄榄形。

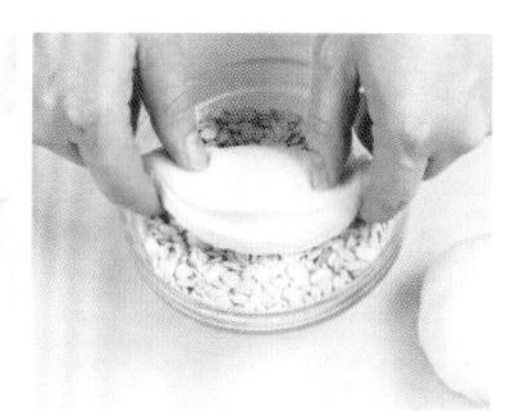

12 中间划一刀，扫上水，粘上瓜子仁。

13 排入烤盘，入醒发箱，醒发90分钟，温度36℃，湿度75%。

14 醒发后的面团喷上水，入炉烘烤15分钟，上火215℃，下火180℃，烤好出炉即可。

制作指导

中间划一刀时，不要划太深。

鲜香营养：

香菇鸡面包

所需时间 185分钟左右

材料 Ingredient

面团

高筋面粉	500克
砂糖	45克
鲜奶油	15克
全蛋	50克
奶油	50克
酵母	5克
奶粉	18克
改良剂	5克
食盐	10克

香菇鸡馅

香菇	100克
食盐	1.5克
鸡精	3克
玉米淀粉	7.5克
鸡肉	175克
生抽	20克

沙拉酱

砂糖	50克
味精	1克
色拉油	450克
淡奶	18克
食盐	2克
全蛋	50克
白醋	12克

做法 Recipe

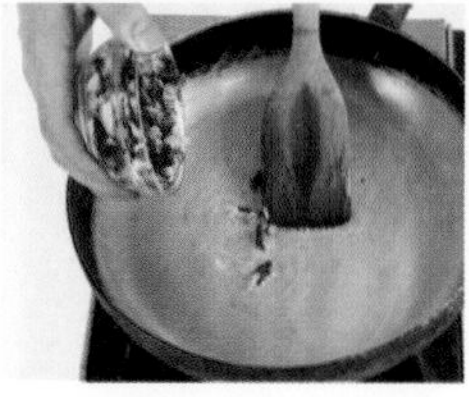

1 将香菇鸡馅中的材料爆炒至熟，做成香菇鸡馅备用。

2 将沙拉酱部分的砂糖、盐、味精、全蛋搅匀，加入色拉油打发，加入白醋、淡奶拌匀成沙拉酱。

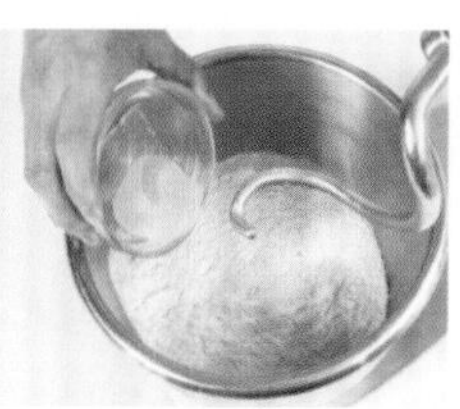

3 将面团部分的高筋面粉、酵母、改良剂、奶粉、砂糖慢速拌匀。

4 加入部分全蛋和清水慢速搅拌均匀，转快速搅拌。

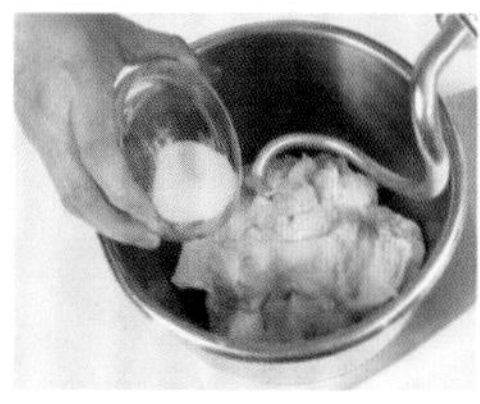

5 拌至面团光滑，加入奶油、食盐。

6 拌至面团扩展光滑。

7 盖上保鲜膜松弛15分钟，温度30℃，湿度90%。

8 将松弛好的面团分割成70克/个，滚圆。

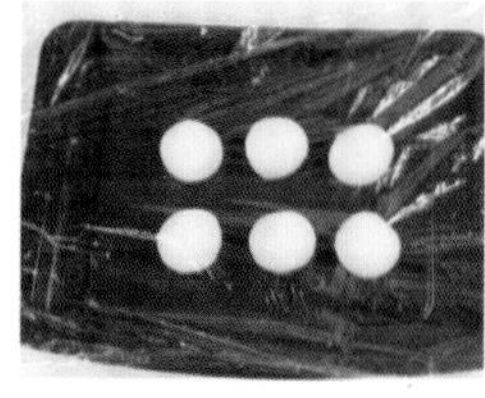

9 盖上保鲜膜，松弛20分钟。

10 将松弛好的面团压扁、排气。

11 将香菇鸡馅放在面团中间，卷成形放入模具。

12 排进烤盘，入醒发箱醒发80分钟，温度35℃，湿度75%。

13 发至模具九分满，用刀划三刀，扫上全蛋液。

14 挤上沙拉酱，入炉烘烤，上火175℃，下火190℃，时间大约15分钟。烤好出炉即可。

制作指导

用刀划表皮时，不要划得太深。

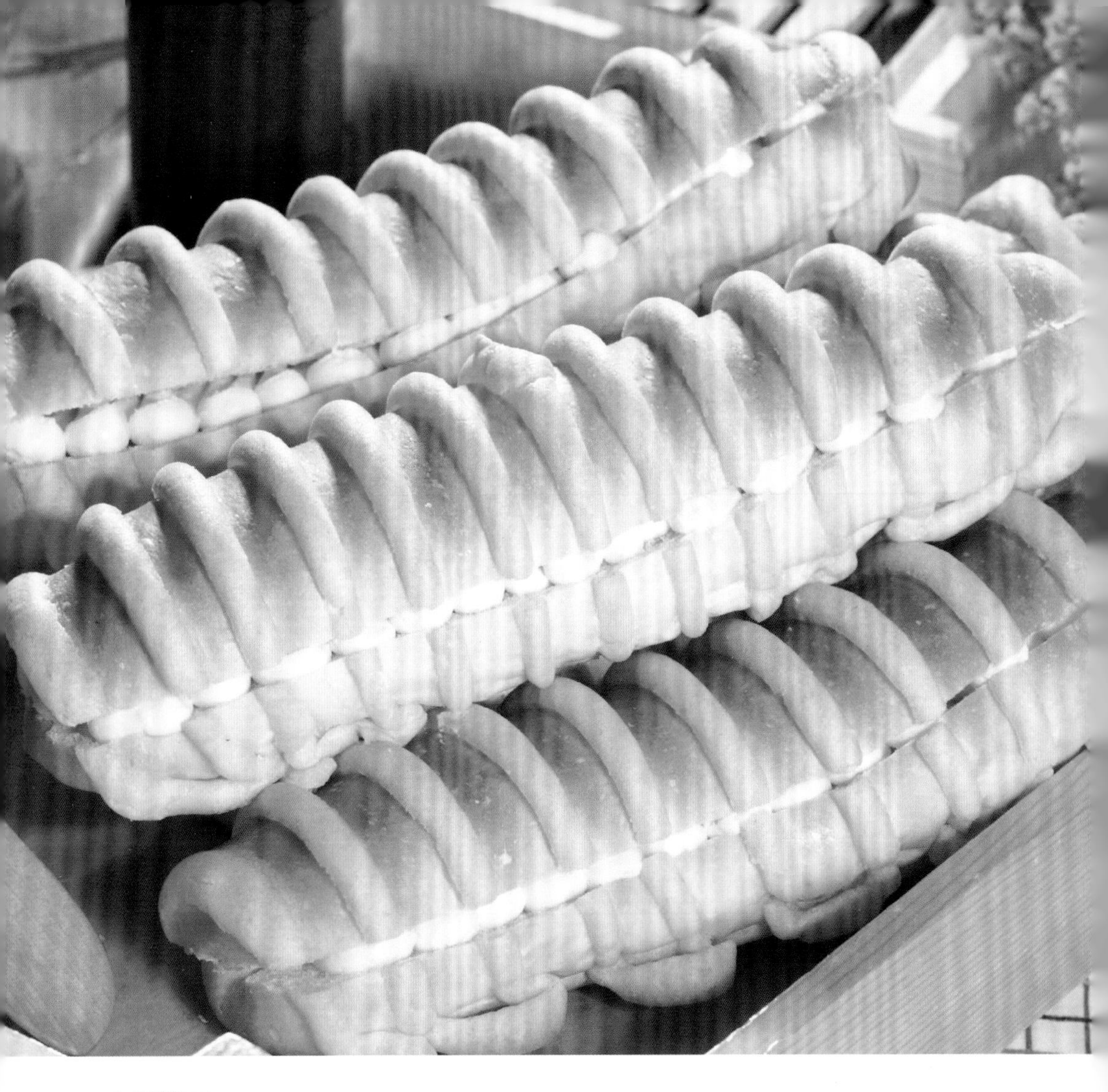

香甜可口：

毛毛虫面包

所需时间 185 分钟左右

材料 Ingredient

面团	
高筋面粉	1750克
奶油	60克
全蛋	165克
酵母	20克
奶香粉	8克
蛋糕油	10克
改良剂	5克
砂糖	90克
食盐	35克
清水	875克

泡芙糊	
奶油	75克
清水	125克
全蛋	100克
液态油	65克
高筋面粉	75克

奶露馅	
奶油	50克
即食奶粉	45克
白奶油	100克
鲜奶油	50克
糖粉	65克

做法 Recipe

1 将泡芙糊部分的奶油、清水、液态油加热拌匀，煮开后倒入高筋面粉搅拌，倒入全蛋拌成泡芙糊。

2 将奶露馅部分的奶油、白奶油拌匀，加入糖粉、即食奶粉、鲜奶油拌匀即制成奶露馅，备用。

3 将面团部分的高筋面粉、酵母、改良剂、奶香粉、砂糖慢速拌匀。

4 加入全蛋和清水慢速拌匀后，转快速搅打。

5 打至面团有点光滑，加入奶油、食盐、蛋糕油慢速搅拌均匀。

6 转快速打至拉出薄膜状。

7 盖上保鲜膜，松弛20分钟，温度31℃，湿度72%。

8 将松弛好的面团分割成85克/个。

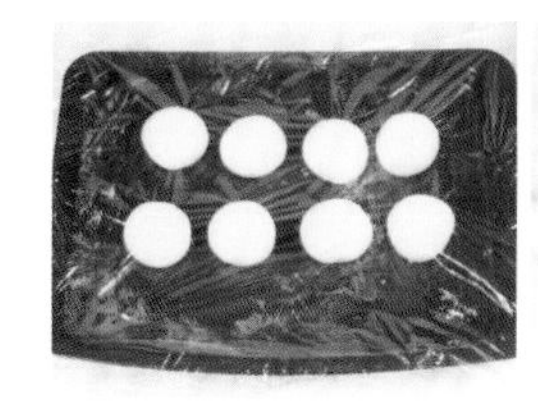

9 滚圆放上烤盘，盖上保鲜膜，松弛25分钟。

10 将松弛好的面团用擀面杖压扁、排气。

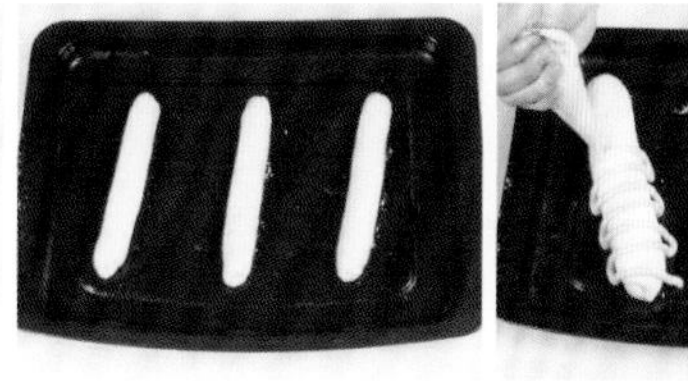

11 卷成形，放上烤盘，放入发酵箱，发酵90分钟，温度30℃，湿度70%。

12 将发酵好的面团挤上泡芙糊，入烤箱，上火185℃，下火165℃，大约烤13分钟。

13 烤好出炉，用刀从中间切开。

14 挤入奶露馅即成。

制作指导

制作泡芙馅时，要待面糊基本上冷却后，才可加入全蛋搅拌成馅。

健脾养胃：

南瓜芝士面包

所需时间
120 分钟左右

材料 Ingredient

种面		主面			
高筋面粉	750克	砂糖	210克	奶油	120克
酵母	8克	改良剂	5克	酵母	4克
全蛋	65克	食盐	12克	奶粉	20克
清水	365克	熟南瓜	275克	**其他材料**	
		高筋面粉	350克	芝士片	适量
				香酥粒	适量

做法 Recipe

1 将种面部分的高筋面粉、酵母慢速拌匀。

2 加入部分全蛋、清水慢速拌匀，转快速搅拌2~3分钟。

3 盖上保鲜膜，温度30℃，湿度71%，发酵2小时即成种面。

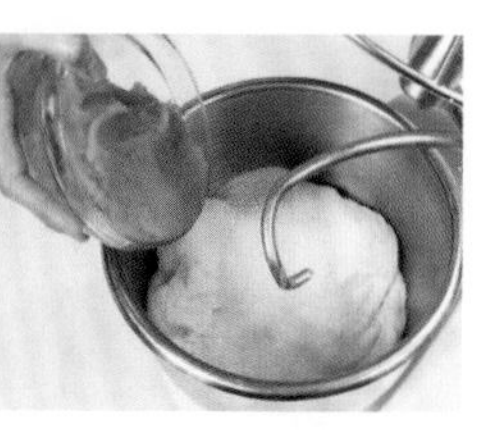

4 将种面、砂糖、熟南瓜搅拌至砂糖溶化。

5 加入高筋面粉、奶粉、酵母、改良剂慢速搅拌，转快速搅拌2~3分钟。

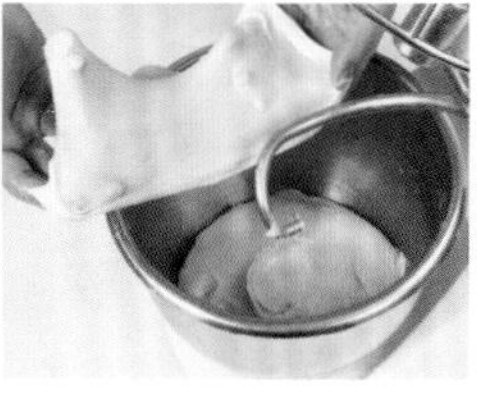

6 加入食盐、奶油慢速搅拌均匀，转快速拌至薄膜状。

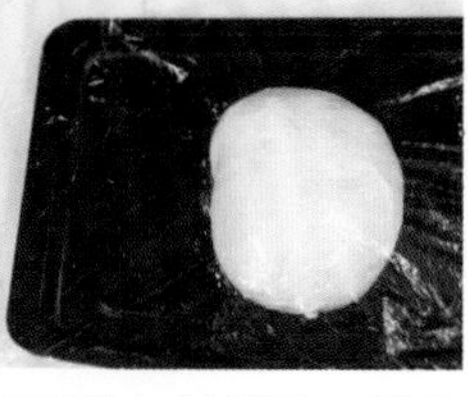

7 盖上保鲜膜，松弛20分钟，温度30℃，湿度70%。

8 把松弛好的面团分成60克/个。

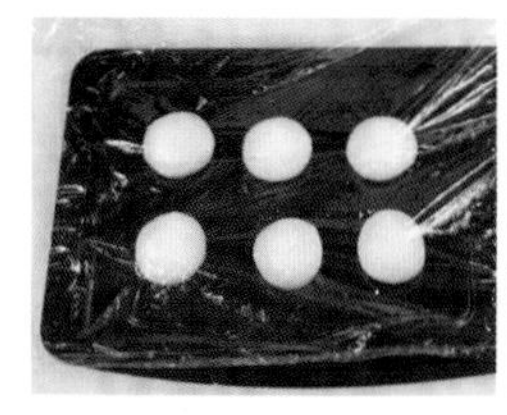

9 把面团滚圆，再松弛20分钟。

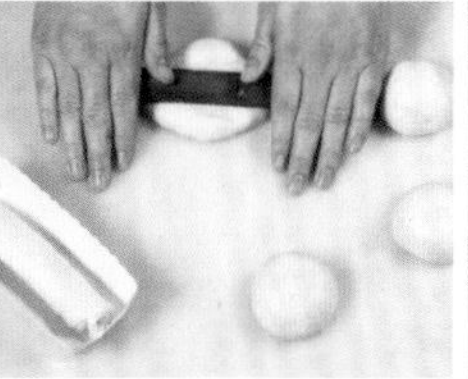

10 把松弛好的面团用擀面杖压扁、排气。

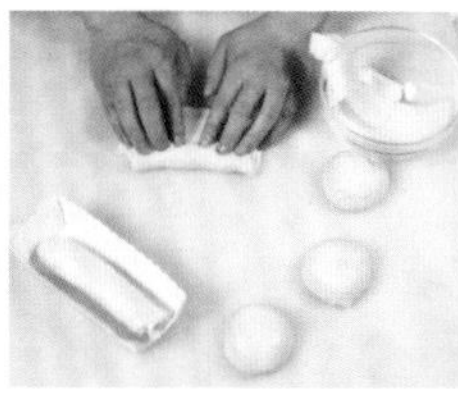

11 放上芝士片，卷成长条后放入模具。

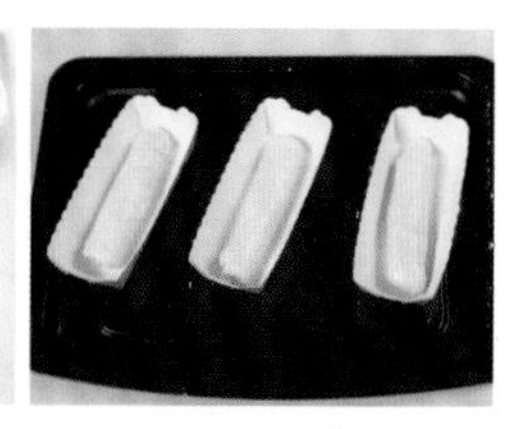

12 入发酵箱发酵，温度38℃，湿度70%。

13 发至模具九分满，划几刀，扫上全蛋液，撒上香酥粒。

14 入炉烘烤15分钟，上火185℃，下火165℃，烤熟出炉即可。

制作指导

用刀划时，划到见芝士即可。

细腻绵软：

蔓越莓辫子面包

所需时间
210分钟左右

材料 Ingredient

种面		主面			
高筋面粉	1050克	砂糖	295克	奶油	175克
酵母	11克	奶粉	70克	高筋面粉	450克
全蛋	150克	食盐	15克	改良剂	6克
清水	550克	清水	250克	**其他材料**	
		奶香粉	7克	蔓越莓	适量
				全蛋液	适量

做法 Recipe

1 将种面部分的高筋面粉、酵母慢速搅拌均匀。

2 加入全蛋、清水慢速搅拌均匀，转快速搅拌2~3分钟。

3 盖上保鲜膜，温度32℃，湿度72%，发酵2~3小时即成种面。

4 将种面、砂糖、清水快速打至糖溶化。

5 把高筋面粉、奶粉、奶香粉、改良剂慢速搅拌均匀，转快速搅拌2~3分钟。

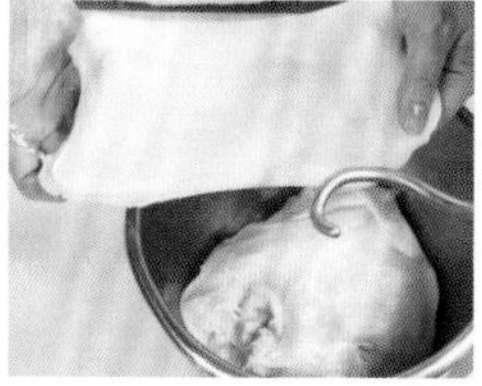

6 加入食盐、奶油慢速拌匀，转快速搅拌，打至面团可以拉出薄膜状。

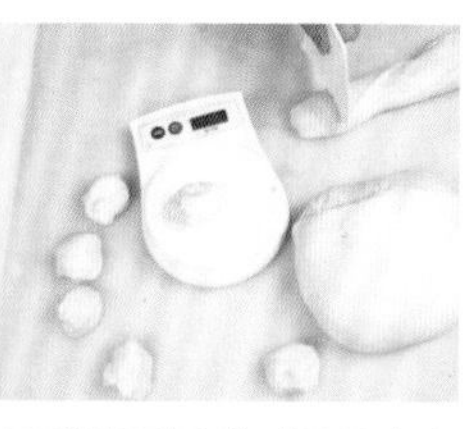

7 把面团分成25克/个，滚圆。

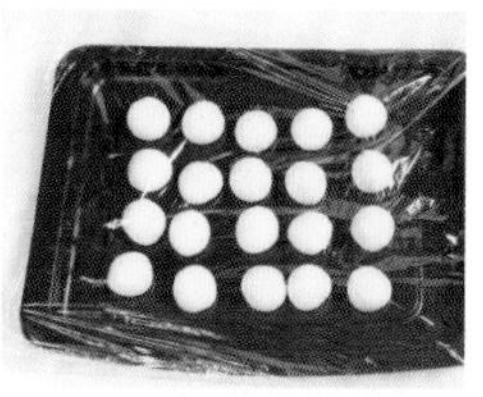

8 盖上保鲜膜，松弛20分钟，温度35℃，湿度75%。

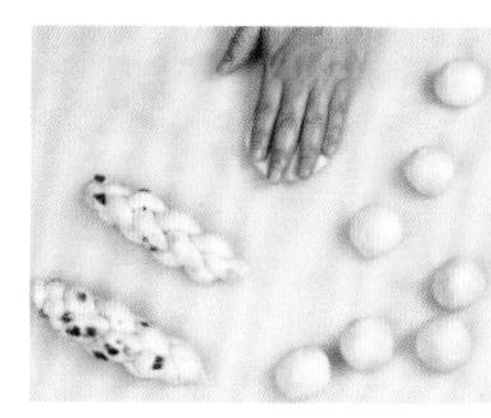

9 将松弛好的面团压扁、排气。

10 中间放入蔓越莓，卷成长条形。

11 将4个面团分开，编成辫子。

12 入烤盘，进入醒发箱醒发90分钟，温度37℃，湿度70%。

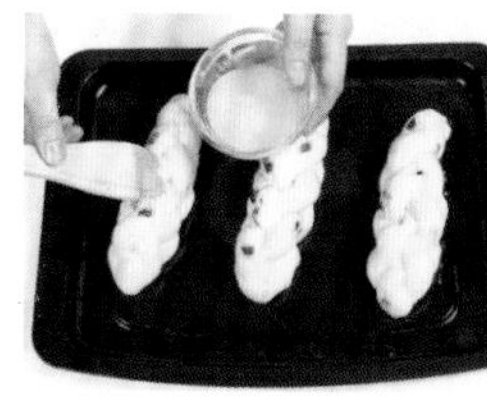

13 发至原面团3倍大时，扫上全蛋液。

14 撒上蔓越莓，进入烤箱，上火185℃，下火165℃，烤13分钟左右出炉即可。

制作指导

辫子收口要收紧，不然会散开。

日式风味：

甘纳和风面包

所需时间 200 分钟左右

材料 Ingredient

种面		奶粉	40克	低筋面粉	50克
高筋面粉	650克	奶油	90克	绿茶面糊	
酵母	10克	改良剂	5克	糖粉	40克
清水	350克	蛋糕油	6克	全蛋	40克
主面		清水	400克	绿茶粉	7克
砂糖	200克	奶油面糊		奶油	50克
高筋面粉	350克	糖粉	40克	低筋面粉	45克
食盐	10克	奶油	40克	其他材料	
全蛋	80克	全蛋	40克	纳豆	适量

做法 Recipe

1 将奶油面糊部分的糖粉、奶油、全蛋、低筋面粉拌均匀即成奶油面糊，备用。

2 将绿茶面糊部分的糖粉、全蛋、绿茶粉、奶油、低筋面粉拌均匀成绿茶面糊，备用。

3 将种面的所有材料慢速拌匀，再快速搅拌2分钟。

4 发酵90分钟，温度31℃，湿度80%。

5 发酵至原面团体积的3~4倍，即成种面。

6 将种面、砂糖、全蛋和清水拌至糖溶化。

7 加入高筋面粉、奶粉和改良剂慢速拌均匀，转快速搅拌至面筋扩展七八成。

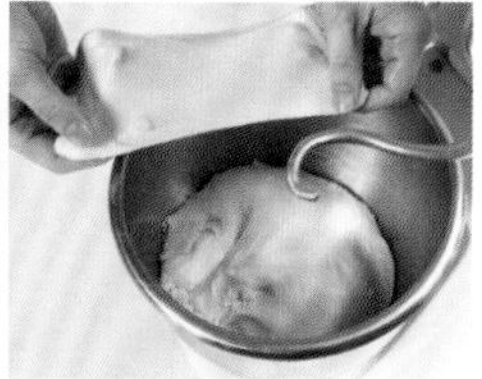

8 加入奶油、食盐、蛋糕油慢速拌匀，转快速搅拌至拉出薄膜状。

9 基础发酵20分钟，温度30℃，湿度75%。

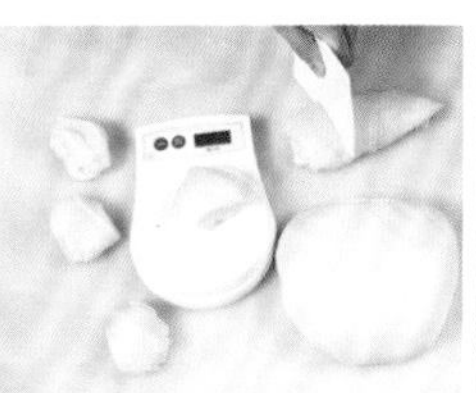

10 将发酵好的面团分成60克/个。

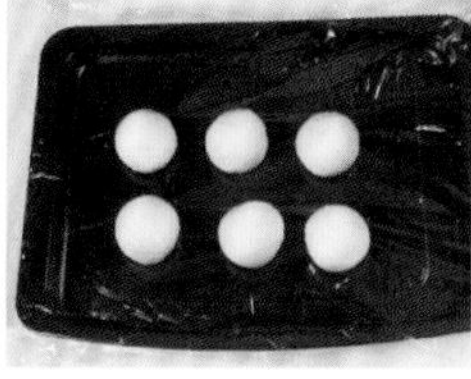

11 滚圆，再松弛20分钟。

12 把松弛好的面团压扁、排气，包入纳豆。

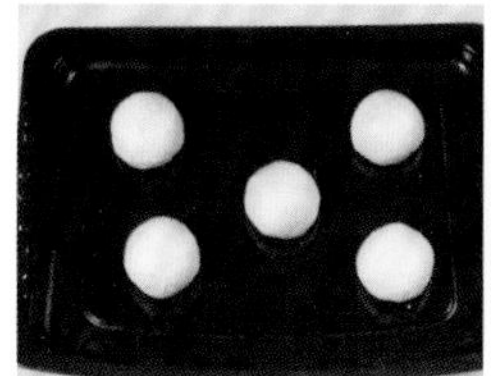

13 排上烤盘，进发酵箱醒发75分钟，温度38℃，湿度80%。

14 在面团上挤上奶油面糊和绿茶面糊，入炉烘烤约15分钟，上火185℃，下火160℃，烤熟即可。

制作指导

两个面糊都不要搅拌至起筋。

香甜诱人：

禾穗椰蓉面包

所需时间
220分钟左右

材料 Ingredient

种面	
高筋面粉	750克
酵母	10克
清水	400克
主面	
砂糖	200克
高筋面粉	250克
食盐	10克
全蛋	100克
改良剂	3克
奶油	100克
清水	50克
奶粉	45克
蛋糕油	6.5克
椰蓉馅	
砂糖	200克
全蛋	75克
椰蓉	300克
奶油	225克
奶粉	75克
椰香粉	2克
其他材料	
白芝麻	适量
全蛋液	适量

做法 Recipe

1 将椰蓉馅部分的砂糖、奶粉、全蛋、奶油、椰蓉和奶香粉拌匀成椰蓉馅，备用。

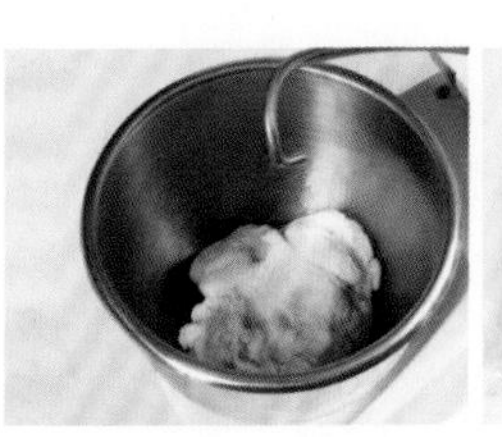

2 将种面的所有材料慢速拌匀，转快速搅拌2分钟。

3 发酵90分钟，温度33℃，湿度80%。

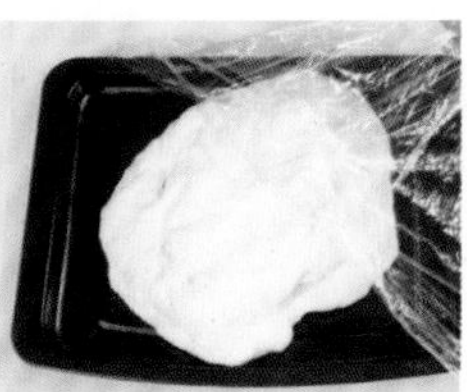

4 发至原体积的3~4倍大。

5 将发好的种面、全蛋、砂糖和清水混合，拌至砂糖溶化。

6 加入高筋面粉、奶粉、改良剂慢速拌均匀，转快速拌2~3分钟。

7 加入奶油、食盐和蛋糕油慢速拌匀，转快速搅拌至面筋完全扩展。

8 松弛15分钟，温度30℃，湿度75%。

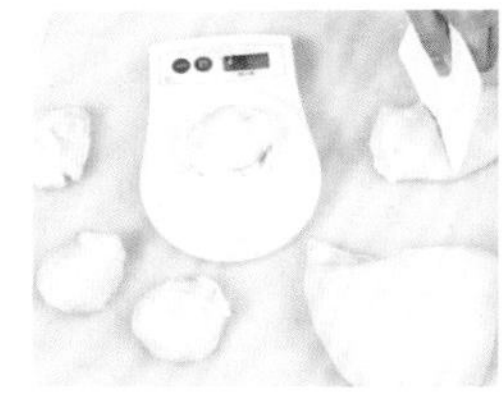

9 将松弛好的面团分成70克/个。

10 滚圆，再松弛15分钟。

11 将松弛好的面团用擀面杖擀开、排气。

12 放上椰蓉馅，卷成长条，放上烤盘。

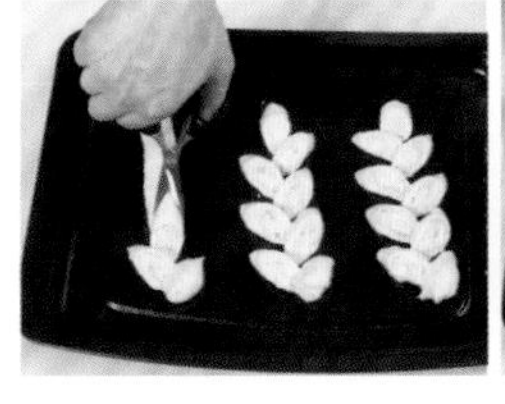

13 用剪刀剪成形，进发酵箱醒发80分钟，温度37℃，湿度80%。

14 扫上全蛋液和白芝麻，入炉烘烤约15分钟，上火90℃，下火160℃，烤熟后出炉即可。

制作指导

用剪刀剪开成形时，要剪得均匀。

鲜美香软：

黄桃面包

所需时间 240分钟左右

材料 Ingredient

种面		高筋面粉	700克	改良剂	8克
高筋面粉	1300克	食盐	21克	蛋糕油	13克
酵母	18克	全蛋	220克	其他材料	
清水	750克	奶粉	75克	黄桃	55克
主面		奶油	220克	黄金酱	适量
砂糖	415克	清水	135克	全蛋液	适量

做法 Recipe

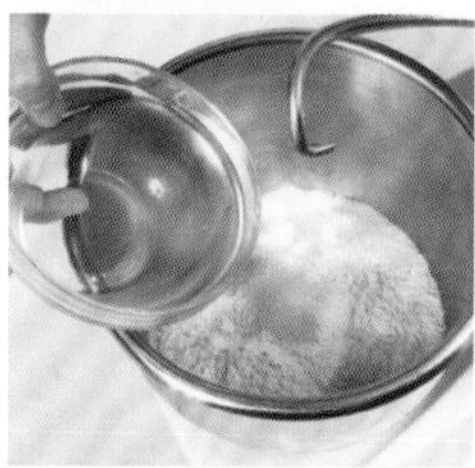

1 将种面部分的高筋面粉、酵母、清水慢速拌匀。

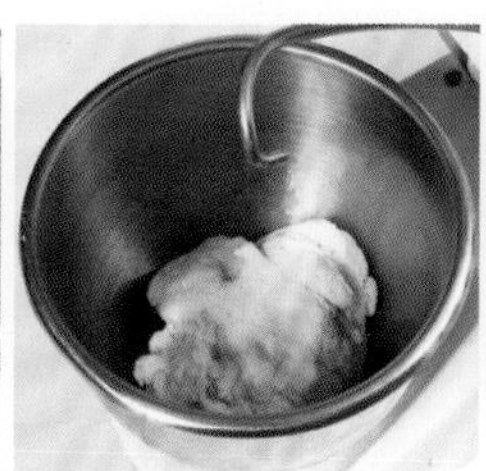

2 快速搅拌2分钟。

3 发酵2小时，温度32℃，湿度72%。

4 发酵好即成种面。

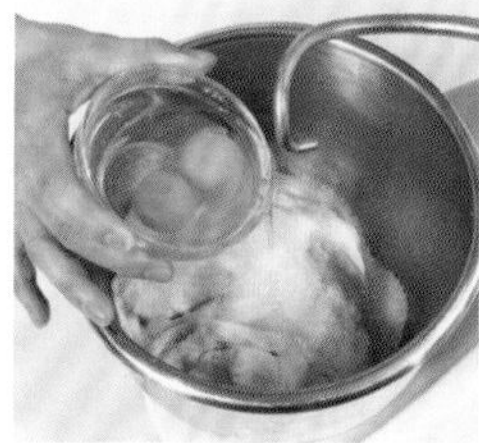

5 将种面、砂糖、全蛋和清水慢速拌匀。

6 加入高筋面粉、奶粉、改良剂慢速拌均匀，转快速拌2分钟。

7 加入奶油、蛋糕油、食盐慢速拌匀，转快速打至面团光滑。

8 松弛20分钟。

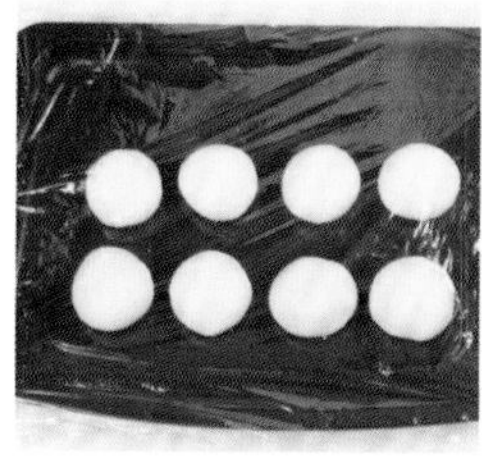

9 将松弛后的面团分成65克/个，滚圆，再松弛20分钟。

10 将松弛好的面团用擀面杖擀开、排气。

11 卷成长形，揉长，成形，放入模具。

12 放入烤盘，进发酵箱，发酵90分钟，温度36℃，湿度90%。

13 醒发至模具九分满，扫上全蛋液，放上黄桃。

14 挤上黄金酱，入炉烘烤约15分钟，上火185℃，下火165℃，烤好后出炉即可。

制作指导

揉长面团时不要过长，以免模具放不下。

香醇美味:

椰奶提子面包

所需时间 240分钟左右

材料 Ingredient

种面		清水	85克	砂糖	100克
高筋面粉	525克	高筋面粉	225克	鲜奶	15克
酵母	10克	改良剂	2克	奶粉	15克
全蛋	75克	奶粉	30克	椰子粉	145克
蜂蜜	15克	食盐	7.5克	提子干	55克
清水	275克	奶油	75克	其他材料	
主面		椰奶提子馅		杏仁片	适量
砂糖	145克	奶油	80克	全蛋液	适量

做法 Recipe

1 将馅部分的奶油、砂糖充分拌匀，分次加入鲜奶慢速拌匀，再加入奶粉、椰子粉和提子干拌匀，即成椰奶提子馅。

2 将种面部分的所有材料慢速拌匀。

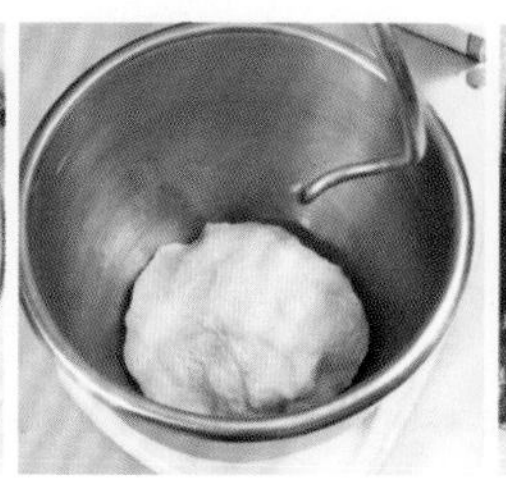

3 再快速搅拌2分钟。

4 发酵100分钟，温度30℃，湿度80%，发酵好即成种面面团。

5 把种面面团、砂糖和清水拌至糖溶化。

6 加入高筋面粉、改良剂和奶粉慢速拌匀，快速搅拌至七八成筋度。

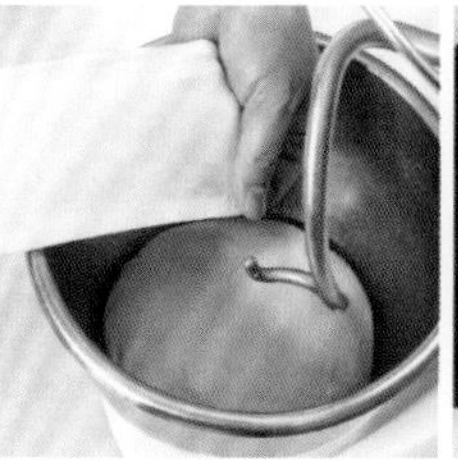

7 加入食盐和奶油慢速拌匀，快速拌至可出薄膜状即可。

8 松弛15分钟。

9 将松弛好的面团分割成75克/个，滚圆，再松弛15分钟。

10 将面团压扁、排气，包入椰奶提子馅。

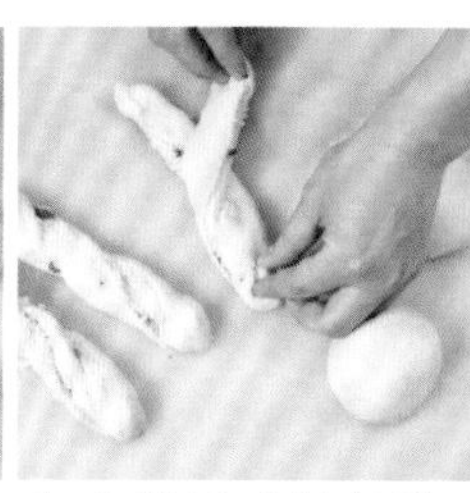

11 擀开成长条形，再划几刀，卷起成形。

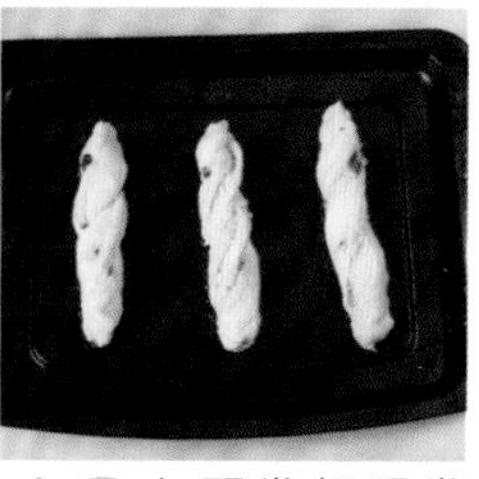

12 入醒发柜醒发80分钟，温度36℃，湿度80%。

13 在醒好的面团上扫上全蛋液。

14 撒上杏仁片，入炉烘烤约15分钟，上火190℃，下火165℃，烤至熟透即可。

制作指导

包馅时，收口要捏紧。

香甜可口：

调理肉松面包

所需时间
240分钟左右

材料 Ingredient

种面	
高筋面粉	650克
酵母	9克
全蛋	100克
清水	320克

主面	
砂糖	195克
清水	150克
高筋面粉	350克
改良剂	3克
奶粉	45克
食盐	11克
奶油	110克

其他材料	
沙拉酱	适量
酥菠萝	适量
肉松	适量
全蛋液	适量

做法 Recipe

1 将种面部分的高筋面粉、酵母慢速拌匀。

2 加入全蛋、清水慢速拌匀。

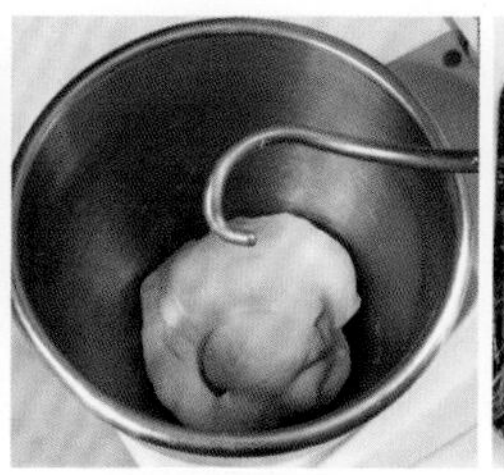

3 快速拌至面团表面有光滑度。

4 发酵2个小时，温度30℃，湿度70%，发酵好即成种面面团。

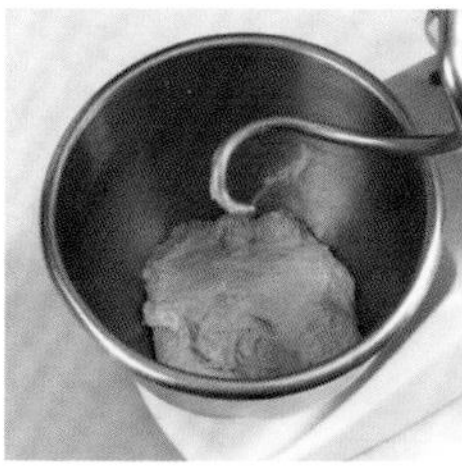

5 将种面、砂糖、清水快速打成糊状。

6 加入高筋面粉、改良剂、奶粉慢速拌匀。

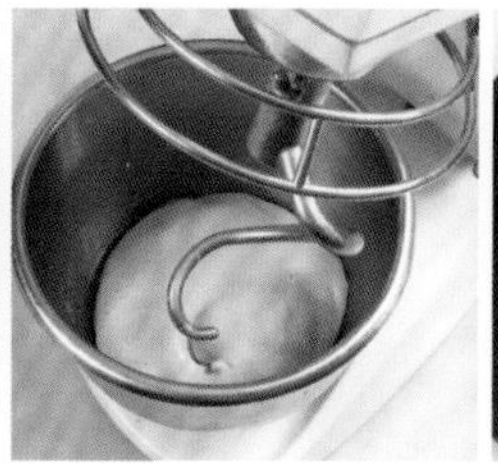

7 转快速拌2~3分钟，加入食盐、奶油慢速拌匀后，转快速拌至面团光滑。

8 松弛20分钟。

9 将松弛好的面团分割成60克/个，滚圆。

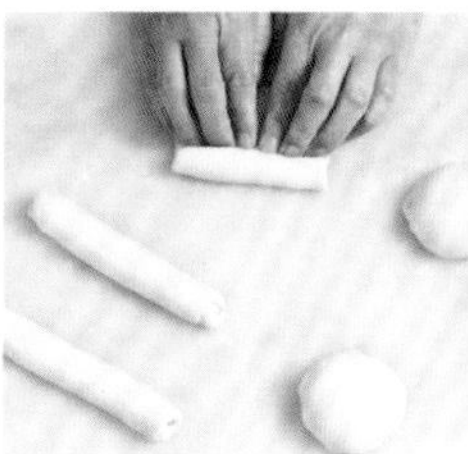

10 松弛20分钟后，用擀面杖压扁擀长，卷成形。

11 放上烤盘，放入发酵箱，发酵90分钟，温度32℃，湿度72%。

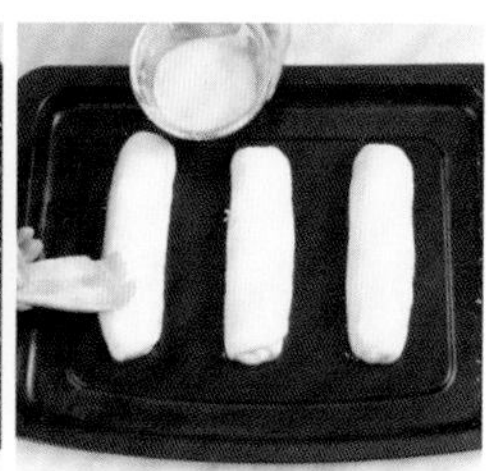

12 将发酵好的面团扫上全蛋液。

13 撒上酥菠萝后，入炉烘烤约15分钟，上火180℃，下火160℃。

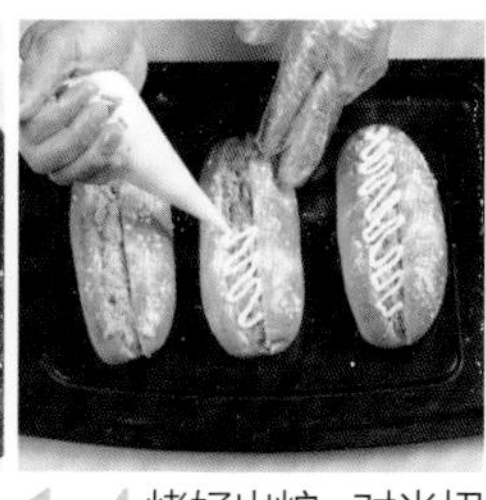

14 烤好出炉，对半切开，抹上沙拉酱，再放上肉松即可。

制作指导

面包要待冷却后，才能进行装饰。

老幼皆宜：

核桃提子丹麦面包

所需时间
210 分钟左右

材料 Ingredient

高筋面粉	850克	清水	365克	片状酥油	适量
低筋面粉	150克	酵母	12克	香酥粒	适量
砂糖	125克	改良剂	2克	提子干	适量
全蛋	150克	食盐	13克	核桃仁	适量
纯牛奶	100克	奶油	100克		

做法 Recipe

1 把高筋面粉、低筋面粉、砂糖、酵母加改良剂拌匀。

2 加入部分全蛋、纯牛奶和清水慢速拌匀，转快速搅拌1分钟。

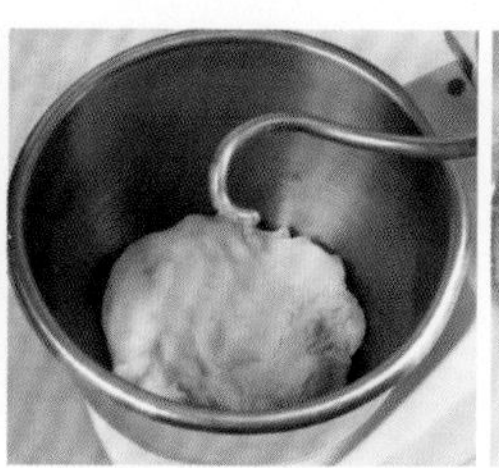

3 最后加入食盐和奶油慢速拌匀后，转快速搅拌2分钟。

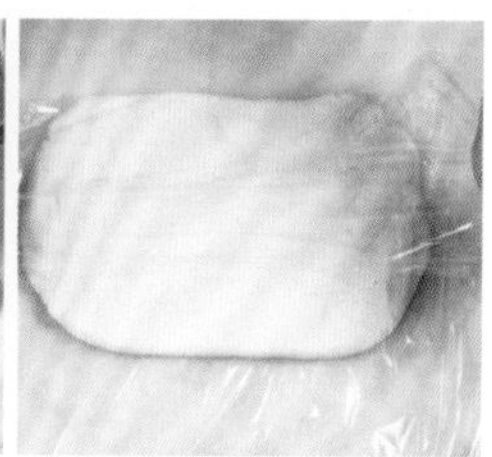

4 用手将面团压扁成长方形，用保鲜膜包好，放入冰箱冷冻40分钟以上。

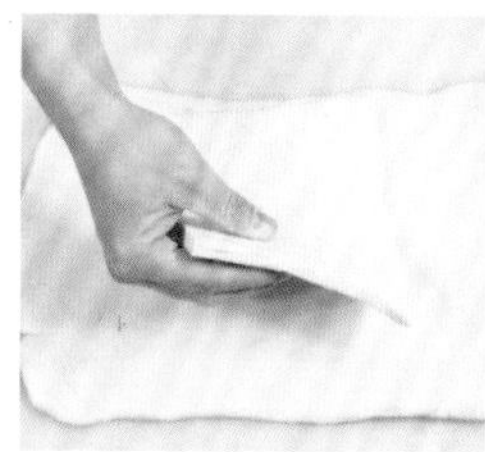

5 将冻好的面团取出，擀开成长方形，放上片状酥油。

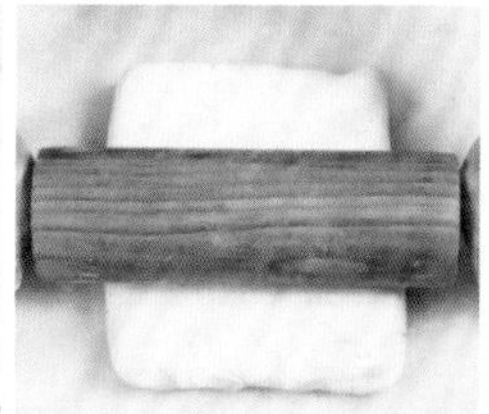

6 将酥油包入面团里面，用通槌擀开成长方形。

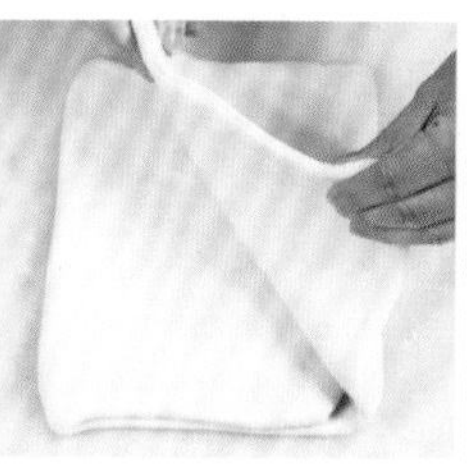

7 将面团叠三层，用保鲜膜包好，放入冰箱冷藏40分钟以上。再擀开，折叠，冷藏，如此操作3次。

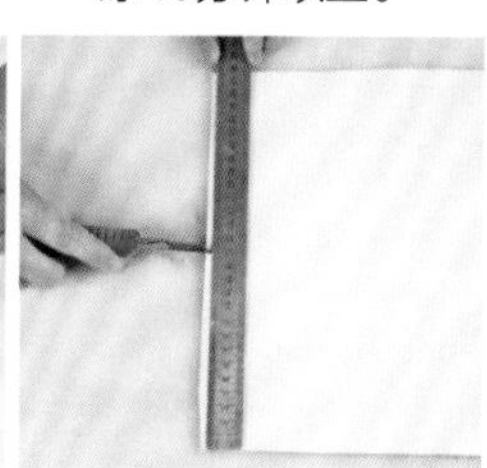

8 将面团擀开擀薄，用尺子量好，长约15厘米。

9 用刀划开，扫上全蛋液。

10 在刷好全蛋液的一块面上放上提子干和核桃仁，另取一块面叠上。

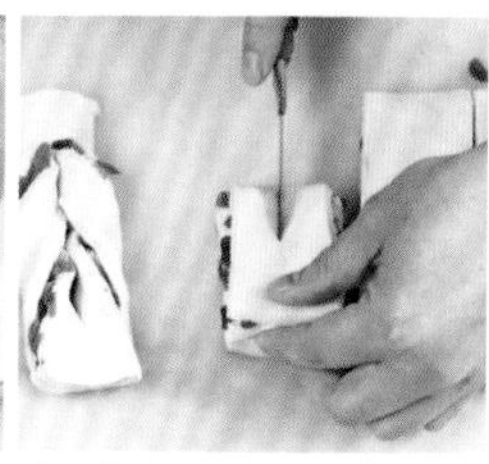

11 用尺子量宽6厘米，用刀切开。再折叠，中间切一刀。

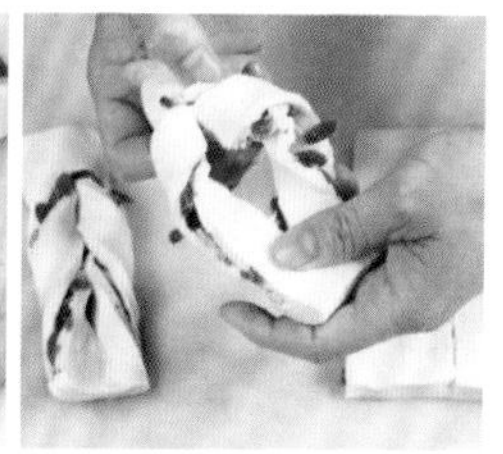

12 将一边翻过来，卷成形。

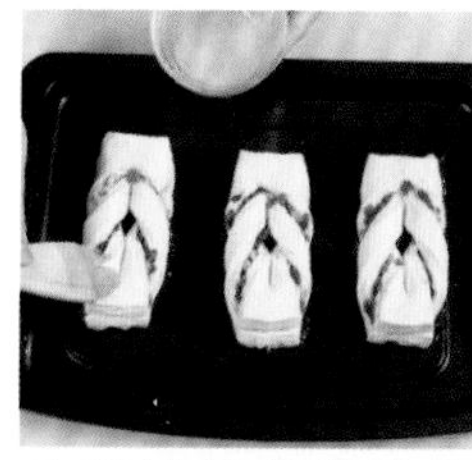

13 排好放进发酵箱醒发60分钟，温度36℃，湿度75%，醒发好后扫上全蛋液。

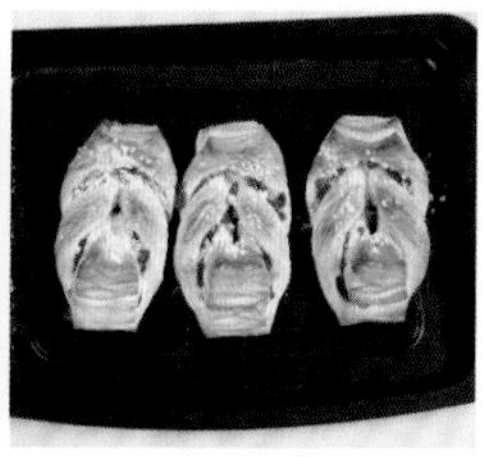

14 撒上香酥粒，入炉烘烤约18分钟，上火195℃，下火160℃，烤熟出炉即可。

制作指导

中间用刀切时，不要切太长。

营养丰富的早餐：

番茄热狗丹麦面包

所需时间
180 分钟左右

材料 Ingredient

高筋面粉	850克	蛋黄	50克	片状玛琪琳	250克
低筋面粉	100克	鲜奶	80克	芝士条	适量
砂糖	100克	番茄汁	360克	热狗肠	适量
酵母	13克	食盐	16克	全蛋液	适量
改良剂	3.5克	奶油	65克		

做法 Recipe

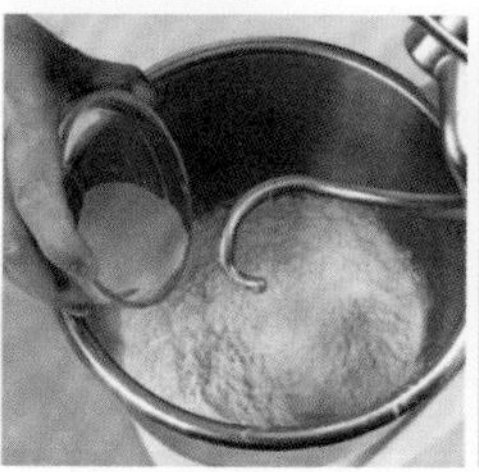

1 将高筋面粉、低筋面粉、砂糖、酵母和改良剂拌匀。

2 加入番茄汁、蛋黄和鲜奶慢速拌匀，转快速搅拌2分钟。

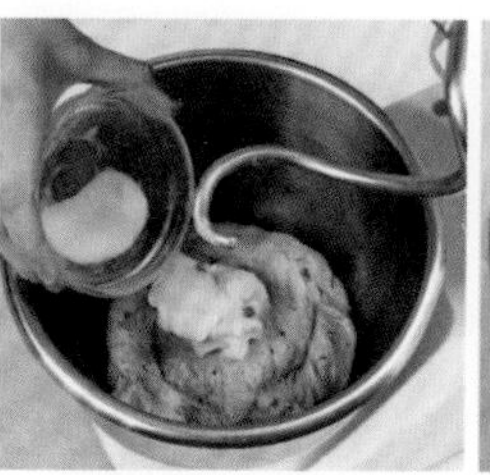

3 最后加入食盐和奶油慢速拌匀。

4 快速搅拌至八九成筋度。

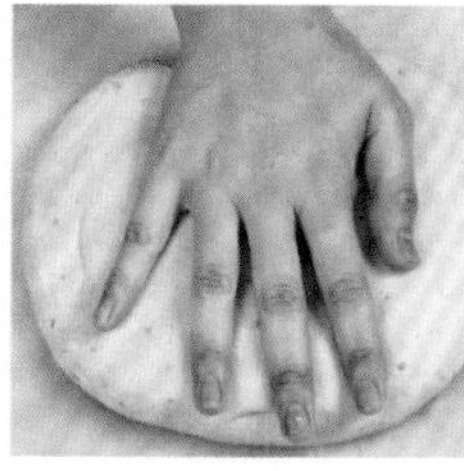

5 取1000克面团，用手压成长方形。

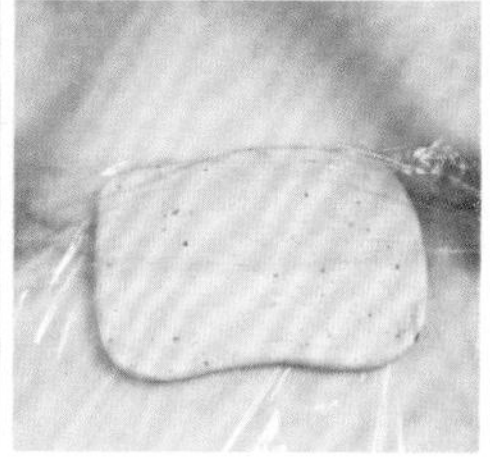

6 用保鲜膜包好，放入冰箱冷冻30分钟以上。

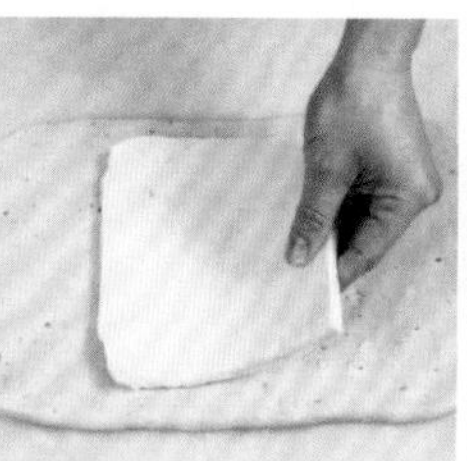

7 将冻好的面团取出，用擀面杖稍擀开、擀长，放上片状玛琪琳。

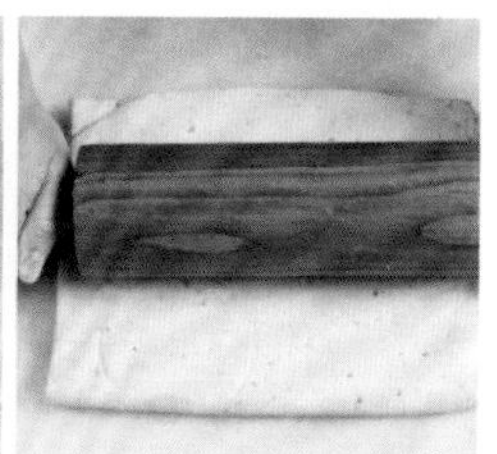

8 包好收口，擀宽、擀长。

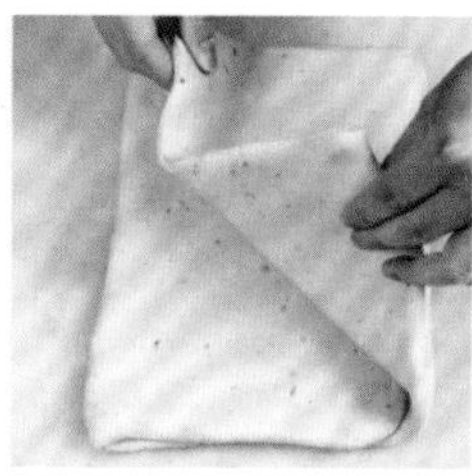

9 叠成三层，用保鲜膜包好，放入冰箱冷藏30分钟以上。再擀开，折叠，冷藏，如此3次。

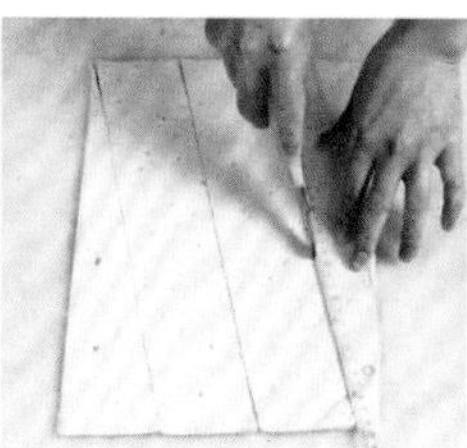

10 用尺量出宽9厘米的面块，用刀划开。

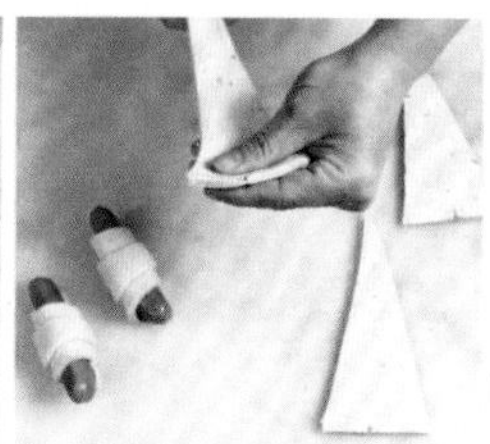

11 用刀从面块中间划开，稍微拉长。

12 卷入热狗肠，排入烤盘，进发酵箱醒发65分钟，温度35℃，湿度75%。

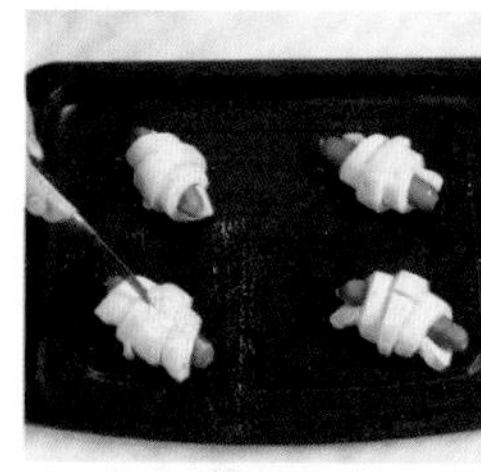

13 醒发至原体积的2倍大时，扫上全蛋液，用刀在中间切开。

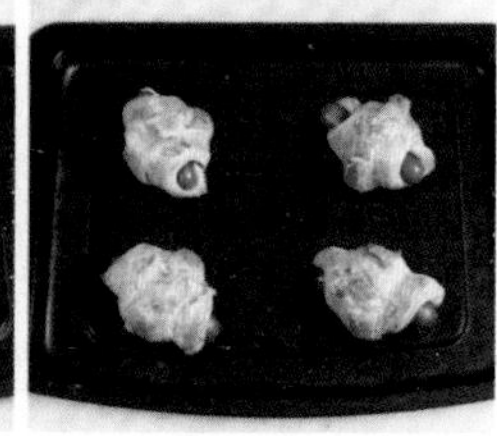

14 放上芝士条，入炉烘烤，上火190℃，下火160℃，烤熟即可。

制作指导

卷成形时，不要卷得太紧，以免醒发时表面断裂。

有培根更美味：

培根可松面包

所需时间
200 分钟左右

材料 Ingredient

高筋面粉	900克	全蛋	150克	培根片	适量
低筋面粉	100克	食盐	16克	洋葱条	适量
砂糖	90克	奶油	90克	芝士条	适量
酵母	16克	鲜奶	适量	沙拉酱	适量
改良剂	4克	番茄汁	适量	全蛋液	适量
奶粉	100克	片状酥油	适量		

做法 Recipe

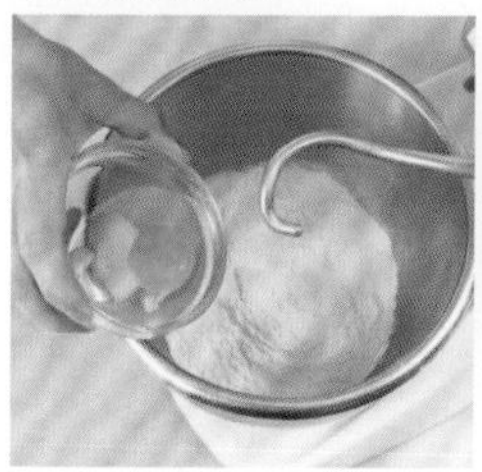

1 将高筋面粉、低筋面粉、砂糖、酵母、改良剂、全蛋、鲜奶、番茄汁、奶粉慢速拌匀，转快速拌2分钟。

2 加入食盐、奶油慢速拌匀，然后快速拌至面团表面光滑。

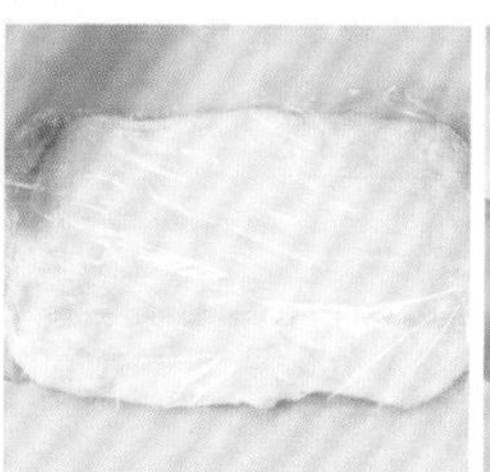

3 将面团压扁成长方形，放入冰箱冷冻30分钟。

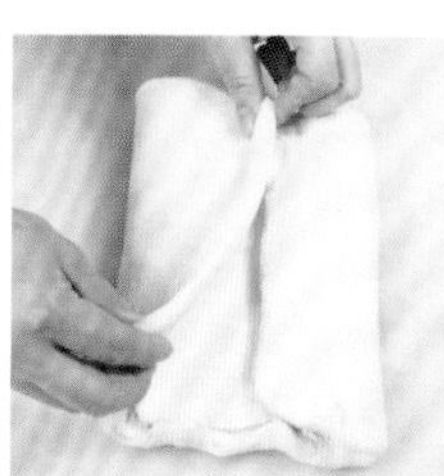

4 将面团擀宽、擀长，放入片状酥油，包好，按紧收口。

5 用通槌将面团擀宽、擀长。

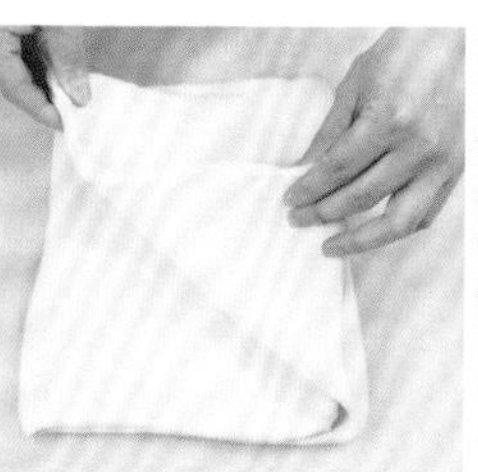

6 将面团叠成三层，包好保鲜膜，放入冰箱冷藏30分钟以上。再擀开，折叠，冷藏，如此3次。

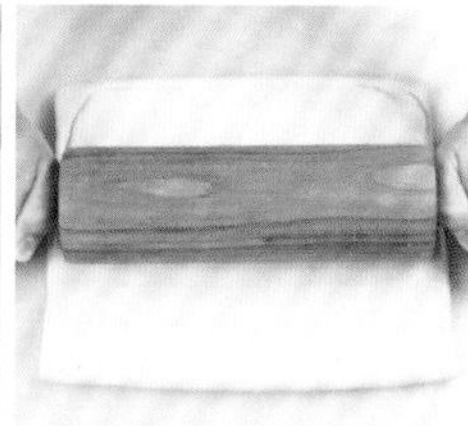

7 将冻好的面团取出，擀开、擀长，厚0.7厘米。

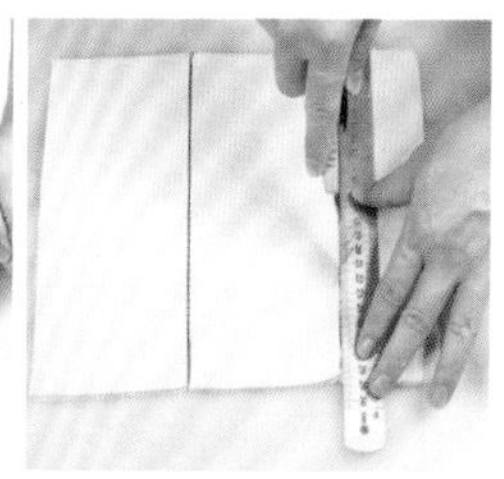

8 用尺量出长12厘米、宽9厘米的面块，用刀切开。

9 将切开的面块扫上全蛋液，放上培根片。

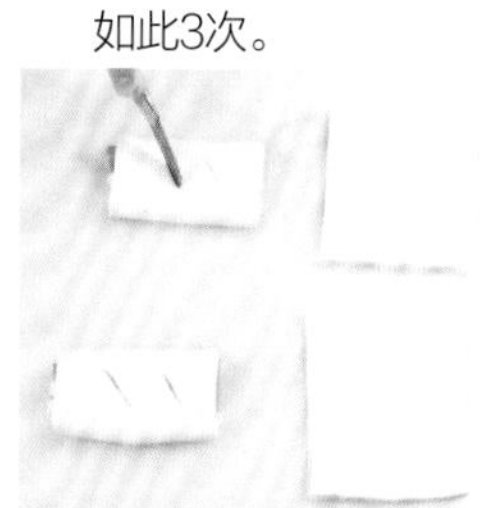

10 两边往中间叠，将培根片包好，用刀划两刀。

11 排入烤盘进发酵箱醒发60分钟，温度33℃，湿度75%。

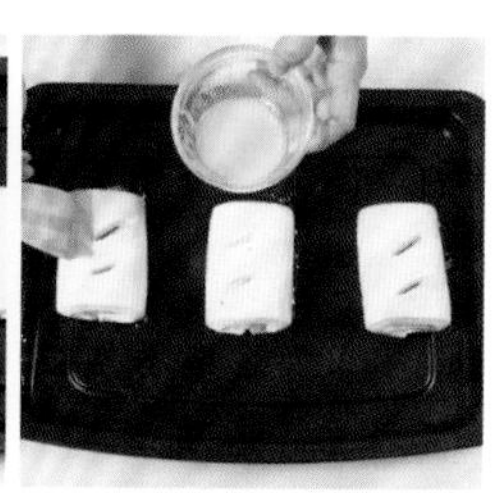

12 将醒发好的面团扫上全蛋液。

13 放上洋葱条、芝士条。

14 挤上沙拉酱，入炉烤约17分钟，上火185℃，下火160℃，烤好出炉即可。

制作指导

烘烤时间不宜过长，以免收缩。

吃过就忘不了：

巧克力菠萝面包

所需时间 150 分钟左右

材料 Ingredient

主面		广式菠萝皮		巧克力馅	
高筋面粉	750克	砂糖	105克	砂糖	65克
改良剂	2克	食粉	1.5克	全蛋	30克
全蛋	80克	全蛋	25克	奶油	10克
食盐	7.5克	色拉油	30克	牛奶	250克
砂糖	145克	黄色素	适量	玉米淀粉	40克
奶粉	30克	泡打粉	1.5克	白巧克力	150克
蜂蜜	25克	麦芽糖	25克		
奶油	75克	臭粉	2克		
酵母	8克	猪油	40克		
奶香粉	3克	清水	15克		
清水	385克	奶粉	5克		
		低筋面粉	150克		

制作指导

拌菠萝皮时，不要拌出筋度来。

做法 Recipe

1 将广式菠萝皮的所有材料拌匀（详见本书第24页），备用。

2 将巧克力馅部分的砂糖、牛奶、全蛋、玉米淀粉、奶油拌匀煮成糊状，再加入白巧克力拌匀，即成巧克力馅。

3 把主面部分的高筋面粉、酵母、改良剂、奶粉和奶香粉慢速拌匀。

4 加入部分全蛋、砂糖、清水、蜂蜜慢速拌匀，转快搅拌约2分钟。

5 加入奶油、食盐慢速拌匀。

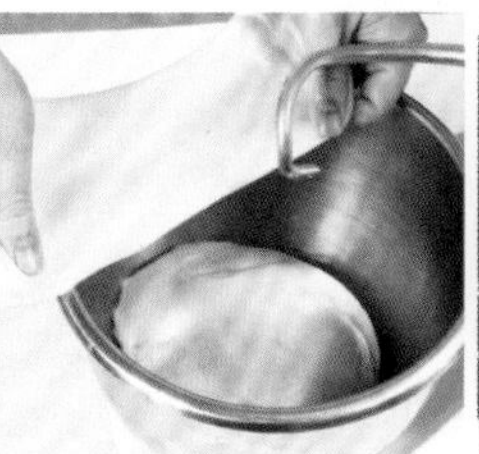

6 快速搅拌至面筋完全扩展。

7 盖上保鲜膜，松弛25分钟，温度32℃，湿度75%。

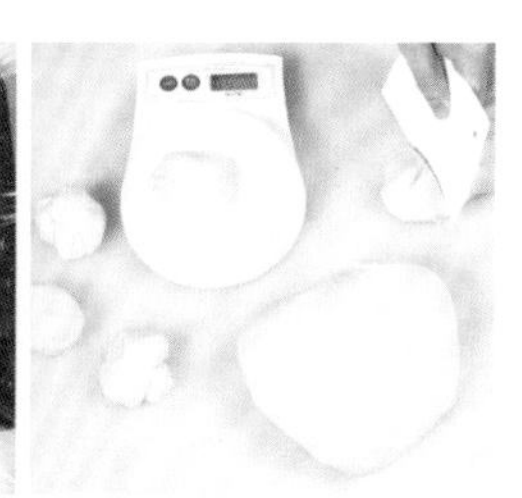

8 将松弛好的面团分成60克/个。

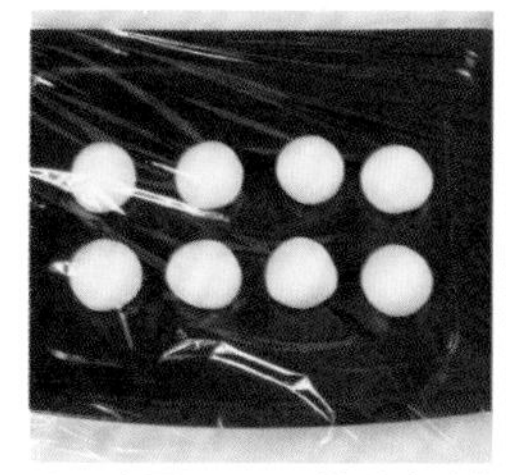

9 滚圆面团，盖上保鲜膜，松弛20分钟。

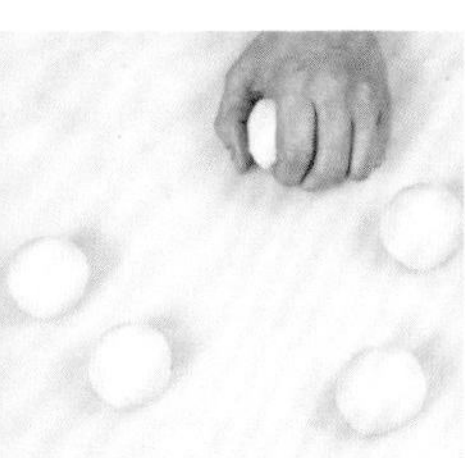

10 将松弛好的面团滚圆至光滑。

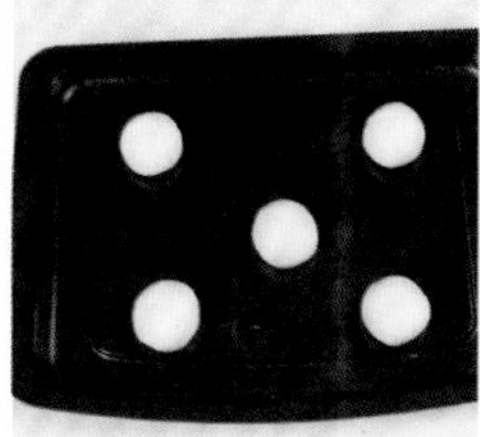

11 排好放入醒发柜，醒发85分钟，温度35℃，湿度75%。

12 用刀把菠萝皮切成小段。

13 用刀把菠萝皮压成薄片。

14 将薄片菠萝皮放在面团上，扫2次全蛋液。

15 用竹签画出纹路，放进烤炉烘烤约15分钟，上火185℃，下火160℃。

16 将烤好的面包出炉，待面包凉透后用锯刀在其侧面切开，挤上巧克力馅即成。

甜腻鲜香：

栗蓉麻花面包

所需时间
250分钟左右

材料 Ingredient

种面			
高筋面粉	1750克		
酵母	20克		
清水	900克		
主面			
砂糖	500克		
高筋面粉	750克		
鲜奶油	75克		
全蛋	250克		
改良剂	7克		
食盐	25克		
清水	200克		
奶香粉	10克		
奶油	250克		
奶油面糊			
糖粉	40克		
全蛋	40克		
奶油	45克		
低筋面粉	50克		
其他材料			
瓜子仁	适量		
全蛋液	适量		
栗蓉	适量		

制作指导

低筋面粉、糖粉不能有颗粒状，要先过筛。

做法 Recipe

1 将奶油面糊部分的糖粉、全蛋、奶油、低筋面粉搅拌均匀，即成奶油面糊。

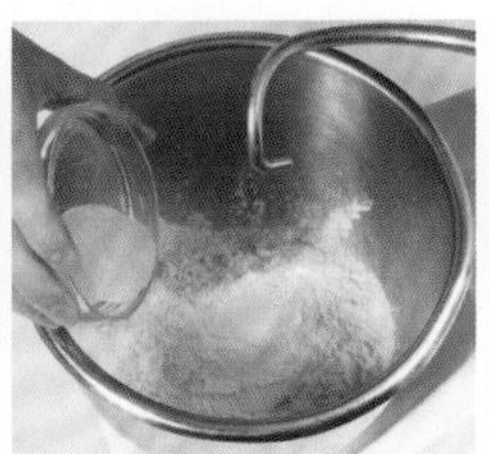

2 将种面部分的高筋面粉、酵母、清水慢速搅拌均匀。

3 转快速打至五六成筋度。

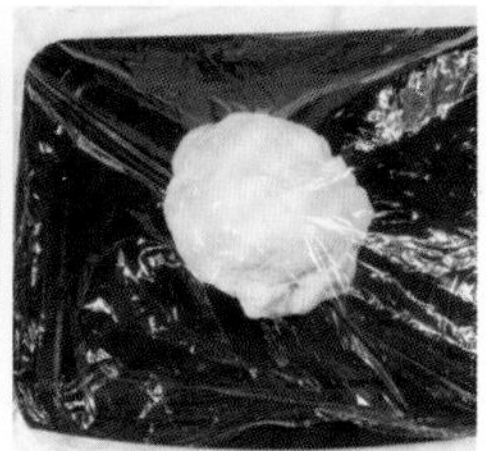

4 盖上保鲜膜，发酵2.5小时，温度30℃，湿度72%，发酵好即成种面面团。

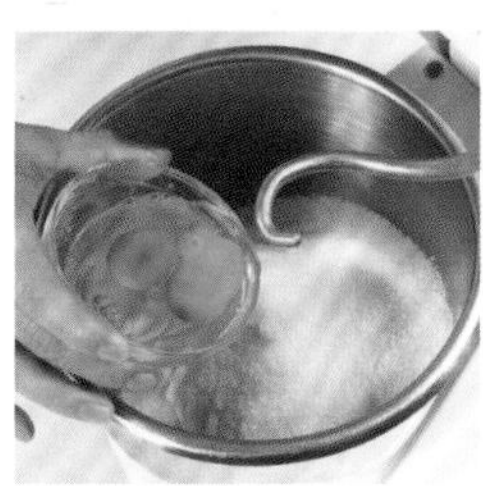

5 将种面、砂糖、全蛋、清水快速打至砂糖溶化。

6 加入高筋面粉、改良剂、奶香粉，慢速拌均匀。

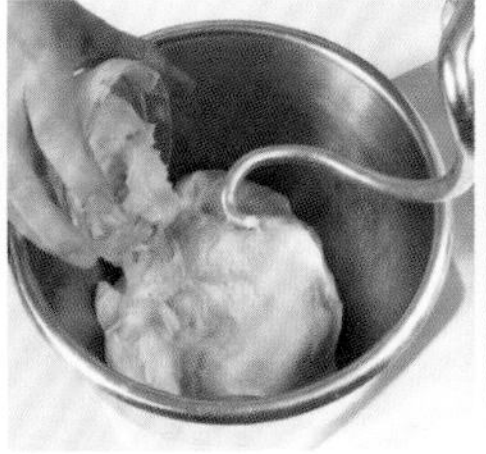

7 转快速拌2~3分钟，加入鲜奶油、食盐、奶油，慢速拌匀后，转快速打至面筋扩展。

8 盖上保鲜膜，松弛20分钟，温度34℃，湿度75%。

9 将松弛好的面团分成70克/个，并滚圆。

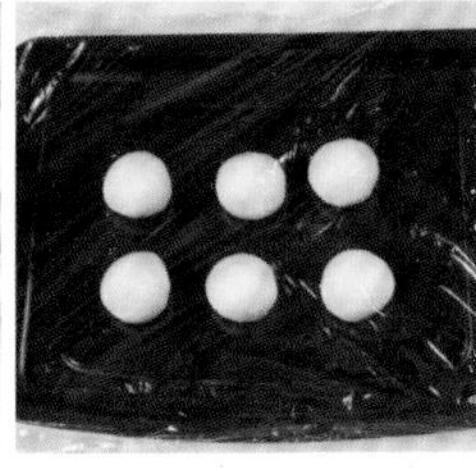

10 放上烤盘，入发酵箱，温度30℃，湿度72%，发酵20分钟。

11 将发酵好的面团压扁、排气。

12 包上栗蓉，滚成圆形，用擀面杖擀长。

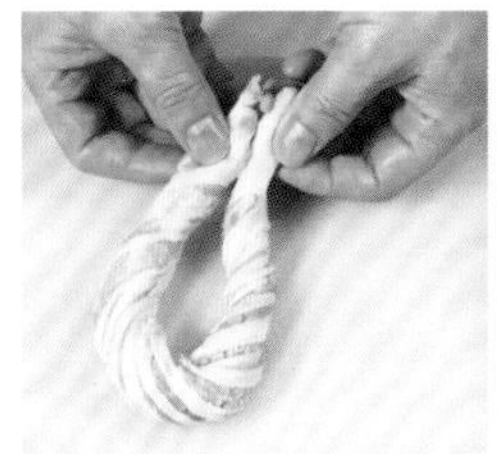

13 划几刀，卷起，再对折卷即可。

14 排入烤盘，入发酵箱，发酵88分钟，温度38℃，湿度72%。

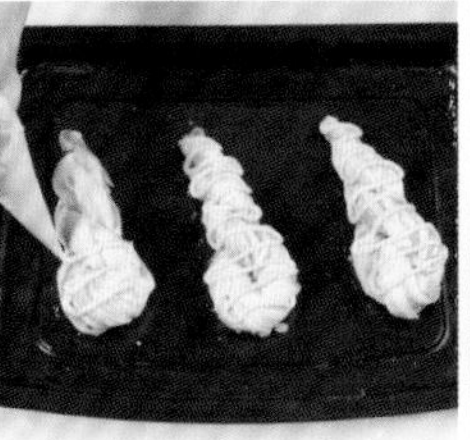

15 将发酵好的面团扫上全蛋液，挤上奶油面糊。

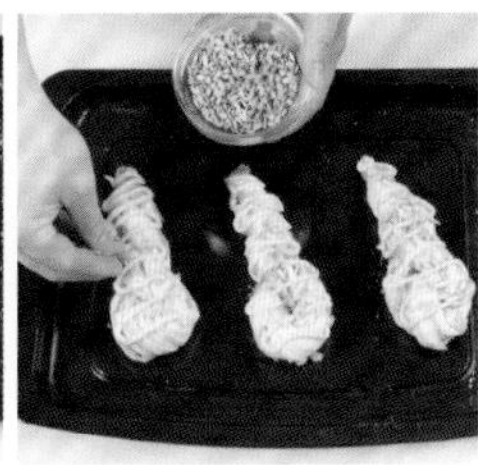

16 撒上瓜子仁，入炉烘烤15分钟左右，上火190℃，下火165℃，烤好出炉即成。

面包店“明星”：

奶酪蓝莓面包

所需时间
180 分钟左右

材料 Ingredient

种面

高筋面粉	850克
酵母	12克
全蛋	125克
清水	430克

主面

砂糖	200克
蜂蜜	100克
清水	150克
高筋面粉	400克
奶粉	50克
改良剂	4克
食盐	12.5克
奶油	125克

蓝莓馅

鲜奶	50克
蓝莓酱	100克
即溶吉士粉	85克

其他材料

杏仁片	适量
奶酪馅	适量

制作指导

蓝莓馅不宜抹太多，否则难收口。

做法 Recipe

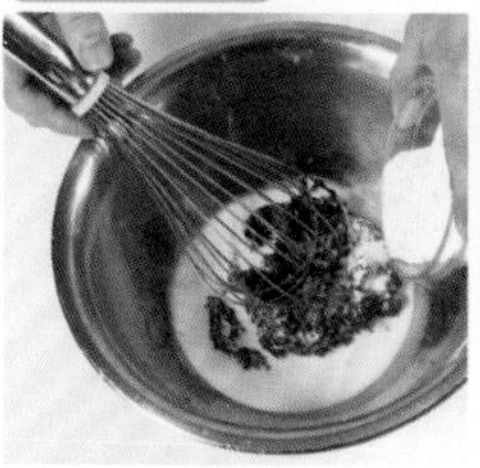

1 将蓝莓馅部分的鲜奶、蓝莓酱、即溶吉士粉搅拌均匀即成蓝莓馅，备用。

2 将种面部分的高筋面粉、酵母慢速拌匀。

3 加入部分全蛋、清水慢速拌匀，转快速打2~3分钟。

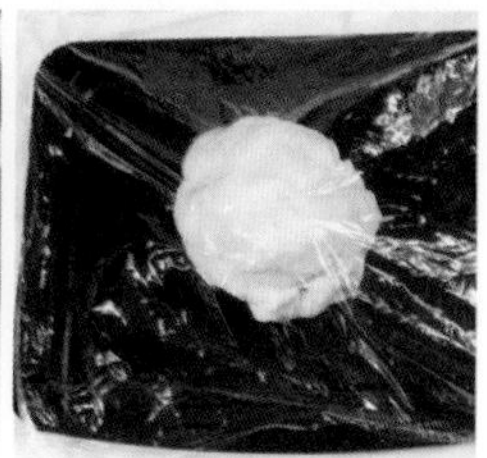

4 盖上保鲜膜，进发酵箱发酵125分钟，温度30℃，湿度72%。发酵后即成种面。

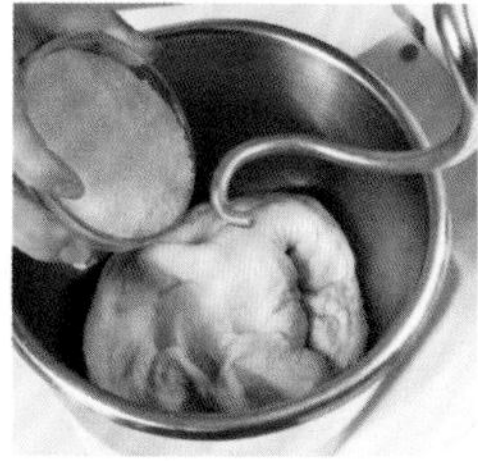

5 将种面、砂糖、蜂蜜、清水快速搅拌2分钟。

6 加入高筋面粉、奶粉、改良剂慢速拌均匀，转快速将面团打至七八成光滑。

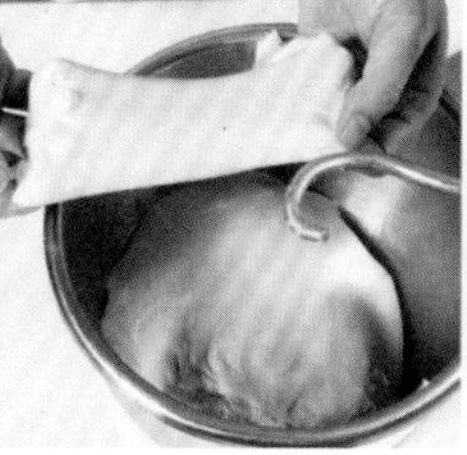

7 加入奶油、食盐，慢速拌匀后转快速，将面团打至完全扩展。

8 盖上保鲜膜，发酵30分钟，温度32℃，湿度70%。

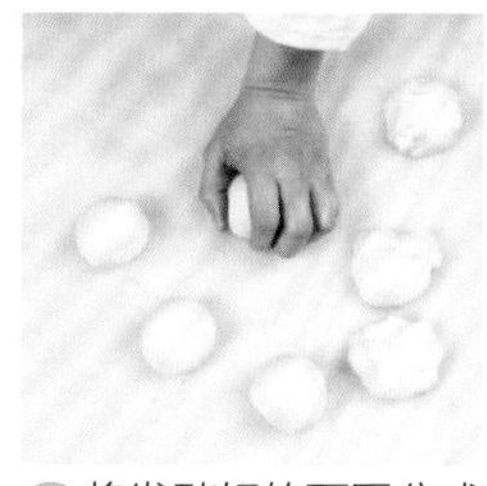

9 将发酵好的面团分成65克/个，滚圆。

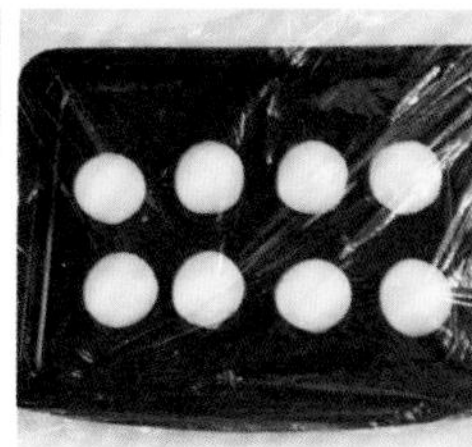

10 排入烤盘，入发酵箱发酵20分钟。

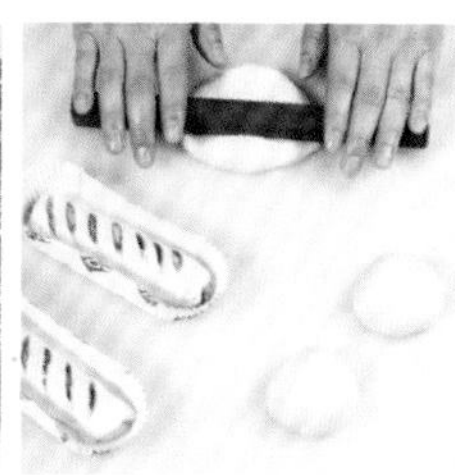

11 将面团用擀面杖擀开、排气。

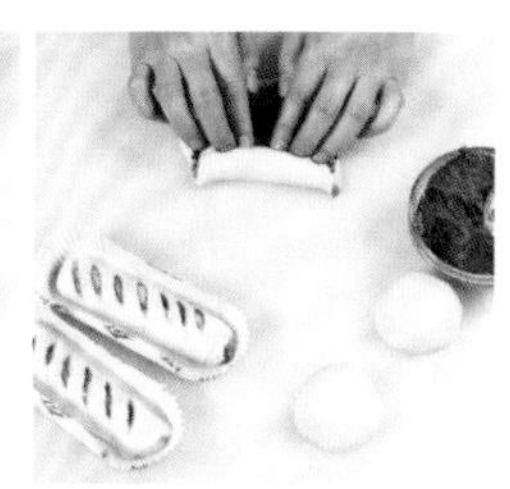

12 抹上蓝莓馅，卷成形。

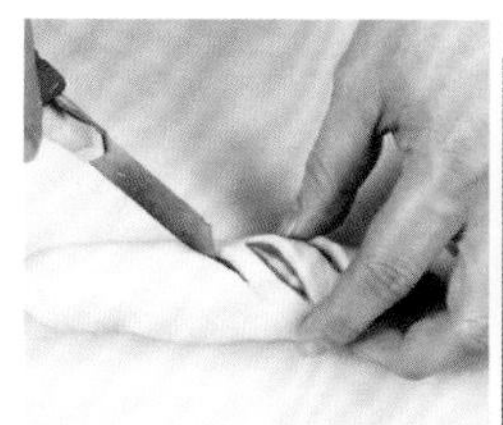

13 用刀划几刀，放入模具。

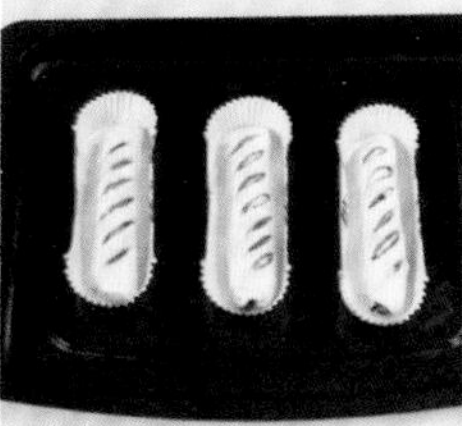

14 排入烤盘，入发酵箱，温度38℃，湿度75%。

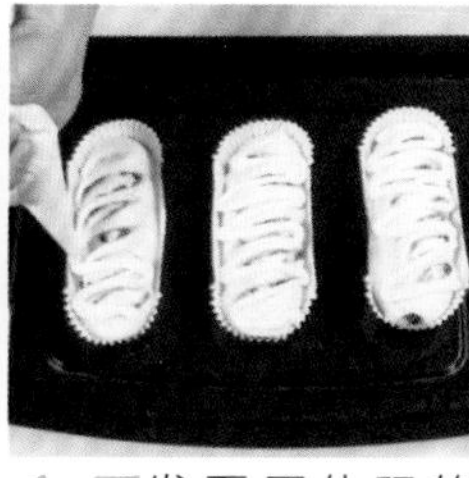

15 发至原体积的2.5倍大时，扫上全蛋液，挤上奶酪馅。

16 撒上杏仁片，入炉烘烤18分钟左右，上火185℃，下火170℃，烤好出炉即可。

香酥美味：

起酥肉松面包

所需时间
150 分钟左右

材料 Ingredient

主面			
高筋面粉	1750克		
奶粉	75克		
全蛋	150克		
食盐	18克		
酵母	18克		
奶香粉	8克		
蜂蜜	50克		
奶油	180克		
改良剂	4克		
砂糖	330克		
清水	850克		

起酥皮	
高筋面粉	500克
食盐	15克
奶油	50克
清水	425克
低筋面粉	500克
味精	3克
全蛋	75克

其他材料	
肉松	适量
沙拉酱	适量
全蛋液	适量

制作指导

面团松弛的时间一定要足够长。

做法 Recipe

1 将主面部分的高筋面粉、酵母、改良剂、奶粉和奶香粉慢速拌匀。

2 加入全蛋、清水、砂糖、蜂蜜慢速拌匀，再转快速搅拌2分钟。

3 再加入食盐、奶油慢速拌匀，接着转快速搅拌。

4 搅至拉出均匀的薄膜状。

5 盖上保鲜膜，松弛20分钟，温度32℃，湿度75%。

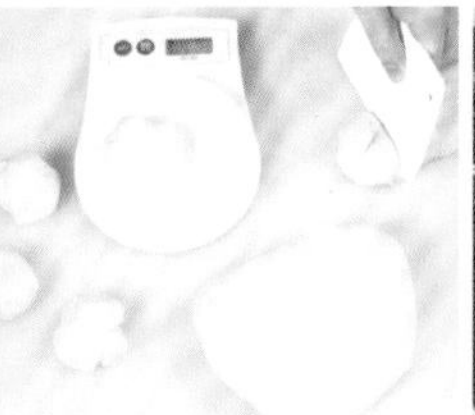

6 将松弛好的面团分成60克/个，滚圆面团。

7 放入烤盘，盖上保鲜膜松弛25分钟，温度31℃，湿度70%。

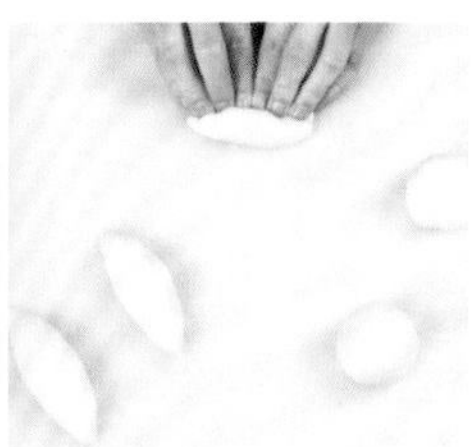

8 将面团压扁、排气，卷成橄榄形。

9 排入烤盘，放进发酵箱醒发85分钟，温度37℃，湿度75%。

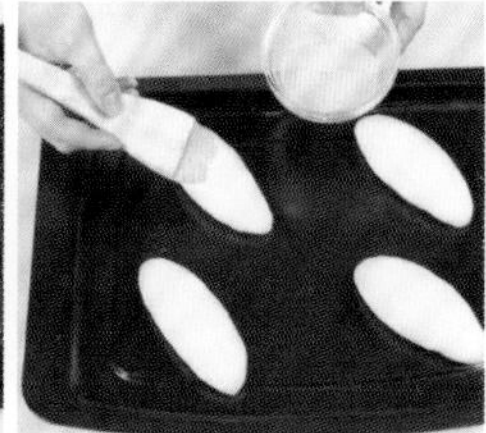

10 在醒发好的面团上扫上全蛋液。

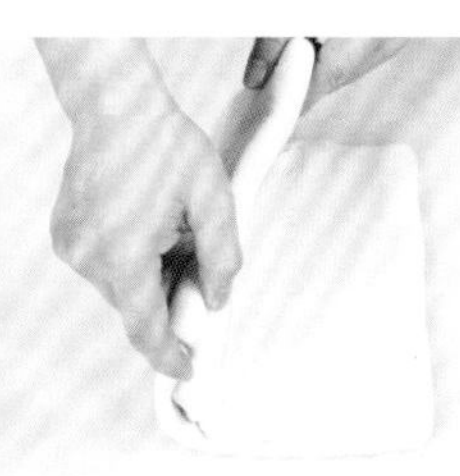

11 按照P25中的方法制作好起酥皮。

12 用刀把起酥皮切成薄片。

13 在每个面团上放上三片起酥皮，入炉烘烤。

14 烘烤约15分钟出炉，上火185℃，下火165℃。

15 把凉透的面包用锯刀切开，挤上沙拉酱。

16 放上肉松，再挤上沙拉酱即成。

好吃又好看的小甜点：

菠萝椰子面包

所需时间
150 分钟左右

材料 Ingredient

面团		椰蓉馅		黄色素	适量
高筋面粉	1750克	砂糖	200克	泡打粉	1.5克
奶粉	65克	全蛋	75克	麦芽糖	25克
全蛋	180克	椰蓉	300克	臭粉	2克
食盐	17.5克	奶油	225克	猪油	40克
酵母	17克	奶粉	75克	清水	15克
奶香粉	8克	椰香粉	2克	奶粉	5克
蜂蜜	35克	广式菠萝皮		低筋面粉	150克
奶油	200克	砂糖	105克	其他材料	
改良剂	7克	食粉	1.5克	车厘子	适量
砂糖	150克	全蛋	25克	全蛋液	适量
清水	825克	色拉油	30克		

制作指导

菠萝皮不要拌出筋度。

做法 Recipe

1 把面团部分的高筋面粉、酵母、改良剂、奶粉、奶香粉和砂糖慢速拌匀。

2 加入全蛋、清水、蜂蜜慢速拌匀，转快速搅拌2~3分钟。

3 加入奶油、食盐慢速拌匀。

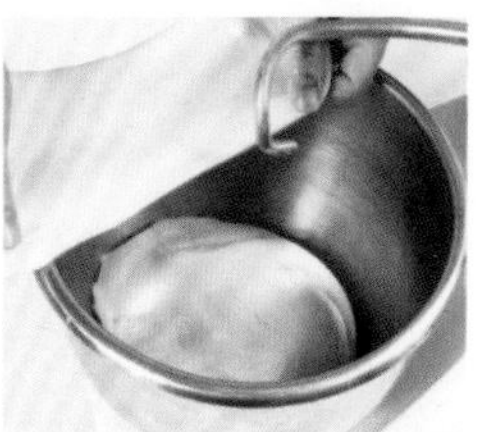

4 转快速打至面团拉出薄膜状。

5 盖上保鲜膜，发酵20分钟，温度32℃，湿度72%。

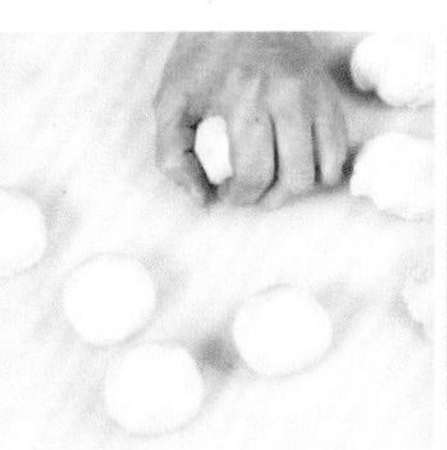

6 把发酵好的面团分成50克/个，搓圆滚紧。

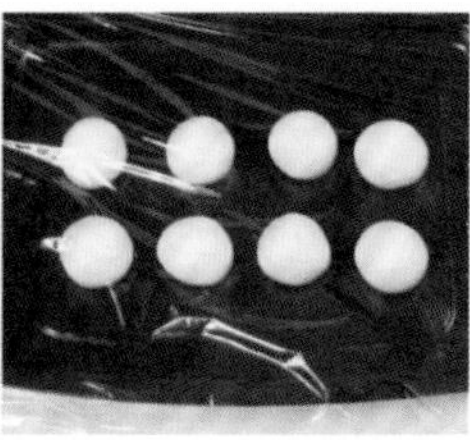

7 排入烤盘，入发酵箱发酵20分钟，温度32℃，湿度72%。

8 把椰蓉馅部分的奶油、砂糖、全蛋搅拌均匀，加入低筋面粉、奶粉、椰蓉拌均匀，即成椰蓉馅。

9 把发酵好的面团压扁、排气。

10 将椰子馅包入面皮，成三角形。

11 放入烤盘，入发酵箱，发酵90分钟，温度36℃，湿度80%。

12 发至原面团3倍大。按照P24的做法制作出广式菠萝皮，分成一小段。

13 用刀压扁成薄片。

14 放上面团，扫2次全蛋液。

15 用竹签在面团上划出菠萝纹。

16 放上车厘子，进炉烘烤13分钟左右，上火185℃，下火165℃，烤熟出炉即可。

香甜糯软：

黄金玉米面包

所需时间
240分钟左右

材料 Ingredient

种面

高筋面粉	500克
全蛋	75克
酵母	7克
清水	250克

黄金酱

蛋黄	4个
糖粉	60克
食盐	3克
液态酥油	500克
淡奶	30克
炼奶	15克

主面

砂糖	135克
蜂蜜	45克
清水	100克
高筋面粉	250克
奶香粉	4克
改良剂	3克
食盐	7克
奶粉	20克
奶油	75克

其他材料

玉米粒	适量
全蛋液	适量

制作指导

打黄金酱加入液态酥油时，要往同一方向搅。

做法 Recipe

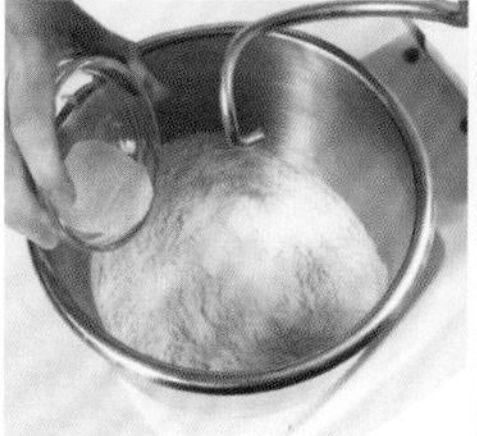

1 将种面部分的高筋面粉、酵母慢速搅拌均匀。

2 加入全蛋、清水慢速拌均匀。

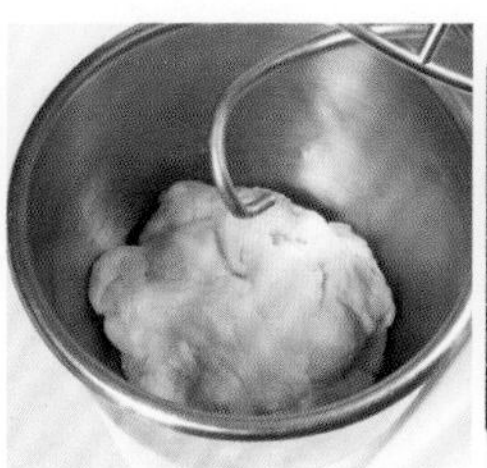

3 转快速打至五成筋度。

4 盖上保鲜膜，发酵3小时，温度32℃，湿度70%，发酵好即成种面。

5 将种面、砂糖、蜂蜜、清水快速打至糖溶化。

6 加入高筋面粉、改良剂、奶粉、奶香粉慢速拌均匀，转快速打2~3分钟。

7 加入食盐、奶油慢速拌匀，转快速拌匀。

8 打至面筋扩展后，盖上保鲜膜，发酵20分钟，温度36℃，湿度72%。

9 把发酵好的面团分成60克/个。

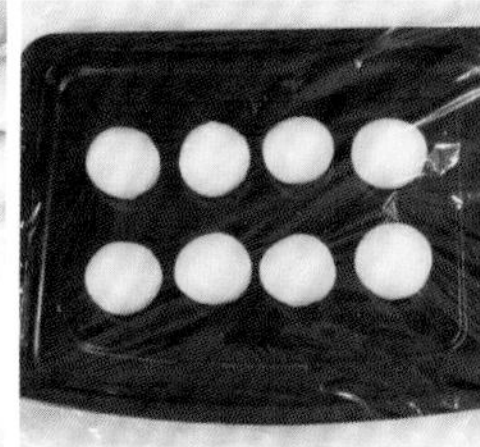

10 把面团滚圆后，松弛20分钟。

11 把松弛好的面团搓长，造型后入模具。

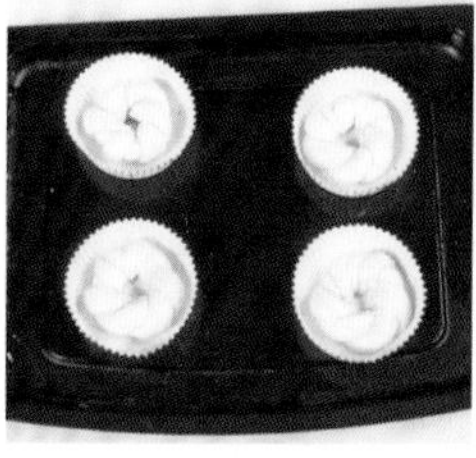

12 入醒发箱醒发90分钟，温度36℃，湿度70%。

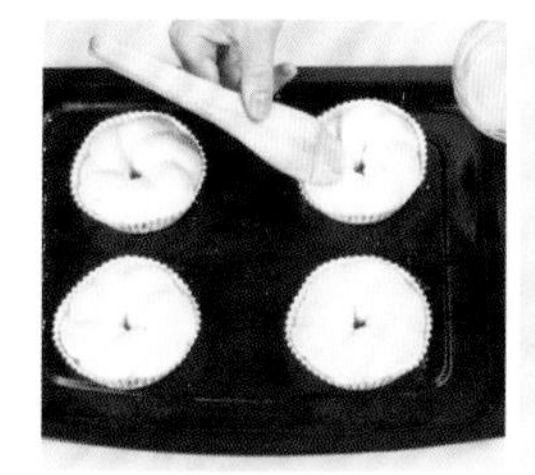

13 发至模具九分满后，取出扫上全蛋液。

14 按P19中的做法制成黄金酱，取150克玉米粒和45克黄金酱拌成黄金玉米馅。

15 将黄金玉米馅放到面团上。

16 挤上剩余的黄金酱，入炉烘烤约16分钟，上火190℃，下火170℃，烤好出炉即可。

荤素搭配：

香芹培根面包

所需时间 110分钟左右

材料 Ingredient

面团		香芹	285克	全蛋	50克
甜老面	320克	低筋面粉	250克	色拉油	450克
酵母	18克	全蛋	185克	白醋	12克
砂糖	100克	食盐	36克	淡奶	18克
奶油	175克	培根丝	125克	其他材料	
味精	3克	馅		黑胡椒粉	适量
高筋面粉	1550克	砂糖	50克	沙拉酱	适量
改良剂	7.5克	食盐	2克	全蛋液	适量
清水	750克	味精	1克		

制作指导

拌好面团的温度大约为27℃。

做法 Recipe

1 先把馅料中的砂糖、全蛋、食盐和味精倒入，拌至糖溶化，慢慢加入色拉油打发。

2 再加入白醋拌匀，最后加入淡奶拌匀即成馅料，备用。

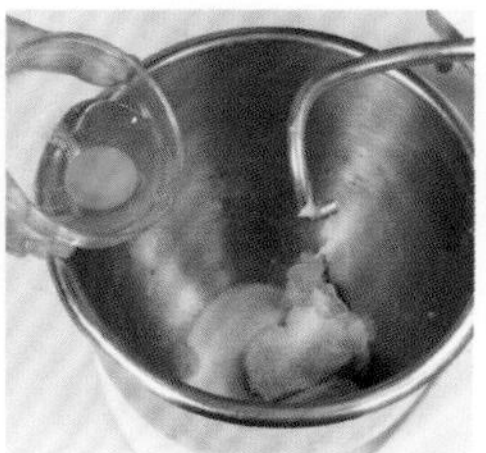

3 把面团部分的砂糖、全蛋、清水、甜老面拌至糖溶化。

4 加入高筋面粉、低筋面粉、酵母和改良剂慢速拌匀。

5 快速搅拌2分钟，加入奶油、食盐慢速拌匀。

6 再快速拌至面筋完全扩展。

7 香芹中加入部分培根丝、味精炒好，倒入面筋中慢速拌匀即可。

8 盖上保鲜膜，松弛20分钟，温度30℃，湿度70%。

9 松弛好即成主面面团。

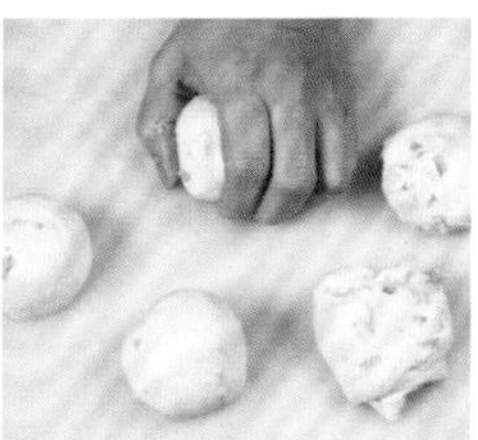

10 把面团分成70克/个，滚圆至面团光滑后，松弛20分钟。

11 将松弛好的面团用手压扁、排气，卷起成形。

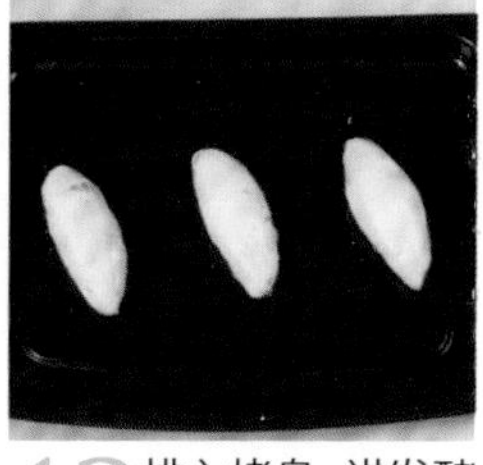

12 排入烤盘，进发酵箱，最后醒发60分钟，温度36℃，湿度75%。

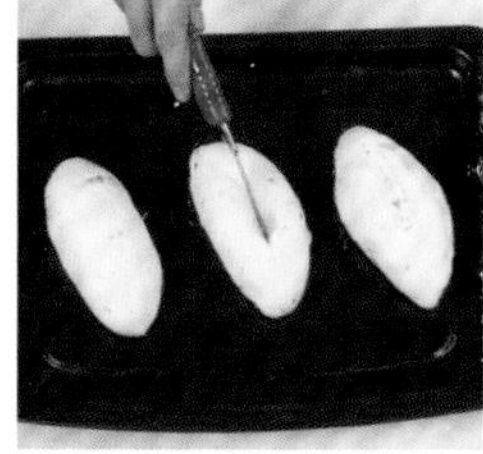

13 用刀在醒发好的面团中间划一刀。

14 扫上全蛋液后，放入培根丝。

15 挤上沙拉酱，撒上黑胡椒粉。

16 入炉烘烤15分钟左右，上火190℃，下火160℃，烤好后出炉即可。

健脾开胃：

南瓜面包

所需时间
210 分钟左右

材料 Ingredient

种面		主面			
高筋面粉	500克	砂糖	165克	奶粉	15克
酵母	8克	熟南瓜	225克	食盐	8克
全蛋	50克	酵母	3克	奶油	85克
清水	250克	改良剂	4克	**其他材料**	
		高筋面粉	350克	起酥皮	适量
				全蛋液	适量

制作指导

起酥皮不要太厚，以免烤不熟。

做法 Recipe

1 将种面部分的高筋面粉、酵母慢速拌匀。

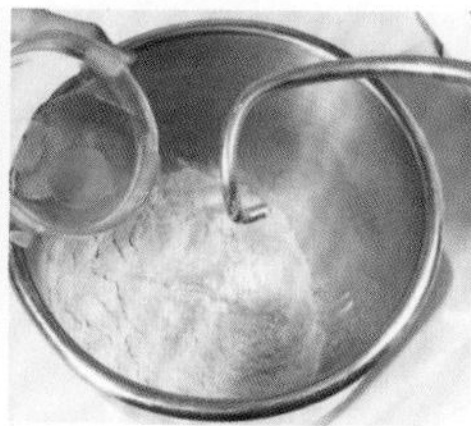

2 加入全蛋和清水慢速拌匀。

3 转快速搅拌2~3钟。

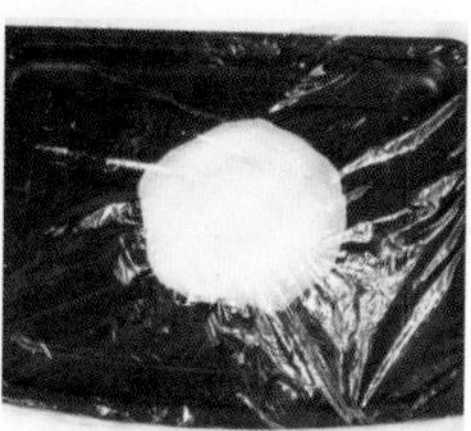

4 盖上保鲜膜，发酵2.5小时，温度30℃，湿度70%。

5 发酵好即成种面面团。

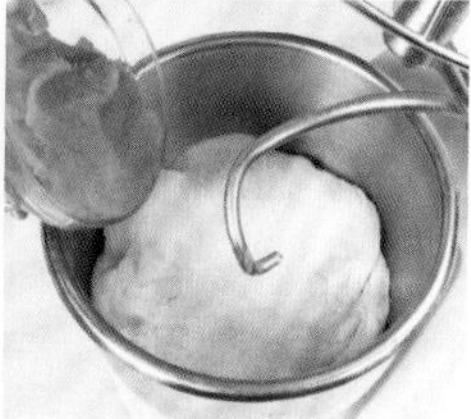

6 将种面、砂糖、熟南瓜搅拌至糖溶化。

7 加入高筋面粉、奶粉、酵母、改良剂，搅拌至五六成筋度。

8 加入食盐、奶油慢速搅拌均匀。

9 转快速打至拉出薄膜状。

10 盖上保鲜膜，松弛25分钟，温度32℃，湿度73%。

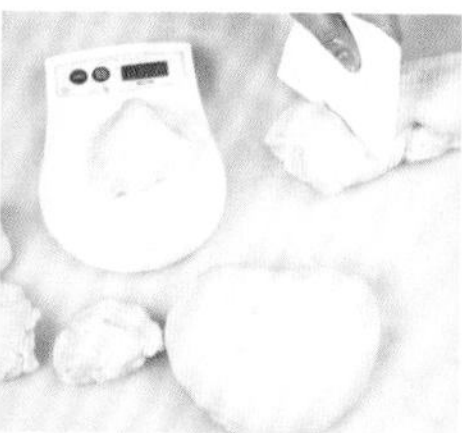

11 把面团分成65克/个。

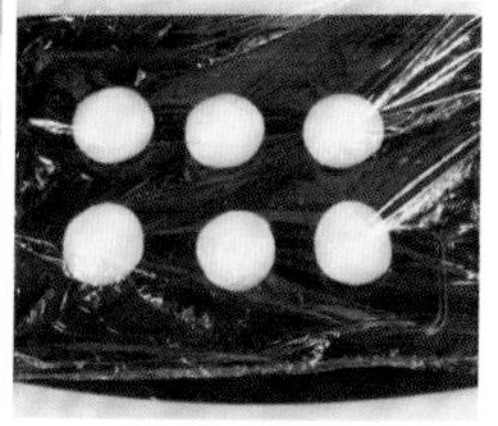

12 滚圆面团，盖上保鲜膜，松弛20分钟。

13 将松弛好的面团再次滚圆至紧光滑。

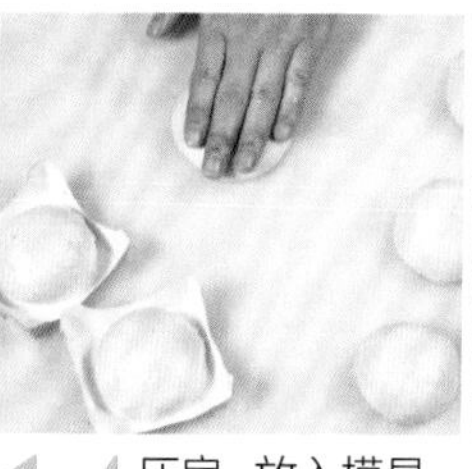

14 压扁，放入模具。

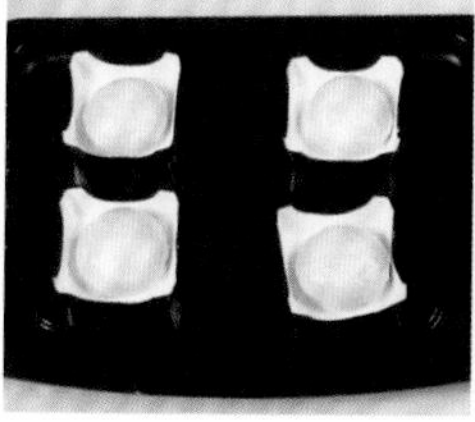

15 放入烤盘，最后醒发90分钟，温度31℃，湿度72%。

16 发至原体积2倍大后，再扫上全蛋液。

17 把起酥皮切成薄片，放在面团上。

18 放入烤箱，上火185℃，下火165℃，烘烤约13分钟，出炉即成。

健脑补血：

提子核桃吐司

所需时间 180分钟左右

材料 Ingredient

高筋面粉	900克	奶粉	45克	食盐	10克
改良剂	4克	清水	550克	核桃仁	125克
全蛋	100克	提子干	300克	瓜子仁	20克
奶油	100克	酵母	13克		
大豆粉	100克	砂糖	190克		

做法 Recipe

1 将高筋面粉、大豆粉、酵母、改良剂、奶粉、砂糖拌匀。

2 加入部分全蛋和清水慢速拌匀，快速搅拌2分钟。

3 加入食盐和奶油慢速拌匀，再快速搅拌至面筋扩展。

4 最后加入提子干和核桃仁慢速搅拌。

5 将面团基础发酵20分钟，温度为31℃，湿度为80%。

6 将发酵好的面团分割成150克/个。

7 滚圆面团，松弛20分钟，滚圆至面团表面光滑，放入模具。

8 排好放入发酵箱，醒发90分钟，温度36℃，温度75%。

9 醒发好的面团用刀划几刀，扫上全蛋液。

10 撒上瓜子仁，进炉烘烤约25分钟，上火165℃，下火195℃，烤至金黄色即可。

制作指导

烤好出炉后，要马上脱模。

明目护肝：

甘笋吐司

所需时间
210分钟左右

材料 Ingredient

高筋面粉	750克	砂糖	140克	胡萝卜汁	400克
酵母	10克	奶粉	30克	食盐	8克
改良剂	3克	全蛋	100克	奶油	85克

做法 Recipe

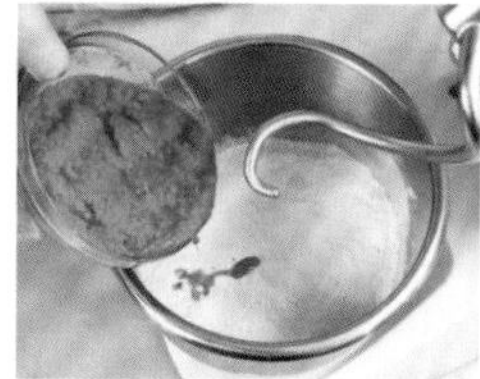

1 把高筋面粉、酵母、改良剂、砂糖和奶粉拌匀。

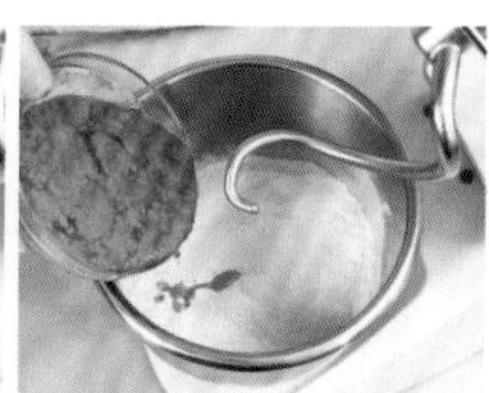

2 加入部分全蛋和胡萝卜汁慢速拌匀，转快速拌2分钟。

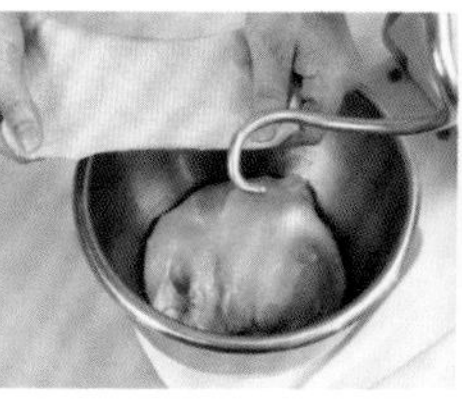

3 加入奶油和食盐慢速拌匀，再快速搅拌至可拉出薄膜状。

4 松弛25分钟，温度30℃，湿度78%。

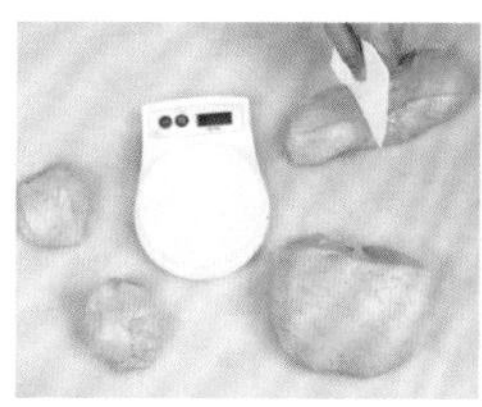

5 将松弛好的面团分割成150克/个。

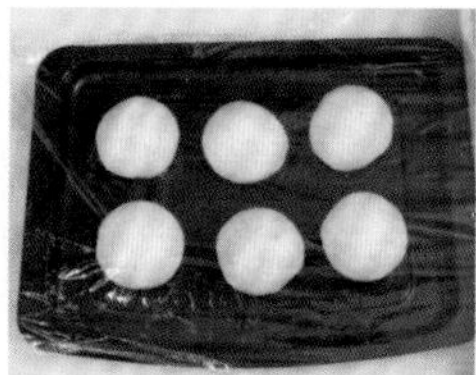

6 把面团滚圆，松弛120分钟。

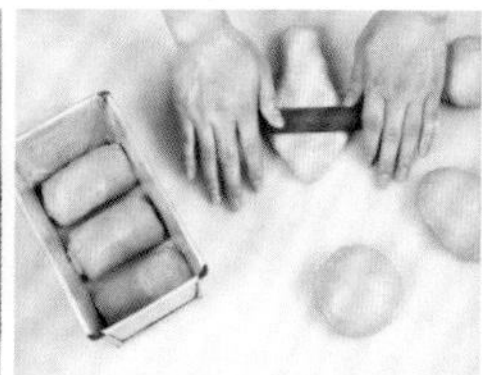

7 将松弛好的面团用擀面杖擀开、排气，卷起成形，放入模具。

8 排好进发酵箱醒发95分钟，温度为36℃，湿度为85%。

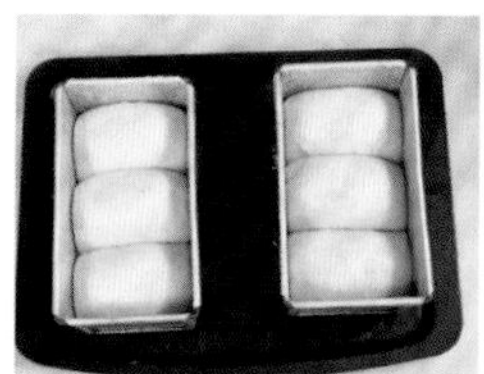

9 把醒发好的面团放入烤炉烘烤，上火165℃，下火185℃。

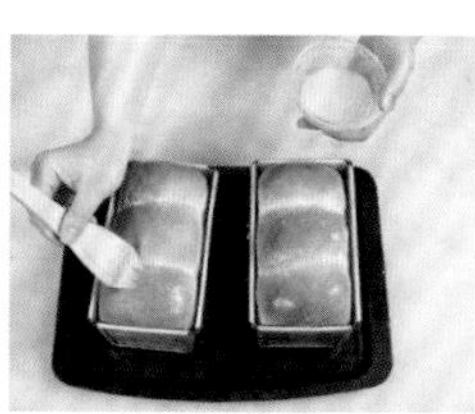

10 烤约30分钟至烤熟，取出扫上全蛋液即可。

制作指导

入炉时，要在面团表面喷水。

淡淡橙香：

香橙土司

所需时间
175 分钟左右

材料 Ingredient

高筋面粉	1000克	酵母	12克	吉士粉	15克
砂糖	200克	全蛋	150克	奶油	150克
清水	500克	食盐	11克		
橙皮	3个	改良剂	5克		

做法 Recipe

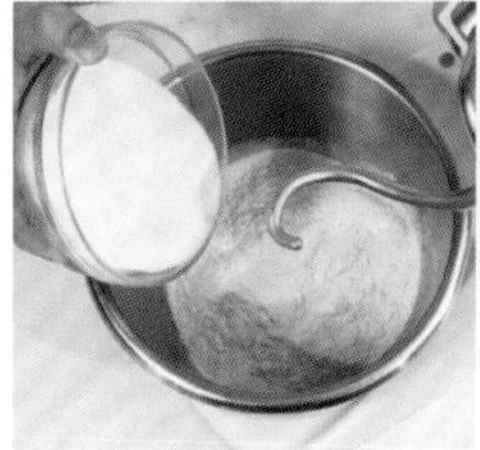

1 将高筋面粉、酵母、改良剂、砂糖慢速拌匀。

2 加入部分全蛋和清水慢速拌匀，再转快速拌匀。

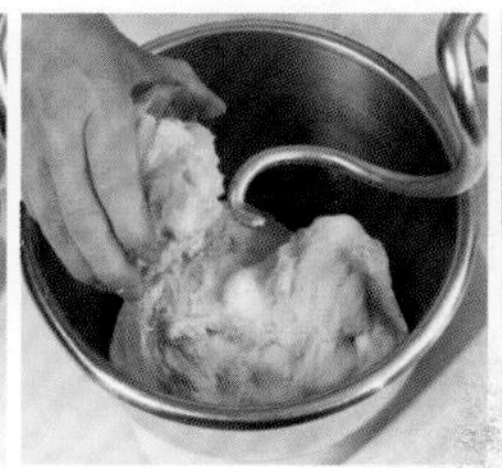

3 快速打至面团有些光滑，加入食盐、奶油、吉士粉慢速拌匀，再转快速。

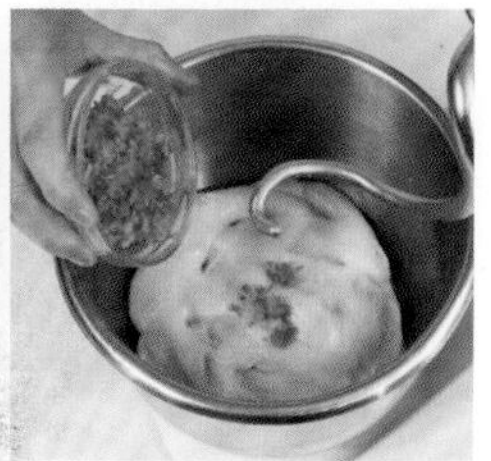

4 打至光滑，再加橙皮慢速拌匀。

5 盖上保鲜膜，松弛20分钟，温度30℃，湿度75%。

6 将松弛好的面团分割成100克/个。

7 把面团滚圆，松弛20分钟。

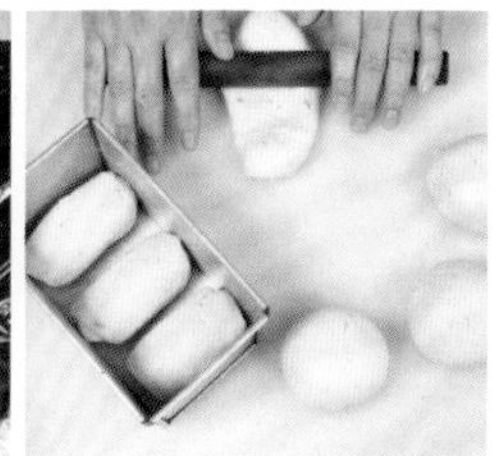

8 把松弛好的面团用擀面杖压扁、排气。

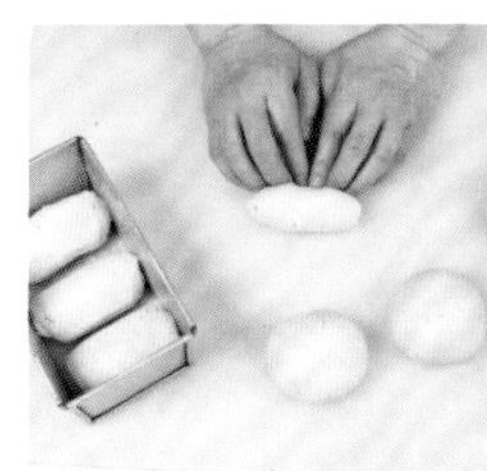

9 卷成形，放入模具。

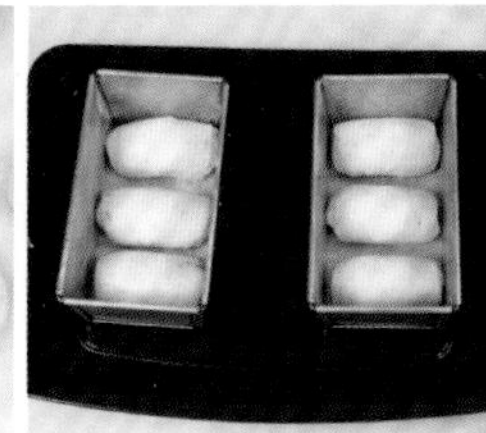

10 排入烤盘，入发酵箱发酵90分钟，温度35℃，湿度85%。

11 发至八分满，入烤箱，上火160℃，下火220℃，大约烤25分钟。

12 面包烤好出炉后，扫上全蛋液即可。

制作指导

面团卷成形放入模具时，长度要比模具短。

甜里带点酸：

蔓越莓吐司

所需时间
225分钟左右

材料 Ingredient

种面		主面			
				奶粉	30克
高筋面粉	700克	砂糖	190克	食盐	10克
酵母	12克	炼奶	100克	改良剂	3克
全蛋	100克	清水	55克	奶油	110克
清水	350克	高筋面粉	300克	蔓越莓丁	165克

做法 Recipe

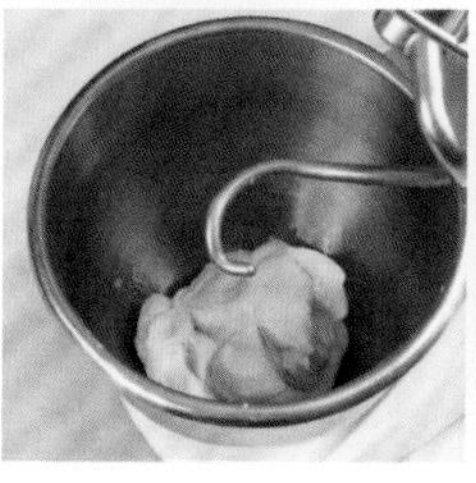

1 将种面部分的高筋面粉、酵母、部分全蛋、清水慢速拌匀，转快速拌2分钟。

2 发酵2个小时，温度30℃，湿度72%，发酵好即为种面。

3 将种面、砂糖、炼奶、清水快速搅拌2分钟，直至拌成糊状。

4 加入高筋面粉、奶粉、改良剂慢速拌匀，转快速拌至面团七八成筋度。

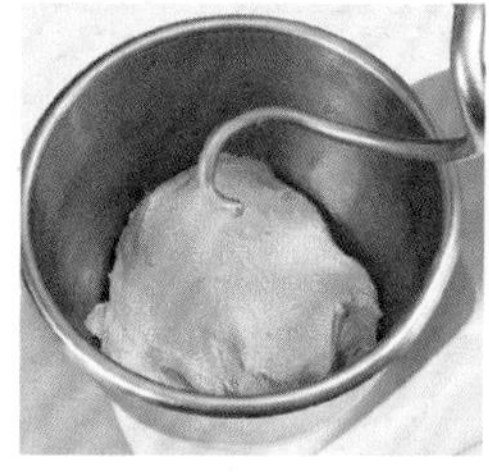

5 加入食盐、奶油慢速拌匀，转快速拌至面团光滑。

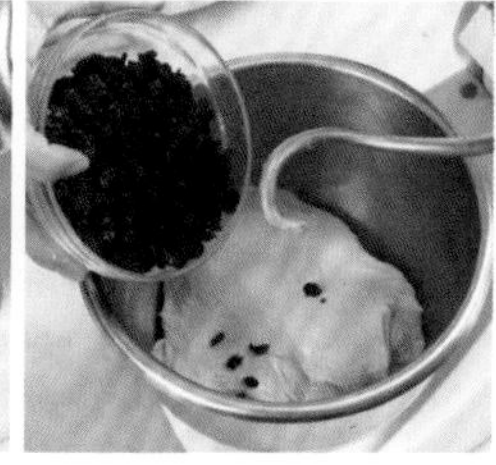

6 放入蔓越莓丁慢速拌匀。

7 松弛20分钟，把松弛好的面团分割成250克/个。

8 将面团滚圆后，松弛20分钟。

9 将松弛好的面团用擀面杖压扁、擀长。

10 卷成形，放入模具，入发酵箱里醒发110分钟，温度36℃，湿度75%。

11 将发酵好的面团入炉烘烤，上火180℃，下火180℃，约烤50分钟。

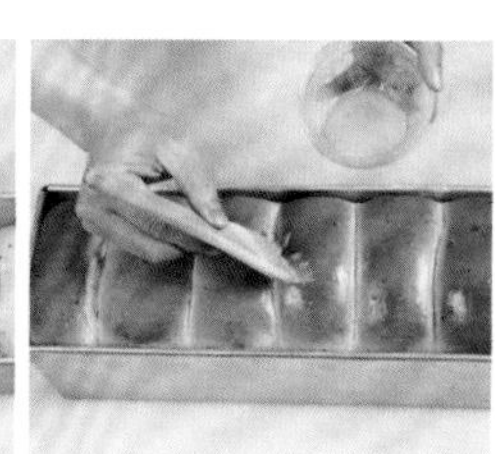

12 面包出炉后，立即扫上全蛋液即可。

制作指导

排放要均匀，以免影响外观。

鲜香美味：

香菇鸡粒吐司

所需时间
4 小时左右

材料 Ingredient

种面		主面		其他材料	
高筋面粉	600克	砂糖	85克	芝士片	适量
酵母	11克	清水	180克	沙拉酱	适量
全蛋	50克	高筋面粉	400克	全蛋液	适量
清水	325克	改良剂	5克	香菇鸡粒馅	适量
		奶粉	45克		
		奶香粉	5克		
		食盐	20克		
		奶油	100克		

做法 Recipe

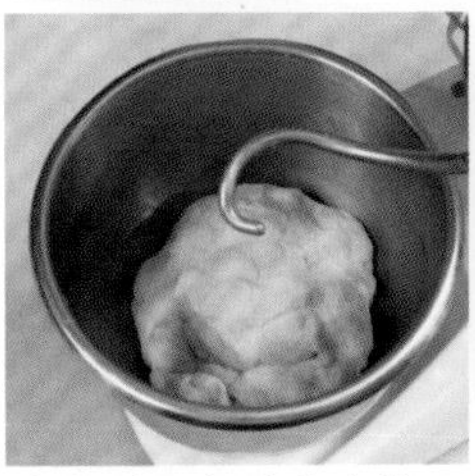

1 将种面部分的高筋面粉、酵母拌匀，加入全蛋和清水慢速拌匀，快速搅拌2分钟。

2 发酵2个小时，温度30℃，湿度70%，发酵好即成种面面团。

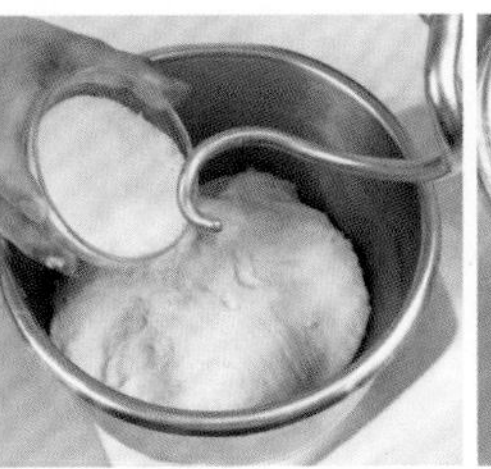

3 把种面、砂糖和清水拌至糖溶化。

4 加入高筋面粉、改良剂、奶香粉和奶粉慢速拌匀，转快速搅拌2分钟。

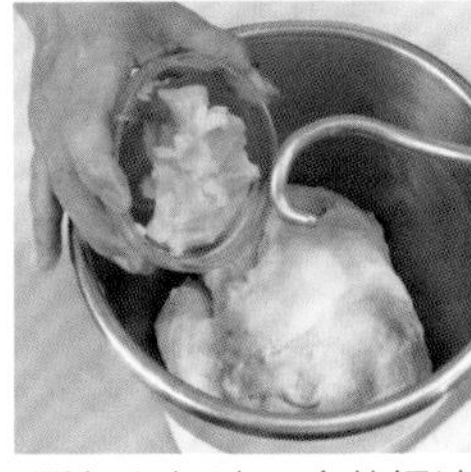

5 加入奶油和食盐慢速拌匀。

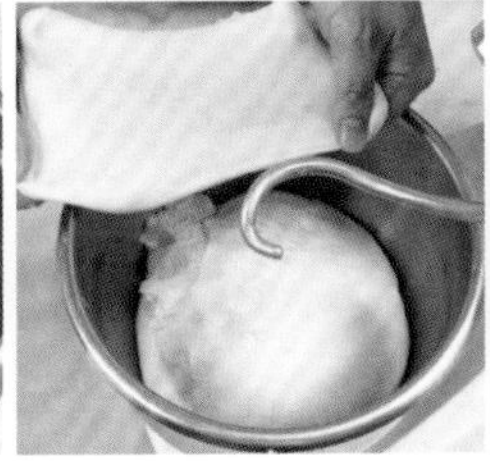

6 快速搅拌至可拉出薄膜状。

7 把面团松弛20分钟，温度30℃，湿度75%。

8 把松弛好的面团分割成100克/个。

9 把面团滚圆后，松弛20分钟。

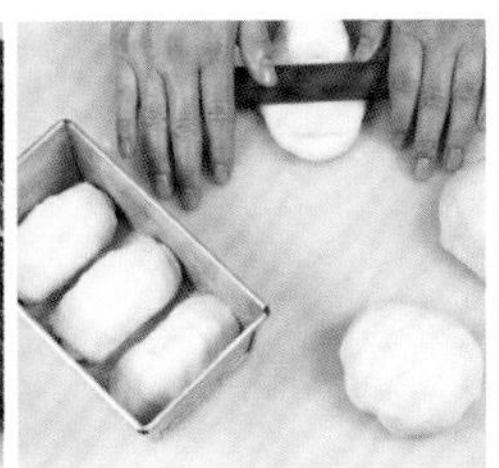

10 把松弛好的面团擀开、排气。

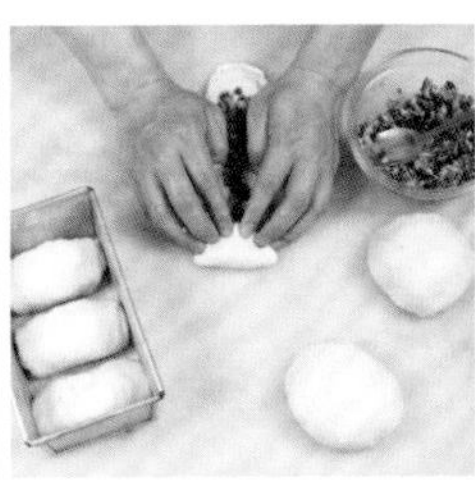

11 放上香菇鸡粒馅，卷成形，放入模具。

12 排好放入发酵箱醒发10分钟，温度36℃，湿度80%。

13 发至模具八分满，用剪刀在面上剪两刀后，扫上全蛋液，放上芝士片。

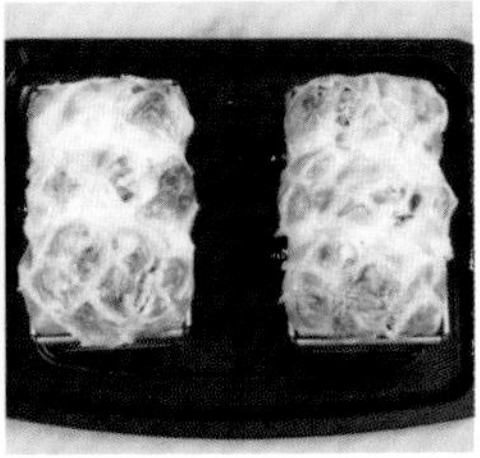

14 挤上沙拉酱，入炉烘烤，上火170℃，下火215℃，时间大约25分钟即可。

制作指导

不要发得太满，以免影响外观。

不一样的味道：

培根芝士吐司

所需时间
190 分钟左右

材料 Ingredient

种面				其他材料	
高筋面粉	1750克	清水	125克	培根	适量
酵母	23克	高筋面粉	750克	芝士	适量
清水	800克	改良剂	8克	洋葱	适量
主面		奶粉	100克	沙拉酱	适量
砂糖	475克	鲜奶油	50克	全蛋液	适量
全蛋	250克	食盐	26克		
		奶油	250克		

做法 Recipe

1 将种面部分的高筋面粉、酵母、清水慢速拌匀。

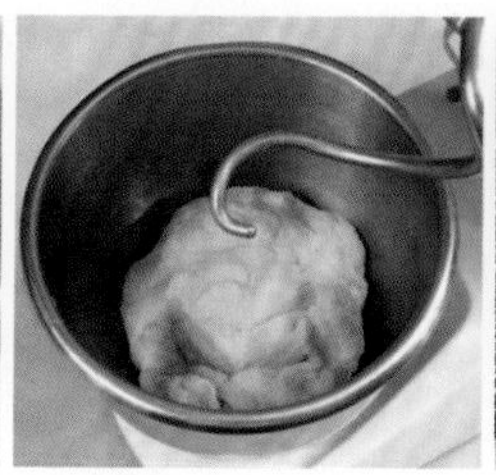
2 转快速拌2分钟。

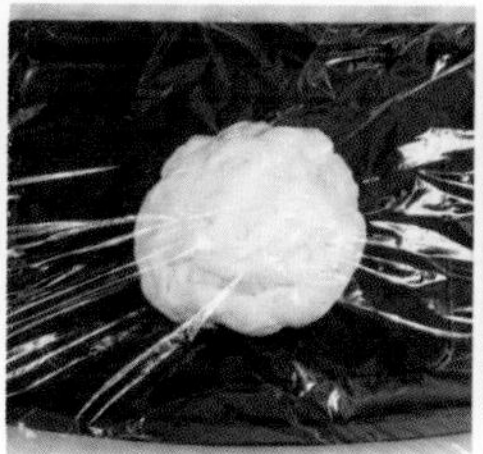
3 盖上保鲜膜，发酵2个小时，温度30℃，湿度70%。

4 发至原面团3倍大以上，即成种面面团。

5 将种面、砂糖、全蛋、清水快速打团，直至打至成糊状。

6 将高筋面粉、改良剂、奶粉慢速拌匀，转快速打至七八成筋度。

7 加入食盐、奶油、鲜奶油慢速拌匀，转快速拌至面筋扩展。

8 松弛20分钟，温度33℃，湿度72%。

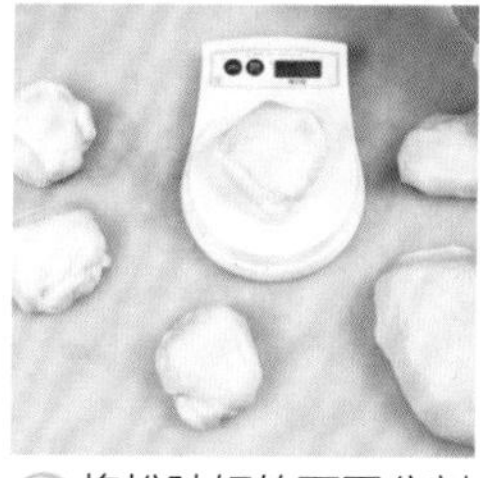
9 将松弛好的面团分割成100克/个，滚圆之后，松弛20分钟。

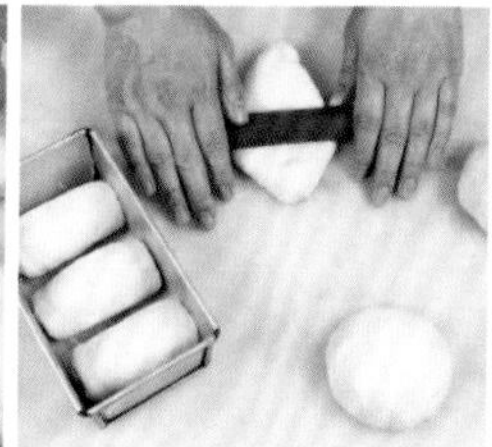
10 将松弛好的面团用擀面杖压扁、排气。

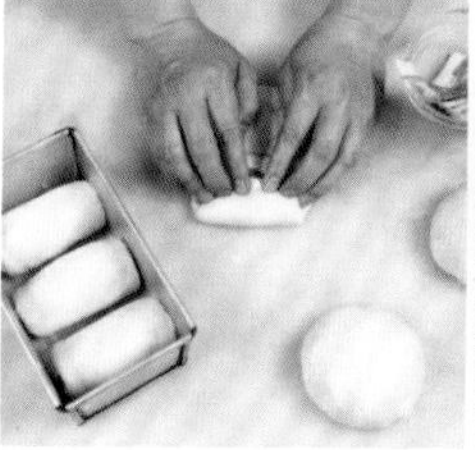
11 放上培根、芝士卷成形，放入模具里。

12 剪上一刀，放入发酵箱，醒发90分钟，温度35℃，湿度80%，发至模具八成满。

13 扫上全蛋液，放上洋葱丝和芝士丝。

14 再挤上沙拉酱，入炉烘烤约25分钟，上火165℃，下火220℃，烤好即可。

制作指导

剪面团时，不要剪得过深。

咸鲜微辣：

黑椒热狗吐司

所需时间
240 分钟左右

材料 Ingredient

种面					
种面		高筋面粉	400克	黑椒热狗	适量
高筋面粉	600克	改良剂	5克	芝士	适量
酵母	12克	奶粉	35克	沙拉酱	适量
全蛋	75克	奶香粉	8克	黑胡椒粉	适量
清水	300克	食盐	20克	干葱	适量
主面		奶油	100克	全蛋液	适量
砂糖	80克	其他材料			
清水	180克	肉松	适量		

做法 Recipe

1 将种面部分的高筋面粉、酵母慢速拌匀。

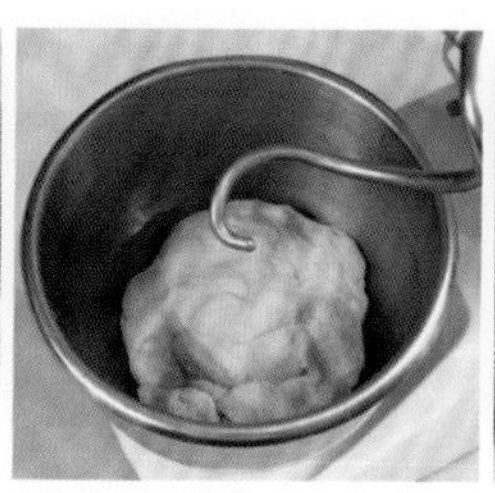

2 加入全蛋、清水慢速拌匀，再转快速打2分钟。

3 入烤盘，盖上保鲜膜，发酵2个小时即成种面。

4 将种面、砂糖、清水搅拌2分钟，打成糊状。

5 加入高筋面粉、改良剂、奶粉、奶香粉慢速拌匀，再转快速打2分钟。

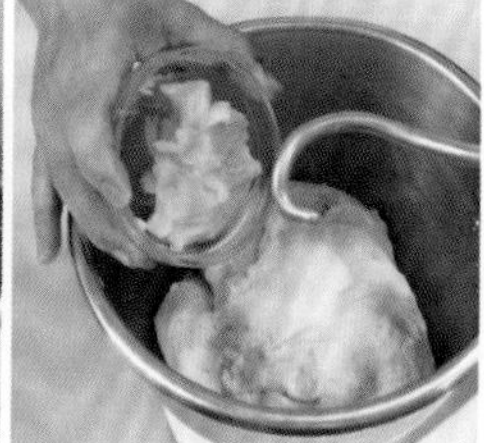

6 再加入食盐、奶油慢速拌匀。

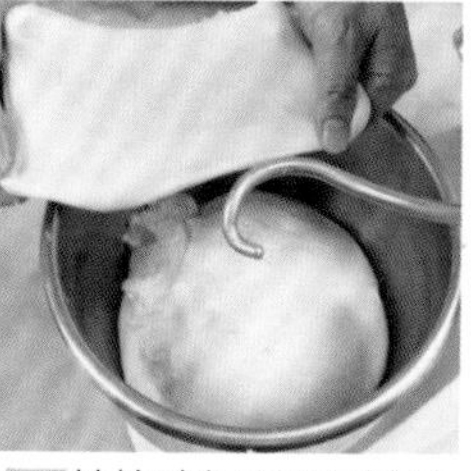

7 转快速打至面团完全扩展。

8 松弛20分钟后，分割成150克/个。

9 滚圆面团，再松弛20分钟，压扁排气。

10 包入肉松，放入模具。

11 放入发酵箱发酵120分钟，温度35℃，湿度75%。

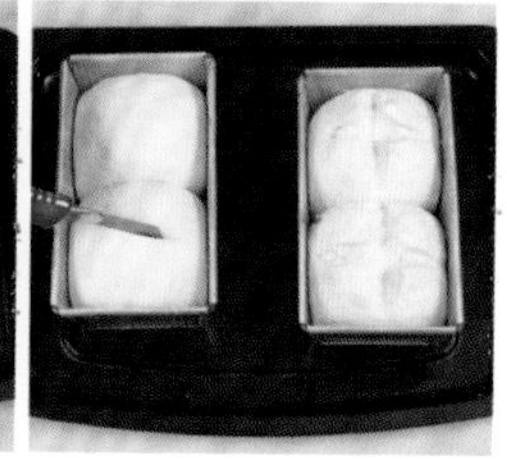

12 发酵好后，划开表皮。

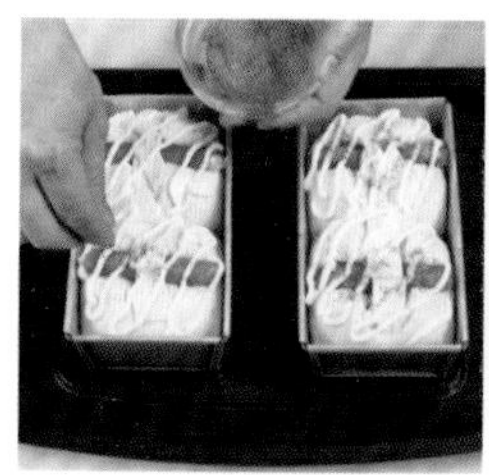

13 扫上全蛋液，放上黑椒热狗、芝士，挤上沙拉酱，撒上黑胡椒粉。

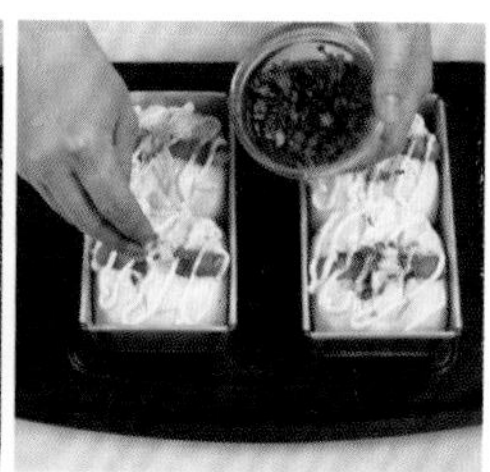

14 撒上干葱，入炉烘烤，上火165℃，下火220℃，烤约25分钟，出炉即可。

制作指导

发至七分半满即可。

营养又美味的早餐：

火腿蛋三文治

所需时间
360 分钟左右

材料 Ingredient

主面				其他材料	
		全蛋	150克		
高筋面粉	1500克	鲜奶	200克	火腿片	适量
低筋面粉	375克	清水	630克	沙拉酱	适量
酵母	20克	奶粉	35克	煎好的番茄蛋	适量
改良剂	6.5克	食盐	37.5克		
砂糖	150克	白奶油	230克		

做法 Recipe

1 将高筋面粉、低筋面粉、酵母、改良剂、砂糖慢速拌匀。

2 加入全蛋、鲜奶、清水、奶粉慢速拌匀后，转快速拌2分钟。

3 加入白奶油、食盐慢速拌匀，转快速拌至面团表面光滑。

4 松弛20分钟，分割成250克/个。

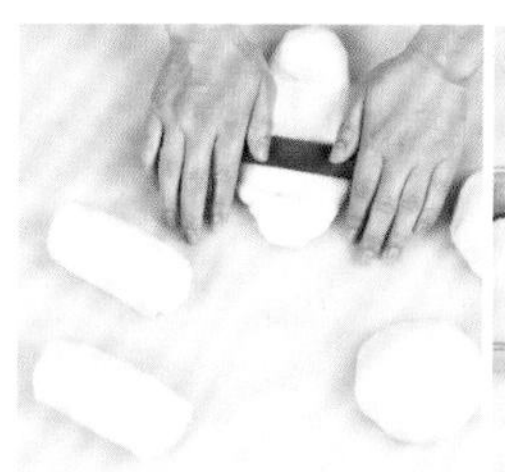

5 把面团滚圆，松弛20分钟，松弛好后用擀面杖压扁、擀长。

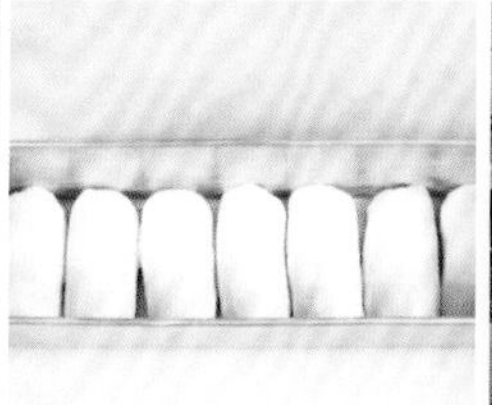

6 卷成形，放入模具，放入发酵箱，醒发100分钟，温度35℃，湿度75%。

7 将发酵好的面团盖上铁盖，入炉烘烤，上火180℃，下火180℃，烤约45分钟。

8 烤好出炉，将三文治切片。

9 挤上沙拉酱，放上煎好的番茄蛋。

10 挤上沙拉酱，放上一片面包。

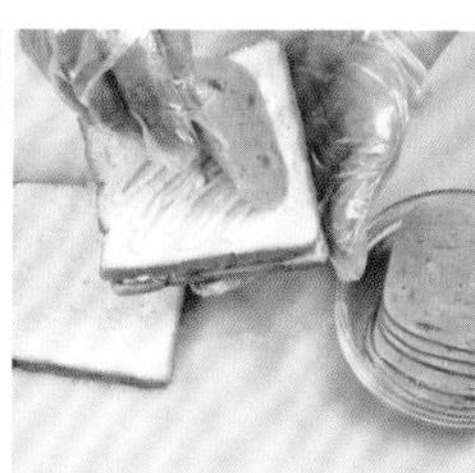

11 再挤上沙拉酱，放上火腿片。

12 挤上沙拉酱，放上面包片。

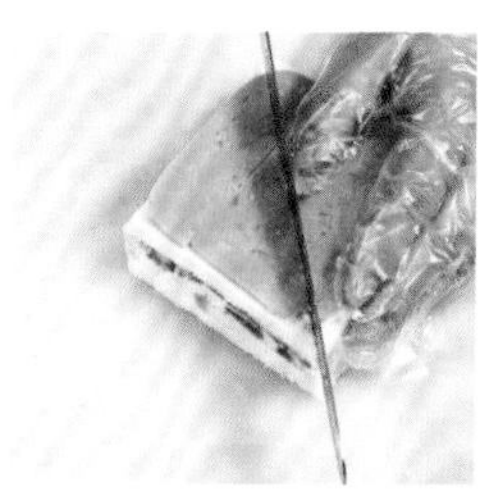

13 挤上沙拉酱,放上火腿片。切掉边角皮，对折切开。

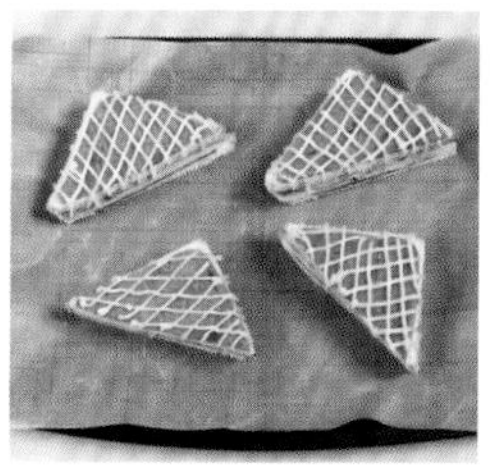

14 挤上沙拉酱，入炉烘烤约15分钟，烤好出炉即可。

制作指导

面包要凉透才可切成片。

香酥美味：

焗烤肉松三文治

所需时间
300 分钟左右

材料 Ingredient

高筋面粉	200克	鲜奶	300克	肉松	适量
低筋面粉	500克	清水	800克	火腿片	适量
酵母	25克	奶粉	50克	蛋黄液	适量
改良剂	8克	食盐	50克	芝士条	适量
砂糖	200克	白奶油	250克		
全蛋	150克	沙拉酱	适量		

做法 Recipe

1 将高筋面粉、低筋面粉、酵母、改良剂、砂糖慢速拌匀。

2 加入全蛋、鲜奶、清水、奶粉慢速拌匀，转快速拌2分钟。

3 加入白奶油、食盐慢速拌匀，转快速拌至面团表面光滑。

4 松弛20分钟，分割成250克/个。

5 滚圆，松弛20分钟。

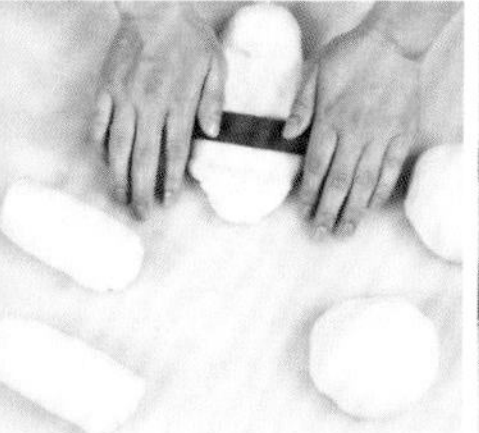

6 松弛好后，用擀面杖擀开排气，卷成形。

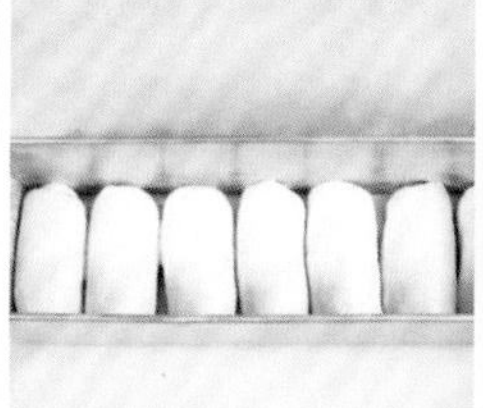

7 放入模具，放入发酵箱，醒发100分钟，温度35℃，湿度72%。

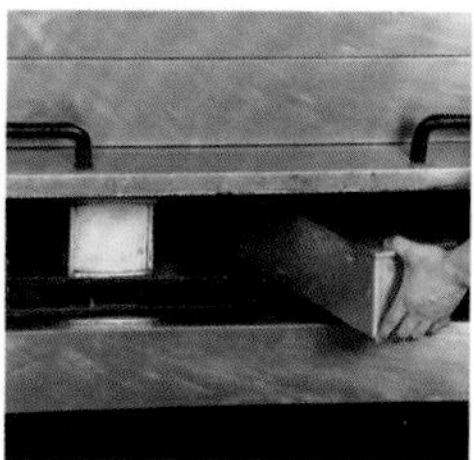

8 将发酵好的面团盖上铁模，入炉烘烤，上火180℃，下火180℃，约烤45分钟。

9 烤好出炉，切片,挤上沙拉酱。

10 放上肉松，挤上沙拉酱，放上面包片。

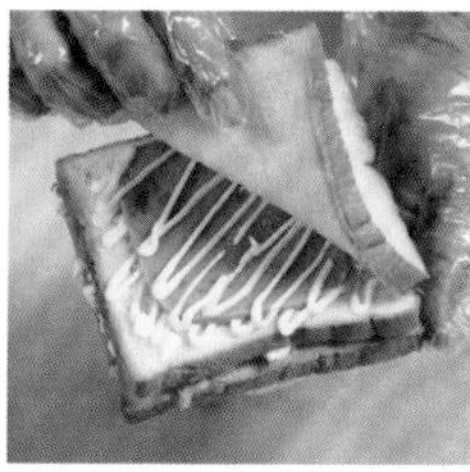

11 挤上沙拉酱，放上火腿片，挤上沙拉酱，放上面包片。

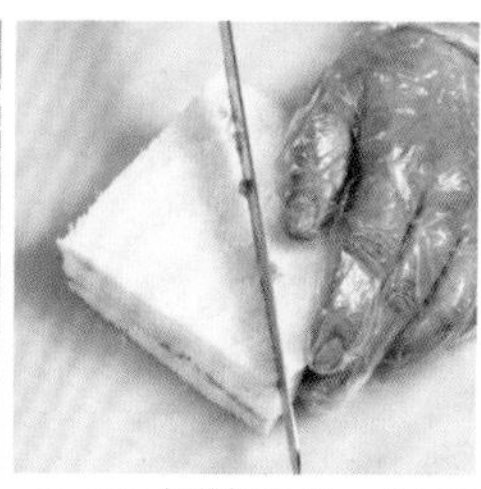

12 切掉边角，对折切开。

13 放上烤盘，扫上蛋黄液。

14 放上芝士条，入炉烘烤，上火230℃，下火160℃,烤好出炉即可。

制作指导

三个角边都要扫上蛋黄液。

美滋美味：

培根芝士三文治

所需时间
240 分钟左右

材料 Ingredient

高筋面粉	1500克	鲜奶	250克	火腿片	适量
低筋面粉	375克	清水	625克	培根片	适量
酵母	20克	奶粉	45克	芝士片	适量
改良剂	5克	食盐	36克	全蛋液	适量
砂糖	150克	白奶油	280克		
全蛋	150克	沙拉酱	适量		

做法 Recipe

1 将高筋面粉、低筋面粉、酵母、改良剂、砂糖、奶粉慢速拌匀。

2 加入全蛋、鲜奶、清水慢速拌匀，转快速拌2分钟。

3 加入白奶油、食盐慢速拌匀，转快速拌至面团光滑。

4 松弛20分钟，分割成250克/个。

5 滚圆，松弛20分钟。

6 将松弛好的面团用擀面杖擀开、排气，卷紧，至表面光滑。

7 放入模具内。

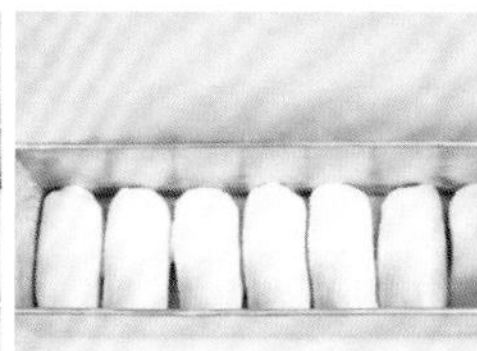

8 放入发酵箱，醒发100分钟，温度35℃，湿度75%。

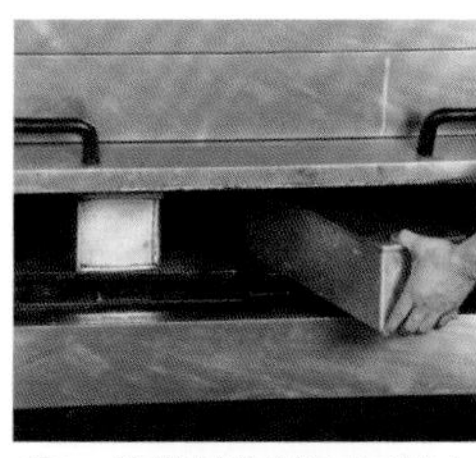

9 将发酵好的面团盖上铁盖，入炉烘烤，上火180℃，下火180℃，烤约45分钟。

10 烤好后取出，切成片。

11 挤上沙拉酱，放上火腿片。

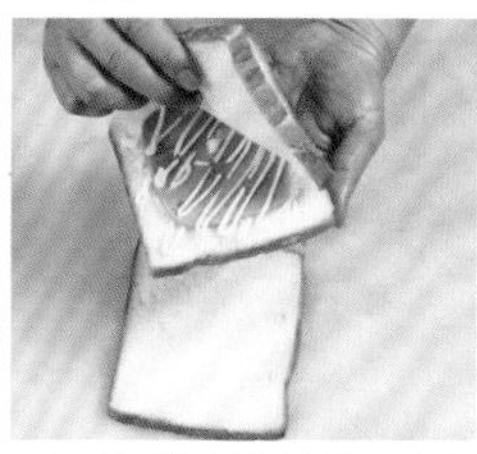

12 挤上沙拉酱，放上面包片。

13 挤上沙拉酱，放上培根片。

14 挤上沙拉酱，放上面包片。

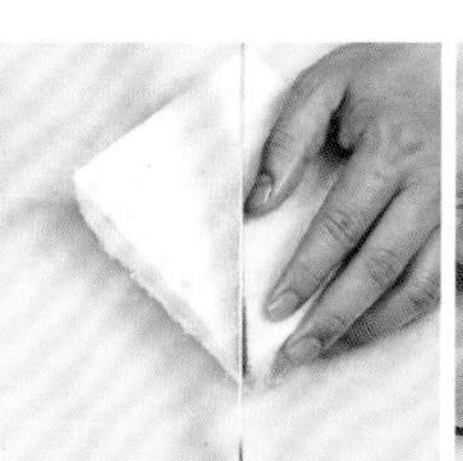

15 切去边皮，沿斜角切开。

16 扫上全蛋液，放上芝士片。

17 挤上沙拉酱，入炉烘烤，上火190℃，下火110℃，烤约15分钟即可。

制作指导

不要烤得颜色太深。

人气爆棚的小甜品：

牛油小布利

所需时间
110分钟左右

材料 Ingredient

高筋面粉	450克	奶香粉	2.5克	奶油	65克
低筋面粉	50克	砂糖	115克	食盐	6克
酵母	6克	全蛋	50克	黄牛油	适量
改良剂	2克	蛋黄	25克	白芝麻	适量
奶粉	25克	清水	245克	全蛋液	适量

做法 Recipe

1 将高筋面粉、低筋面粉、酵母、改良剂、奶粉和奶香粉慢速拌匀。

2 加入全蛋、砂糖、蛋黄和清水，慢速拌匀，转快速搅拌3分钟。

3 加入奶油与食盐慢速拌匀，再快速搅拌至可拉出均匀薄膜状。

4 盖上保鲜膜，松弛23分钟，将松弛好的面团分割成40克/个。

5 滚圆面团，盖上保鲜膜松弛15分钟。

6 将松弛好的面团用手搓成长形。

7 用擀面杖擀开、排气，卷起面团，成型。

8 排入烤盘，进发酵箱，醒发65分钟，温度36℃，湿度85%。

9 给醒发好的面团扫上全蛋液和黄牛油，撒上白芝麻。

10 放进烤箱烘烤约10分钟，上火190℃，下火160℃，烤熟出炉即可。

制作指导

造型时不要卷得太紧。

难忘的味道：

香菇培根卷

所需时间
165 分钟左右

材料 Ingredient

高筋面粉	400克	低筋面粉	100克	砂糖	95克
改良剂	2克	奶粉	10克	食盐	5克
全蛋	55克	清水	255克	干葱	2克
奶油	50克	炒熟的香菇	85克	培根	适量
鸡精	1克	酵母	6克		

做法 Recipe

1 将高筋面粉、低筋面粉、酵母、改良剂、奶粉拌匀。

2 加入全蛋与清水慢速拌匀，转快速搅拌2分钟。

3 再加入奶油和食盐，慢速拌匀，然后转快速搅拌至面筋扩展。

4 最后加入炒熟的香菇及鸡精，慢速拌匀。

5 松弛20分钟，温度31℃，湿度80%。

6 将松弛好的面团分割65克/个。

7 将分割好的小面团滚圆，再松弛20分钟。

8 将松弛好的面团用擀面杖擀开、排气。

9 放上培根，然后卷成长方形，中间用剪刀剪开，然后放入模具。

10 排入烤盘，进发酵箱醒发70分钟，温度37℃，湿度75%。

11 将醒好的面团扫上全蛋液。

12 放上干葱，入炉烘烤约14分钟，上火185℃，下火195℃，烤好后出炉即可。

制作指导

加入香菇后，搅拌时间不要过长。

松软香甜：

奶油吉士条

所需时间 145 分钟左右

材料 Ingredient

面团	
高筋面粉	100克
酵母	13克
改良剂	3克
砂糖	200克
奶粉	30克
全蛋	100克
纯牛奶	575克
食盐	11克
奶油	50克
吉士馅	
清水	150克
即溶吉士粉	47.5克
其他材料	
鲜奶油	110克
全蛋液	适量

做法 Recipe

1 将清水、即溶吉士粉拌匀成吉士馅，备用。

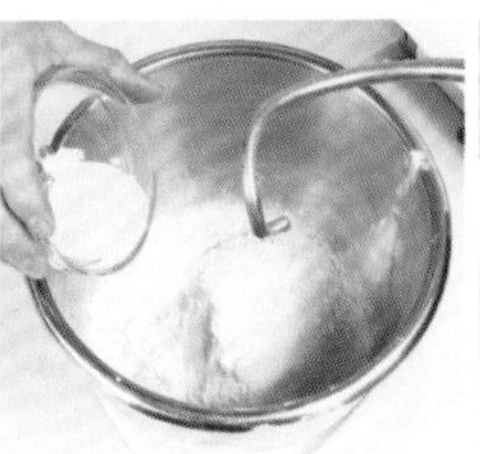

2 将高筋面粉、酵母、改良剂、砂糖、奶粉拌匀。

3 加入全蛋、纯牛奶慢速拌匀，然后转快速搅拌2分钟。

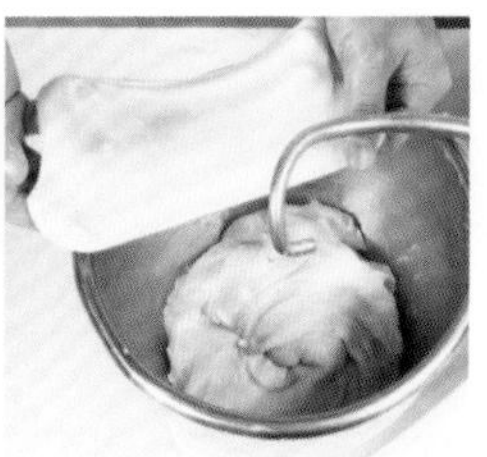

4 加入奶油与食盐慢速拌匀，然后转快速搅拌至面筋扩展即可。

5 盖上保鲜膜，基础发酵20分钟，温度31℃，湿度75%。

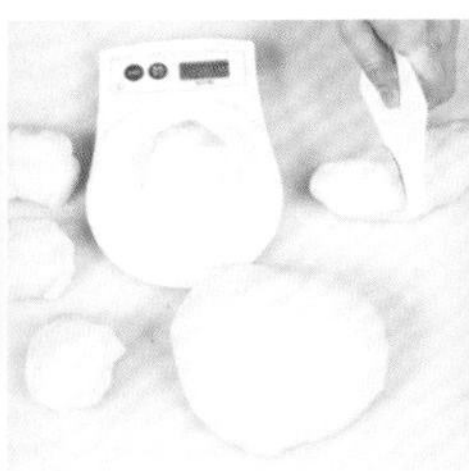

6 将发酵好的面团分割成75克/个。

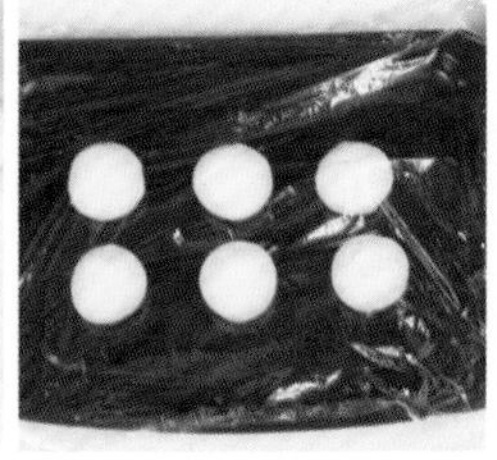

7 将面团滚圆，然后盖上保鲜膜松弛20分钟。

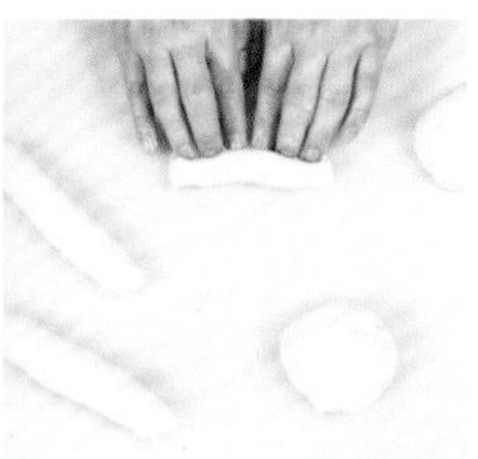

8 将松弛好的面团用擀面杖擀开、排气，然后卷起成长条形。

9 将长条形面团排入烤盘，进发酵箱，醒发75分钟，温度36℃，湿度80%。

10 当面团醒发至体积2~3倍时，再扫上全蛋液，挤上吉士馅。

11 放进烤箱烘烤约15分钟，上火190℃，下火160℃。

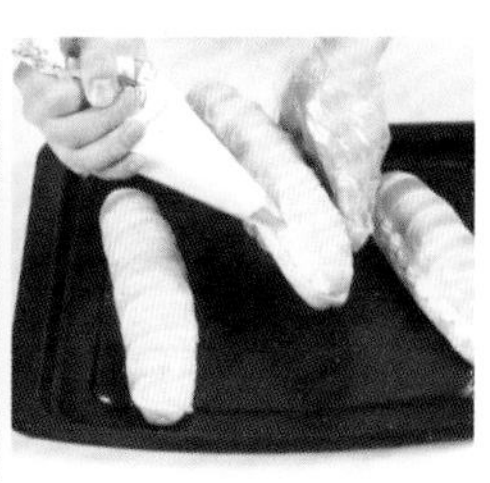

12 将烤好的面包出炉，凉透以后，用锯刀侧面锯开，然后挤上鲜奶油即可。

制作指导

待面包完全凉透后，再切开。

香甜难忘：

法式芝麻棒

所需时间
200 分钟左右

材料 Ingredient

种面

高筋面粉	850克
酵母	15克
清水	450克

主面

砂糖	35克
高筋面粉	200克
低筋面粉	200克
奶油	30克
清水	165克
改良剂	3克
食盐	26克

其他材料

黑白芝麻	适量
黄奶油	适量

做法 Recipe

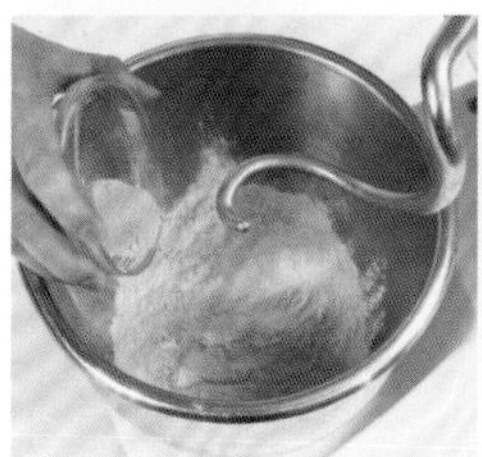

1 把种面部分的高筋面粉、酵母、清水慢速拌匀。

2 转快速打2~3分钟。

3 盖上保鲜膜，发酵20分钟，温度31℃，湿度70%，发酵好后即成种面。

4 将种面、砂糖、清水快速搅拌至糖溶。

5 加入高筋面粉、低筋面粉、改良剂慢速拌均匀，转快速打至面团六七成筋度。

6 加入奶油、食盐，慢速拌匀，再转快速打至面团光滑。

7 盖上保鲜膜，发酵30分钟，温度30℃，湿度70%。

8 将发酵好的面团分成120克/个。

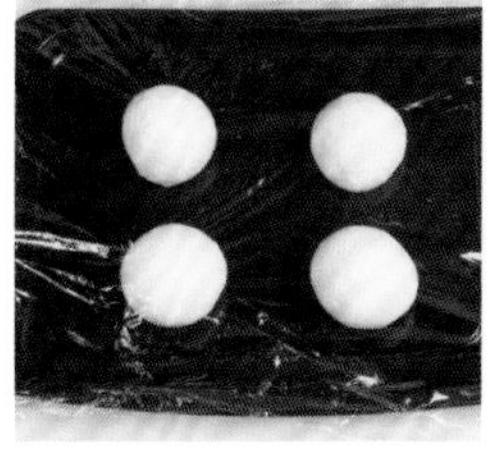

9 将面团滚圆，然后松弛20分钟。

10 将松弛好的面团用擀面杖擀开、排气。

11 将擀好的面团卷成形，然后搓成长条，再粘上黑白芝麻。

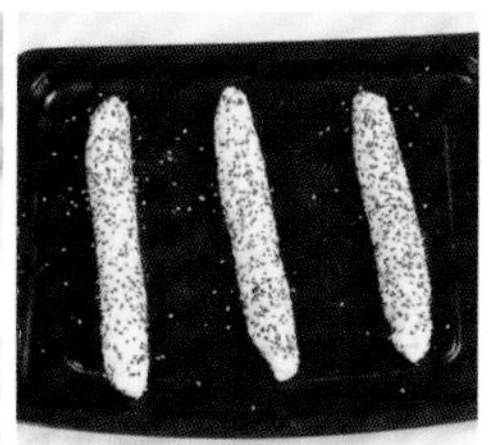

12 排上烤盘，入发酵箱，发酵90分钟，温度36℃，湿度78%。

13 在发酵好的面团上划上几刀。

14 挤上黄奶油，入炉烘烤30分钟左右，上火220℃，下火165℃，烤好后出炉即可。

制作指导

先喷水，再入炉烘烤。

图书在版编目（CIP）数据

零基础面包教科书：烘焙大师教你112种不同风味面包一次就成功 / 黎国雄主编 . -- 南京：江苏凤凰科学技术出版社，2020.5

ISBN 978-7-5537-8918-7

Ⅰ . ①零… Ⅱ . ①黎… Ⅲ . ①面包－烘焙 Ⅳ . ① TS213.21

中国版本图书馆 CIP 数据核字 (2019) 第 156451 号

零基础面包教科书 烘焙大师教你112种不同风味面包一次就成功

主　　编	黎国雄
责任编辑	倪　敏
责任校对	杜秋宁
责任监制	方　晨
出版发行	江苏凤凰科学技术出版社
出版社地址	南京市湖南路1号A楼，邮编：210009
出版社网址	http://www.pspress.cn
印　　刷	北京博海升彩色印刷有限公司
开　　本	718mm×1 000mm　1/16
印　　张	16
插　　页	1
字　　数	210 000
版　　次	2020年5月第1版
印　　次	2020年5月第1次印刷
标准书号	ISBN 978-7-5537-8918-7
定　　价	45.00元